U0206770

江西省哲学社会科学成果文库
JIANGXISHENG ZHEXUE SHEHUI KEXUE
CHENGGUO WENKU

气候博弈的伦理共识
与中国选择

ETHICAL CONSENSUS OF CLIMATE GAME AND

CHINA'S SELECTION

华启和　著

社会科学文献出版社
SOCIAL SCIENCES ACADEMIC PRESS (CHINA)

总　序

　　作为人类探索世界和改造世界的精神成果，社会科学承载着"认识世界、传承文明、创新理论、资政育人、服务社会"的特殊使命，在中国进入全面建成小康社会的关键时期，以创新的社会科学成果引领全民共同开创中国特色社会主义事业新局面，为经济、政治、社会、文化和生态的全面协调发展提供强有力的思想保证、精神动力、理论支撑和智力支持，这是时代发展对社会科学的基本要求，也是社会科学进一步繁荣发展的内在要求。

　　江西素有"物华天宝，人杰地灵"之美称。千百年来，勤劳、勇敢、智慧的江西人民，在这片富饶美丽的大地上，创造了灿烂的历史文化，在中华民族文明史上书写了辉煌的篇章。在这片自古就有"文章节义之邦"盛誉的赣鄱大地上，文化昌盛，人文荟萃，名人辈出，群星璀璨，他们创造的灿若星辰的文化经典，承载着中华文明成果，汇入了中华民族的不朽史册。作为当代江西人，作为当代江西社会科学工作者，我们有责任继往开来，不断推出新的成果。今天，我们已经站在了新的历史起点上，面临许多新情况、新问题，需要我们给出科学的答案。汲取历史文明的精华，适应新形势、新变化、新任务的要求，创造出今日江西的辉煌，是每一个社会科学工作者的愿望和孜孜以求的目标。

　　社会科学推动历史发展的主要价值在于推动社会进步、提升文明水平、提高人的素质。然而，社会科学的自身特性又决定了它只有得到民众的认同并为其所掌握，才会变成认识和改造自然与社会的巨大物质力量。因此，社会科学的繁荣发展和其作用的发挥，离不开其成果的运用、交流与广泛传播。

　　为充分发挥哲学社会科学研究优秀成果和优秀人才的示范带动作用，促进江西省哲学社会科学进一步繁荣发展，我们设立了江西省哲学社会科学成果出版资助项目，全力打造《江西省哲学社会科学成果文库》。

　　《江西省哲学社会科学成果文库》由江西省社会科学界联合会设立，资助江西省哲学社会科学工作者的优秀著作出版。该文库每年评审一次，通过作者申报和同行专家严格评审的程序，每年资助出版30部左右代表江西现阶段社会科学研究前沿水平、体现江西社会科学界学术创造力的优秀著作。

　　《江西省哲学社会科学成果文库》涵盖整个社会科学领域，收入文库的都是具有较高价值的学术著作和具有思想性、科学性、艺术性的社会科学普及和成果转化推广著作，并按照“统一标识、统一封面、统一版式、统一标准”的总体要求组织出版。希望通过持之以恒地组织出版，持续推出江西社会科学研究的最新优秀成果，不断提升江西社会科学的影响力，逐步形成学术品牌，展示江西社会科学工作者的群体气势，为增强江西的综合实力发挥积极作用。

祝黄河

2013 年 6 月

序

自工业革命以来，几乎所有进入工业社会的国家都过度使用过煤炭、石油和天然气等化石燃料，致使大量的温室气体排向了天空，经过逐年的累积最终导致了温室效应的发生，全球气候变暖成为表征当今生态危机的主要内容之一。温室效应对人类社会及地球上的自然环境造成了严重的伤害，飓风、台风、冰雪、旱涝和热带气旋等极端天气不断出现；病菌滋生，传染性疾病传播范围扩大，严重威胁着人类的生命健康；海平面上升，致使一些岛国面临着灭顶之灾。正是全球气候变暖的严重后果，使得国际社会不得不行动起来商讨应对之策。自 1990 年起，联合国常委会批准了气候变化公约的谈判，参加谈判的 150 多个国家于 1992 年在巴西里约热内卢举行的联合国环境与发展大会上缔结了《联合国气候变化框架公约》，对未来数十年的气候变化设定了碳减排进程。然而，令人遗憾的是，尽管联合国每年都召开各国政府参加的国际气候变化大会，并且会议的级别也由部长级升格为总统、总理级，但谈判二十多年来最终未达成一致有效的碳减排共识和碳减排行动。

减少二氧化碳气体的排放，本来是一个技术性问题，但由于涉及发达国家和发展中国家发展的不平衡问题，涉及按照何种原则和标准安排碳减排的责任，即涉及各个国家的经济利益问题，结果使得本来是一个技术性问题的碳减排，演化成为一个政治问题的碳减排，每年的气候变化大会都演变成为各国政治利益博弈的大会。每个国家都想让别的国家多承担减排责任，自己承担小部分责任，甚至"搭便车"以使自身的利益最大化。这样就既可以享受全球碳减排带来的好处，又可以保证本国的经济发展不因为碳减排而受到影响。气候及气候变化是一个无国界的状态，但应对气候变化却是有国界的行为，这无疑为有效地应对气候变化带来了很多障碍。随着气温的升高和灾害性天气的频发，解决气候变暖的迫切性和长期性的气候问题谈判总是无果而终（就不能取得令人满意的效果而言），所产生的冲突，引发了世人的广泛关注和不满。如何化解气候问题谈判的尴尬局面，使气候问题谈判突破种种障碍而取得实质性效果，并尽快转化为国际社会解决气候问题的共同行动，便成为人们热议的话题之一。我们国家从学术上引起学者广泛关注气候问题，应当是在 2009 年的哥本哈根会议前后，一时间人们广泛议论气候变暖问题，各种关于气候变暖的学术报告也铺天盖地而来。在这种背景下，从事环境伦理学研究的学者感受到的学术责任更是明显，为应对气候变化出一点学术上的绵薄之力成为一种应尽义务。记得在 2009 年 12 月，我的博士导师清华大学万俊人教授来南京师范大学做了"关于如何从哲学伦理学的角度去研究气候变化问题"的学术报告，更是激发了我们研究气候问题的热情和勇气。当时我的博士生华启和正在考虑博士学位论文的选题，同时也在思考申报 2010 年的国家课题，他决定将环境伦理的研究重点放在气候变暖的伦理问题上，以此申报国家课题并作为博士学位论文的选题。我听到他的想法后，欣然同意，为他能够关注现实社会问题，迎难而上为解决重大现实社会问题贡献自己的智慧而感到欣慰。因为解决气候变暖问题的国际谈判迟迟悬而未决，国际社会总是由于种种理由而达不成共识并采取一致行动，这本身就意味着是一个非常困难的问题，也是一个难度非常大的研究课题，挑战这一课题无疑需要较大的勇气和智慧。关于气候问题的伦理研究涉及多个方面，从哪一个伦理向度切入研究主题，以便能够通过博士学位论文选题和成功申报国家课题，就成为确定研究方向之后关注的核心。启和经常与我协商、讨论，经过我们反复酝酿，认定气候问题的政治博弈需要伦理共识，由此最终选定"气候问题政治博弈的伦理共识研究"为其博士学位论文的选题和国家课题的申报题目。

启和在攻读博士学位期间学习非常勤奋、刻苦、认真，为人比较谦恭，善于思考，经常向老师请教问题，是我的弟子中与我讨论学术问题最多的。在申报国家课题时他多次向一些有经验的前辈讨教，反复修改论证材料，每修改一次都让我审阅，直到我认可同意为止。值得庆贺的是，在2010年国家课题申报中，华启和的选题得到了专家的认可，他成为所在的学校当时最年轻的成功申报国家社科基金项目的教师。可是，该题目作为博士学位论文的选题在开题时却遇到了巨大挑战，开题会上的一些专家认为，在气候问题的政治博弈中，或者说在政治冲突中根本不可能达成伦理共识。虽然我们师徒二人都记得近代意大利的政治家马基雅维利在《君主论》中曾提出政治是一种权术和谋略，政治家们要有狐狸的狡猾和狮子的威猛，为了达到目的可以不择手段，哪怕最卑鄙的手段，只要能够达到目的也能使其获得正当性。马基雅维利主义思想意味着各种伦理共识都可能是政治家们运用的一种权谋，不可能有实质性或真正性的伦理共识，道德是苍白的，政治是无需道德的。因此，谋求气候问题冲突中的政治伦理共识不得不承担这一学术风险。但是，我们也十分欣赏当代德国哲学家哈贝马斯的商谈伦理，认为任何冲突的双方只要展开认真的对话、协商、商谈，就有可能达成政治上的伦理共识。更何况政治本身并不是不要道德的，政治合理性的基础是道德，任何政治都应当接受伦理道义的考量。尤其令我们感到自信的是，联合国每年都要召开一次气候谈判会议，各个国家也乐意并积极参加会议，就是因为这些国家都相信能够在气候问题的政治博弈中寻求到伦理共识和政治共识。如果没有这一基本信念，组织这种会议就没有任何必要，各国的政治家们也根本不可能白白耗费自己的时间参加这种会议。尽管国际气候大会直到现在尚未取得实质性结果，但是每年都在逐步推进谈判的进程，在某种程度上有一定的伦理共识和政治共识产生，如《京都议定书》以及2011年德班会议产生的"德班平台"。基于这种自信，启和与参与开题的一些专家再次进行协商，最终通过博士学位论文开题报告。

启和的学位论文首先强调气候问题不仅是一个技术性问题、政治性问题，还是一个伦理问题，我非常赞同他的这一观点。气候变暖所带来的严重后果直接威胁着全人类存在的利益，因而解决气候变暖问题，无疑对维护人类存在的利益是一个善举，其本身具有积极的道德价值，值得在道德或伦理上加以肯定。强调气候问题是一个伦理问题，其内在意蕴是要表明，全世界人民都在翘首以盼国际气候大会能够达成一个有效的碳减排协议，这一要求超越了国家界限而成为国际性的普遍伦理规范，但一些国家的政治家们却不顾全世界人民的吁求，设置种种政治障碍，将本国利益置于优先地位，致使国际气候大会总是无果而终，这不能不说是一种不道德的行为。我们承认，碳减排的责任分配一定要合乎正义，即各国要公平、公正地分担碳减排的义务。但是，如果借口正义问题而强化冲突，放弃合作，拒绝共同一致行动，致使气候变暖问题得不到有效解决，这本身肯定是非正义的。我们不希望出现尼布尔所说的道德的人与不道德的社会。诚如华启和博士在其学位论文中所说，在全球化时代，国际社会是有着向善之道的，这为气候变暖问题的最终解决提供了伦理基础。当前的气候问题的国际谈判陷入了"囚徒困境"之中，谈判双方拒绝合作方式而互相指责，无疑会造成双方都遭受最大化的利益损失；只有相互信任与合作，才能确保双方互赢和利益最大化。

启和在其学位论文及国家课题研究中提出了四个具体的伦理共识，来担保气候谈判中政治博弈的顺利进行。这四个伦理共识分别是：正义原则、责任原则、合作优先于冲突原则、生存权与发展权统一原则。面对全球性的气候变暖危机，每一个主权国家都应该承担起自己应尽的碳减排责任，承担碳减排责任是每一个主权国家责无旁贷的伦理义务，因为这关系全人类的生存利益，也关系每个国家人民的利益。这一基本伦理共识或基本伦理原则意味着，决不能借气候变暖问题而乘机大肆谋取本国的利益，各国要有自我牺牲精神，为消除气候的温室效应作出贡献。但是，为了使世界各国分担的责任符合伦理道义，还必须以正义原则为指导。因此，在分担责任之前，首先应该形成共识性的正义原则，要在正义原则的关照之下去分担责任。遵循正义原则是合理分担责任的前提和基础。在正义原则和责任原则的指导下，主权国家应该以合作的心态参与到气候谈判中来，坚持合作优先于冲突，在调整国家利益的基础上，促进生存权与发展权的统一。这四个伦理共识既是道义共识，也是道德原则，能够减少气候冲突，保证气候谈判的顺利进行。其中，正义原则和责任原则是基础，合作优先于冲突原则以及生存权与发展权统一原则是目标。四个具体的伦理共识表达了正义的呼声，是走出当前气候谈判"囚徒困境"的道德力量，也是中国气候伦理战略选择的伦理基础。中国在当前的气候政治博弈中面临巨大的压力，既有来自国际社会的压力，也有来自国内科学发展的诉求。因此，中国必须着眼于气候伦理战略的正确选择，选择好国际和国内两个伦理战略。在国际上，中国要针对不同的国家利益集团进行相应的气候伦理战略选择，既要联合大国，又要联合小国；既要与发达国家加强对话，减少敌意，又要与发展中国家加强团结，增强谈判的集体力量，只有这样，才能减少来自发达国家的挤压、发展中国家的排挤。而在国内，既要实现中国传统生态文化现代化，又要推进生态伦理学的本土化，增强文化软实力；既要加强生态文明建设，又要着眼于低碳社会的构建，建设美丽中国，只有这样，才能树立中国负责任的大国形象，才能在气候谈判中赢得主动，争取到话语权。

启和在学位论文写作过程中非常认真，一丝不苟，遇到一些问题就反复与我讨论，直到弄明白为止。即使博士毕业离开南京师范大学之后在完成国家课题部分内容时，也经常给我发邮件研讨其中的一些问题，这种勤奋好学的态度让我感到自豪，并成为我教导在读博士生的榜样。启和的学位论文在匿名评审中得到了评审专家的充分肯定与好评。匿名评审专家一致认为，这是一篇优秀的博士学位论文。在国家课题结项的评审中也得到了专家们的一致好评，结项评审等级为优秀。当然，在充分肯定启和的研究成果时，我也承认该研究成果也存在一定的不尽如人意之处及需要完善的地方。启和的善良愿望与理想主义追求，使得该研究成果更多地呈现出一种理想性的应当，面对那些不计大善而惯于利用阴谋诡计和谋求世界霸权的政治家们可能会显得有一些苍白。这不是该研究的罪过，而是道德本身的软弱之处。但是瑕不掩瑜，启和在研究过程中的细致而深入的论述、充分的理论论证和学理分析，使得该研究成果充满了学术性和说理性，该研究成果所展现出来的学术观点和伦理共识原则都充分体现着学理依据。

在该研究成果出版之际，启和邀请我为该书作序。我欣然受邀，并以此为序。

曹孟勤

2014 年 6 月 3 日于南京师范大学茶苑

目　　录

前　言

诗人海涅曾说过，每个时代都有它的重大课题，解决了它就把人类社会向前推进一步了。自从 20 世纪 70 年代以来，气候变化这个幽灵就在全球游荡。气候问题已经威胁着人类的生存与发展，是这个时代的重大课题。联合国每年都要召开气候大会，商讨如何应对气候变化问题，世界各国政府首脑也会积极参与，但是气候变化问题迟迟得不到解决，成为笼罩在全世界人们头上挥之不去的阴云。

如何应对全球气候变化，不仅是世界各国政府首脑热切关注的问题，也是世界各国学者研究的热点问题。西方学者对气候变化问题关注较早，成果也较为丰富，并且西方的人文社会科学学者与自然科学学者并驾齐驱地研究气候变化问题，他们从经济学、政治学、社会学等不同的学科角度对这一问题开展研究，但是，必须明确的是，西方学者关于气候变化问题的观点和主张与各自政府的态度相呼应，是为其自身做辩护的。我国人文社会科学学者对气候变化的研究起步较晚，目前还主要沉浸在译介、阐发西方学者的思想之中（这也是必要的），当然，中国学术界也在逐渐地发出自己的声音。特别是 2009 年哥本哈根会议之后，越来越多的学者开始关注气候变化问题，他们从不同的学科层面对气候变化问题进行了研究，发出了中国学者应有的声音。当前国内人文社会科学学者对气候变化的研究呈现两个基本特征。一是从研究进程上看，虽然我国人文社科领域对气候变化问题研究起步较晚，与西方国家"枝繁叶茂"的研究成果相比，我国的研究成果只能是"只言片语"。但是，随着气候变化问题逐渐成为国际社会关注的热点，应对气候变化的研究也逐渐从我国学术界的"边缘"进入了当前的"中心"位置，相关研究成果也逐渐增多。二是从研究路径上看，气候变化是一个涉及政治、经济、法律、伦理等多学科、多领域的综合性全球问题，随着对气候变化问题研究的深入，跨学科研究将成为其新的趋势。

虽然国内外学者对气候变化问题进行了初步的研究，取得了一定的成效，但是这些研究还是存在一些不足：一是忽视了从伦理的视角进行研究，仅有的一些研究也比较零散，或者只是从微观的角度研究温室气体排放权的公平性问题；二是国际社会的伦理共识是走出气候博弈困境的基础，但是现有的文献没有研究气候博弈过程中国际社会应该首先达成何种伦理共识，达成伦理共识的可能性和必要性是什么，以及如何去达成伦理共识等问题；三是对中国气候伦理战略的研究不多。在激烈的气候博弈中，中国迫切需要选择正确的气候伦理战略来消除国际社会的压力，树立负责任的大国形象，这些问题都需要学术界进行研究。

为什么气候谈判迟迟没有结果，气候问题一直得不到很好的解决呢？为什么汇集了整个人类智慧的气候谈判，其效率却会如此低下呢？其中一个很重要的原因就是国际社会只把气候问题看成一个技术问题和政治问题，认为气候谈判的目的就只是寻找一个解决气候问题的政治技术方案，而忽视了气候问题也是一个伦理问题，忽视了伦理道德在解决气候问题中的作用。本书从伦理的视角，采用学科交叉的方法对气候博弈中的伦理共识及中国气候伦理战略选择等问题进行系统研究。本书鲜明地提出，气候问题不仅仅是一个技术问题和政治问题，更是一个伦理问题。要找到解决气候问题的政治技术方案，首先就必须化解气候博弈中的伦理价值冲突，达成一定的伦理共识。可以说，伦理共识的达成要优先于解决气候问题的政治技术方案的达成。其次，本书创造性地提出四个具体的伦理共识来保证气候谈判的顺利进行，并在此基础上有针对性地提出了中国的国际国内气候伦理战略，为中国在未来的气候谈判中赢得主动、争取到话语权提供理论依据。

绪 论

第一节　选题的缘由

随着全球异常天气的不断出现，气候问题已经成为国际社会关注的焦点，没有哪一个环境问题像气候问题这样引起了世界各国政府首脑的热切关注。自从 20 世纪 90 年代以来，联合国每年都要召开气候大会来商讨如何应对全球气候变化问题，气候谈判的级别也在不断升级。但是，令人遗憾的是，在气候灾难越来越多且越来越严重的情况下，气候谈判一路走来迟迟没有结果，现在的气候谈判也已经演变成了世界各国争夺利益的政治博弈。为什么气候谈判迟迟没有结果，气候问题一直得不到很好的解决呢？为什么汇集了整个人类智慧的气候谈判，其效率却会如此低下呢？其中一个很重要的原因就是国际社会只把气候问题看成一个技术问题和政治问题，认为气候谈判的目的就只是寻找一个解决气候问题的政治技术方案，而忽视了气候问题也是一个伦理问题，忽视了伦理道德在解决气候问题中的作用。事实上，气候问题不仅仅是一个技术问题和政治问题，更是一个伦理问题。气候谈判冲突的背后就蕴含伦理价值的冲突，因此，要形成解决气候问题的政治技术方案，首先就必须化解气候谈判中的伦理价值冲突，达成一定的伦理共识。可以说，伦理共识的达成要优先于解决气候问题的政治技术方案的形成。任何政治的正当合法性都需要接受伦理道义的考量，考量其道德合理性。伦理共识是行动的基础，面对着错综复杂的气候问题，国际社会之间如果没有一定的伦理共识，气候谈判是很难取得突破性进展的。因此，如何达成伦理共识，达成何种伦理共识，才能化解气候利益纷争，促进共同行动，走出气候谈判的"囚徒困境"，就成为气候政治博弈的关键点。在利益纷争之下，中国应该选择怎样的气候伦理战略，抢占道义的制高点，将直接影响气候谈判的结局和广大发展中国家的利益。这些问题都成为学术界研究的热点。

一　气候变化的现实危情

气候作为人类赖以生存的自然环境的一个重要组成部分，它的任何变化都会对自然生态系统以及社会经济产生不可忽视的影响。科学研究表明，近百年来，全球气候变化异常，气温升高是其主要特征。当然，这主要是工业革命以来，人类过度使用煤炭、石油和天然气等化石燃料，排放大量温室气体的结果。早在1896年，瑞典科学家斯万特·阿伦尼乌斯（Svante Arrhenius）就对燃煤可能改变地球气候作出预测，并指出在全球气候不发生较大改变的条件下，大气所能吸收的碳排放量存在物理极限。现在，科学界的主流观点是，我们正在加速接近这个极限。当前的气候危机，就如同悬挂在人类头顶上的达摩克利斯之剑，对人类的生存与发展造成了严峻的挑战。

其一，气候变化造成生存危机。当前气候变化最大的一个特征就是全球变暖。联合国政府间气候变化专门委员会（IPCC）的第四次报告（2007年）指出："目前的全球平均地表温度比工业革命前升高了0.74℃；到21世纪末，全球地表平均温度将升高1.8℃～4℃，海平面将升高18～59厘米。20世纪的100年是过去1000年中最暖的100年，而过去的50年又是过去1000年中最暖的50年。"[1]气温的升高带来的直接后果就是极地冰雪融化，海平面上升。海平面的上升将会造成沿海城市和低洼的小岛屿国家的生存危机。据推断，海平面上升1米，就会影响陆地面积的0.3%、人口的1.3%、国民生产总值的1.3%、城镇区面积的1%、农业区面积的0.4%、湿地区面积的1.9%。像马尔代夫这样的海平面只有1.5米的小岛国，将很有可能面临灭顶之灾。[2]

---

[1] "IPCC Warns Climate Affects All", *Nuclear Engineering International*, May 22, 2007.
[2] 胡鞍钢、管清友：《中国应对全球气候变化》，北京：清华大学出版社，2009，第7页。

　　随着全球气候变化，飓风、台风、冰雪、旱涝和热带气旋等极端天气不断。世界气象组织确认，2010 年全球平均气温是自人类有气温记录以来最高的一年，2010 年还是极端天气频发的一年：俄罗斯夏季罕见高温引发森林大火；巴基斯坦连续降雨引发洪灾，致使 1/4 以上的国土被淹，超过 2000 万人无家可归；进入 11 月，欧洲多国出现大范围强降雪天气，交通一片混乱。^① 而 2012 年 1 月以来，欧洲的极寒天气，更是造成 500 多人丧失了生命。我国也是受极端天气影响最严重的国家之一。2007 年政府公布的《中国应对气候变化国家方案》就明确指出："近 50 年来，中国主要极端天气与气候事件的频率和强度出现了明显变化。……未来 100 年中国境内的极端天气与气候事件发生的可能性增大。"2010 年春夏我国西南地区发生了史无前例的干旱，从 6 月末开始，我国 10 余省市又陆续遭遇高温天气，部分地区气温达 35℃～37℃。7 月 5 日，北京地面温度更是达到了 68.3℃，打破历史纪录。全球气候变化所导致的极端天气，使人们的生命财产遭受了重大损失。2005 年的卡特里娜飓风就夺去了 1000 多人的生命，给美国造成的损失超过了历史上任何一次自然灾难造成的损失。布什总统更是把这场灾难造成的影响比作 2001 年 9 月美国遭受的恐怖主义袭击。

　　全球变暖还导致病菌滋生，一些传染性疾病的传播范围扩大，威胁着人们的生命健康。每年都有 170 万人因为无法喝到安全的饮用水而过早死亡，如果水传染的病原体随着气温上升而加倍繁殖，这种情况将会恶化。^② 随着全球气候的变化，诸如痢疾、登革热、霍乱等流行性疾病将在非洲蔓延。根据世界卫生组织 2001 年公布的报告，受厄尔尼诺现象的影响，从 1997 年开始，肯尼亚、坦桑尼亚和莫桑比克等非洲国家先后遭受了严重的洪涝灾害，导致这些医疗卫生设施相对落后的国家爆发了大规模的霍乱。此外，由于多数非洲国家全年气温变化不大，本身的自然环境又有利于病菌的繁衍，气候的逐年恶化和雨量的不断增加又加速了病菌的滋

---

①　韦冬泽、牛瑞飞：《妥协推动气候谈判艰难前行》，《人民日报》（海外版）2010 年 12 月 21 日，第 21 版。

②　World Health Organization, *The World Health Report 2002: Reducing Risks, Promoting Healthy Life*, Geneva World Health Organization, 2002, p. 68.

生，卢旺达的疟疾发病率就比 1995 年猛增了 3 倍多。[1]

全球气候变化还造成了生物多样性的丧失，越来越多的物种濒临灭绝。根据联合国环境规划署 2007 年 10 月发布的报告《全球环境展望（4）》，由于人类的活动，第六次生物大灭绝已经开始，在已经被评估的脊椎动物物种中，30% 的两栖动物、23% 的哺乳动物和 12% 的鸟类的生存受到威胁。如果地球气温上升 2℃，估计地球上将会有 15%～37% 的物种灭绝。如果温度上升超过 2℃，会有更多物种灭绝，其比例会上升到 37%～52%。[2] 其实，生物多样性是构成人类生命系统的基础，对人类的健康和经济发展至关重要。保罗·埃利希（Paul Ehrlich）的铆钉松落理论，就隐喻了物种多样性的重要性。在这个隐喻里，地球被描述为一艘太空飞船，地球上的物种被描述为铆接这艘太空飞船的铆钉。松落的铆钉越多，这艘太空飞船就越有可能四分五裂，而导航和驾驶飞船的生物也就越危险。气候变化预示着这种危险的到来甚至比埃利希想象的要快得多。

其二，气候变化造成发展困境。气候变化在造成人类生存危机的同时，也造成了人类发展的困境，严重影响了全球经济的发展。农业生产与气候联系紧密，农业的丰收年、歉收年就能直接体现出气候变化情况。气候变化既影响农业的种植面积、产量，还影响农业的稳定性。俄罗斯学者认为，由于全球气候变暖，估计北半球平均气温将上升 2℃～3℃，这将会使农作物生长的自然带向北推移 600～1000 公里，这样一来，俄罗斯南部的耕地将会退化为黑土草原。在全球变暖的情况下，美国的农业生产受到了严重的威胁。据估计，美国农产品的摆动幅度每年可达 50%。此外，全球变暖还将导致哈萨克斯坦、乌克兰等国家的农业生产条件恶化，其中整个乌克兰可能会变成干旱的草原，农业减产 60%。日本学者也指出，气候变化将会给亚洲粮食生产带来沉重的打击，如果全球气温上升 2.5℃，印度的小麦产量将会减产 60%，土豆产量也将减少 30%，朝鲜的高粱将减少近 80%。[3]

---

① 宋国涛：《中国国际环境问题报告》，北京：中国社会科学出版社，2007，第 388 页。

② 《第六次生物大灭绝已经开始》，环境生态网，http://www.eedu.org.cn/news/envir/overseasnews/200710/17507.html，最后访问日期：2014 年 7 月 17 日。

③ 郑丽：《全球气候变化问题》，《哈尔滨师范大学学报》（自然科学版）1999 年第 5 期，第 107 页。

气候变化影响了农业生产，必将造成地区性的粮食匮乏，导致粮食价格波动大，危及国家的稳定。

气候变化也将严重影响能源产业的发展。事实已经证明，全球气候变化主要是因为发达国家在生产活动过程中大量地燃烧化石燃料所导致的。因此，为解决这个问题，必将对与化石燃料有关的煤炭、石油等能源结构进行调整，这势必影响能源产业的发展，能源发展的不稳定性也将加剧。2005 年卡特里娜飓风就导致了墨西哥湾原油生产停工，沿岸的石油提炼也被迫停止，石油价格飙升到每加仑 3 美元。另外，气候变化对其他产业的影响也很明显。例如，《斯特恩报告》中就提到，根据简单的推算法，到 21 世纪中期，仅是极端天气的成本就可能达到世界国民生产总值的 0.5% ~ 1%。而这将使得保险成本迅速提高，同时因其起伏不定而影响全球金融市场。并且，该报告指出，把所有情况综合起来，气候变化造成的损失可能达到并超过全球国民生产总值的 20%。[①]

其三，气候变化造成安全风险。气候变化问题当初只局限于环境领域，是科学家所讨论的环境问题，然而随着气候危机的加剧，气候变化作为一种"真实而存在的威胁"对国家和国际安全产生了重要影响，成为非传统安全问题。其实，气候变化影响地区、国家安全是早已有之的事情。中外历史上一些王朝的衰败就见证了气候变化对国家安全的影响。比如，公元 4 ~ 5 世纪，匈奴人和日耳曼人由于干旱加剧和持续的寒冷天气而跨越伏尔加河和莱茵河进攻罗马帝国，导致罗马帝国最终被西哥特人灭亡。中国唐朝的灭亡、楼兰国的消失也与气候变化有一定的关系。工业革命以来，随着气候变化的加剧，气候问题不仅对各国经济发展产生了重大的影响，而且还引发了不断的国际纷争。生态冲突、气候冲突成为国际外交乃至军事冲突的重要诱因，威胁着地区的安全与稳定。2007 年 6 月，联合国环境署发布的报告《苏丹：冲突后环境评估》，就认为气候变化等环境问题是导致达尔富尔地区冲突的重要原因，证实了气候变化与政治稳定的紧密关系。近年来，随着北极地区气温的升高，北极冰盖正在加速融化，北极航道将有望开通，环北极国家对北极主权和资源的争夺正在上

---

① 郭冬梅：《应对气候变化法律制度研究》，北京：法律出版社，2010，第 25 页。

演，北极将会成为全球新的重要战略竞技场之一，对全球安全产生新的重大影响。2007 年 8 月，俄罗斯北极科考队操纵深海潜水机器人在深达4300 米的北冰洋洋底插上一面钛合金制造的俄罗斯国旗，标志着俄罗斯在这场争夺战中取得了先机，此举被莫斯科誉为"英雄的壮举"，但是遭到加拿大的严厉谴责，认为其行为与 15 世纪的土地争夺如出一辙。这说明全球气候变化催生了国际社会对北极主权和资源的争夺。

气候变化给全球的安全带来了深远的影响，气候问题正日益成为 21世纪的安全问题，世界上一些国家纷纷把气候变化问题纳入国家安全战略，开展"气候外交"，强化其重要地位。2008 年，美国布鲁金斯学会推出了《气候灾难：对外政策与气候变化的国家安全含义》一书，详细列举了气候变化对国家安全带来的八种挑战：加剧南北国家之间的紧张、造成"气候难民"的产生和迁徙、给人类健康带来负面影响、加剧水资源的匮乏、恶化核安全和核扩散问题、加重国家社会和政治机构的负担、对政府的效率能力和权威提出了挑战、加剧世界政治的失衡。[①] 德国政府也高度重视气候变化与安全问题，在 2007 年发布了报告《气候变化：一个安全风险》，提出了气候变化导致冲突的四个机制，即气候导致的淡水资源的恶化引发冲突、气候导致的粮食减产引发冲突、气候导致的风暴和洪水灾害引发冲突、环境导致的移民引发冲突。英国政府在 2008 年发布了报告《一个不确定的未来：法律执行、国家安全和气候变化》，重点分析了气候变化对安全的影响，指出气候变化导致三大安全威胁：国内动荡、族群间暴力和国际冲突，应对气候变化必须用预防战略取代反应战略。[②]中国政府也高度重视气候变化与安全问题，在 2007 年公布了《中国应对气候变化国家方案》。2008 年，胡锦涛在中共中央政治局第十九次集体学习时强调："妥善应对气候变化，事关我国经济社会发展全局，事关我国人民群众根本利益，事关世界各国人民福祉。"[③] 在评估气候变化给国际安全带来长期后果的时候，我们应该重视贾里德·黛蒙德的警告：在许多

---

① 马建英：《美国气候变化研究述评》，《美国研究》2010 年第 1 期，第 127～128 页。
② 张海滨：《气候变化与中国国家安全》，北京：时事出版社，2010，第 41 页。
③ 《胡锦涛在政治局集体学习时强调：妥善应对气候变化》，人民网，http://politics. people. com. cn/GB/1024/11012529. html，最后访问日期：2014 年 6 月 23 日。

历史事件中，只要气候温和，一个社会能够接受环境储备的消耗殆尽，但是当气候变得苛刻时，这些社会就会被推向崩溃的边缘甚至垮掉，环境影响与气候变化就是这种致命后果的共同见证。①

全球气候变化已经给人类带来了生态灾难、经济灾难、分配不公乃至国家安全的挑战。难道人类的"2012"真的要到来吗？全球气候变化已经不是人为炒作，也不是伪命题，而是人类在 21 世纪面临的最大挑战。

二　气候博弈陷入囚徒困境

随着全球气候的不断变化，气候问题已经成为国际社会关注的焦点，气候变化也是当今世界最具综合性和全球性的议题之一。气候问题关乎人类的未来，关乎人民的福祉，应对气候变化已经成为国际社会迫切需要解决的现实问题。在政府间的谈判方面，自 1990 年联合国大会决定为缔结公约开始政府间谈判以来，围绕气候变化的争论和谈判已经走过了 20 多个春秋。通过世界各国的共同努力，国际社会先后制定了《联合国气候变化框架公约》《京都议定书》《波恩协定》《德里宣言》《哥本哈根协议》《坎昆决议》等一系列重要协议，这些重要协议在加强全球共识和团结世界各国共同应对气候变化等方面都发挥了重要的作用。气候谈判从表面上看是关于温室气体减排责任的分担问题，但其在本质上是涉及各国政治、经济、国家利益乃至伦理价值取向的问题。气候谈判利益交错、矛盾互织、形势错综复杂。当前围绕着气候问题的谈判已经演变成了国家利益的博弈，形成了发达国家和发展中国家两大阵营，欧盟、美国、77 国集团加中国三股力量，折射出发达国家与发展中国家之间的矛盾、发达国家内部矛盾、发展中国家的内部分歧和针对排放大国的矛盾。两大阵营斗争的焦点是历史责任、减排目标、资金和技术转让，三股力量角力的是减排义务的分担。在 2010 年的坎昆会议上，发达国家在分歧当中有合作的趋势，发展中国家则是在合作当中有分歧的趋势，国际气候谈判形成的两大阵营、三股力量、多个主体、多重博弈的格局出现微弱调整，但没有发生

---

① Diamond, *Collapse: How Societies Choose to Fail or Survive*, London: Allen Lane (2005), p. 13.

根本改变。抚今追昔，从里约热内卢到哥本哈根再到坎昆和德班，全人类共同应对气候变化、拯救地球的漫漫征程，始终交织着坎坷与希望。在"拯救人类最后一次机会"的哥本哈根会议上，斗争更是非常激烈，最后通过了一份没有法律约束力的《哥本哈根协议》。在 2010 年的坎昆会议上，会议一开始，日本政府的强硬态度就成为阻碍气候谈判进程的最大"绊脚石"，最后在多方妥协当中达成了《坎昆决议》。在 2011 年的德班会议上，气候谈判也是异常艰难，在"基础四国"多次斡旋和作出利益让步的情况下，大会在落幕的最后一刻，通过了四份决议。在气候危机面前，联合国的每一次气候大会都是挽救人类自身的会议，正在考验着生活在同一个星球上的人类智慧，并影响着人类的共同未来。

哥本哈根会议的艰难曲折、坎昆会议的困难重重、德班会议的异常艰难都表明气候问题已经成为各国利益博弈的政治问题，气候谈判似乎陷入了"囚徒困境"。如何去达成伦理共识，达成何种伦理共识，促进共同行动，走出气候谈判的"囚徒困境"，就成为气候博弈的关键点。在激烈的气候博弈中，中国应该采取何种气候伦理战略来应对，以减轻来自国际社会的压力，抢占政治话语权，这些问题都迫切需要学术界进行全面、系统的研究。

第二节　文献综述

全球气候变化是当今国际社会关注的热点问题，也是目前国外学者研究的热点问题。与此同时，国内学者对气候变化问题的研究也在逐渐升温，保持日益增长的研究态势，相关研究文献也不断增多。

一　国外研究现状

西方学者对气候变化问题关注较早，成果也较为丰富，并且西方的人文社会科学学者与自然科学学者并驾齐驱地研究气候变化问题，他们从经济学、政治学、社会学等不同的学科角度研究这一问题。

第一，经济学角度。经济学关注的是采取措施减缓气候变化是否值得、全球为应对气候变化应付出多大成本、依据成本和收益分析应将温室气体浓度稳定在什么水平、最优的减排路径是什么等问题。从 20 世纪 90 年代初开始，针对这一问题，经济学界展开了旷日持久的争论，在争论中形成了两派："怀疑派"和"行动派"。"怀疑派"虽然也承认气候变暖的事实，但认为应对气候变化是无关紧要的事情。其代表人物之一、丹麦统计学家贝索恩·罗姆伯格在《怀疑论的环保主义者》一书中指出，世界性的贫困、艾滋病的蔓延、核战争才是更大的风险，气候变化的风险要小于这些问题的风险。"行动派"的经济学家们从不同的价值观念、政治立场、文化传统出发，又形成了比较有代表性的两派：一是以英国经济学家尼古拉斯·斯特恩为代表的"积极行动派"，二是以美国耶鲁大学教授威廉·诺德豪斯和哈佛大学教授马丁·魏茨曼为代表的"消极行动派"。这两派在减排总目标、阶段性目标、减排路径等方面存在一定的分歧。"积极行动派"的代表斯特恩比较了减缓气候变化的成本和"一切照旧"情形下的损失，得出了一个重要结论：今日投入相对较低的成本，就能避免全球变暖的巨大的未来成本。"消极行动派"的代表诺德豪斯认为应对气候变化时应采取"慢行战略"。他在其著作《均衡问题：全球变暖政策的选择权衡》中提出了"气候政策斜坡理论"，主张最优的全球减排路径是先期缓慢减排，然后逐步加大力度。此外，在西方经济学家中还出现了倒向唯科学主义的倾向，像牛顿求助于第一推动力那样求助于技术的无所不能。这可能是因为"主流经济学对无止境的 GDP 增长的迷恋，导致它根本就无力认清全球环境恶化的事实"。①

第二，政治学角度。政治学界对气候变化的关注首先集中在国际政治和全球治理方面，其次是民主体制能否应对全球气候变化。此外，气候政治学还日益向国家安全、社区治理等领域扩展。英国著名学者安东尼·吉登斯在其《气候变化的政治》一书中，从政治学的角度研究气候变化问题，引入"气候变化的政治"方面一系列新概念，主张将气候变化纳入地缘政治格局。吉登斯认为："如要我们控制全球变暖的雄心壮志变成现实，就必须做到政治创新。"这个政治创新就是"气候变化的政治"，要提高政治和经济敛合度，用"保障型国家"代替"赋权型国家"，发挥国

---

① 参见黄卫华、曹荣湘《气候变化：发展与减排的困局——国外气候变化研究述评》，《经济社会体制比较》2010 年第 1 期，第 79 页。

家监督和检查的作用，在政治上"抢先适应"气候变化。戴维·希尔曼和约瑟夫·韦恩·史密斯在《气候变化的挑战与民主的失灵》一书中提出民主无力解决气候变化，将民主和气候变化对立起来。乔舒亚·巴斯比在《气候变化与国家安全：行动议程》中，从气候变化与美国内部和外部安全的影响、相关的政策选择、机构改革等角度全面分析了气候变化与国家安全的关系，使得政治学界对气候变化的关注进一步扩展到了国家安全、社区治理等领域。

第三，社会学角度。社会学对气候变化的关注相对较晚，成果也不是很多，第一个层面侧重从风险社会、全球社会、社会制度等进行关切。社会学家乌尔里希·贝克认为，气候变化问题是一种真正的、巨大的全球风险。他在伦敦政治经济学院的演讲中，专门探讨了气候变化对社会学的挑战，并阐述了构建气候社会学的必要性，认为气候社会学必定是一种全球社会学。社会学关注气候变化问题的第二个层面集中于社会伦理学，英国神学家迈克尔·诺斯科特在《气候伦理：全球变暖的伦理学》中从基督教、人和自然的关系出发，思考了应对气候挑战的各种政策措施和科学手段。社会学关注气候变化问题的第三个层面主要是对气候变化问题本身的可信度提出质疑，涉及对气候变化问题本身的解构。著名社会学家史蒂文·耶利提出了"气候变化的社会建构性"命题。社会学关注气候变化问题的第四个层面主要是从社会制度入手研究气候变化问题，涉及对资本主义制度的批判，这也是西方左翼学者的基本价值和理论取向。约翰·福斯特就认为："就生态、经济和世界稳定而言，资本主义在许多方面都变成了一种失灵的制度。很难说它可以提供任何具有实质性意义的商品，而在其无拘无束地获利的过程中，它正在破坏人类和地球的长期前景。"著名生态社会主义理论家乔尔·科威尔也指出："目前的危机不同于以往，对自然的威胁，不论大小都源于资本的癌变性入侵。为了挽救人类，我们必须明白根本的问题不是技术性，而在于我们改造自然和消费我们劳动成果的方式。要合理地做到这一点，必须坚持生态社会主义的时代精神。"①

---

① 参见黄卫华、曹荣湘《气候变化：发展与减排的困局——国外气候变化研究述评》，《经济社会体制比较》2010 年第 1 期，第 81 页。

确实，随着气候变化研究的深入，资本主义制度成为人类解决气候变化问题的最大制度障碍。

毋庸置疑，气候变化问题已成为当前乃至以后很长时期内西方学术界关注的热点。从表面上看，西方社会科学界是在关注和讨论气候变化问题，但其主基调是和各自政府的态度相呼应，为其自身做辩护。

二　国内研究现状

国内人文社会科学对气候变化的研究起步较晚，目前还主要处在译介、阐发西方学者的思想的阶段（这也是必要的），但是中国学术界也在逐渐地发出自己的声音。笔者以"气候变化"为关键词，把时间区间设定为1990～2012年，在中国期刊全文数据库检索，其结果如图0-1所示。

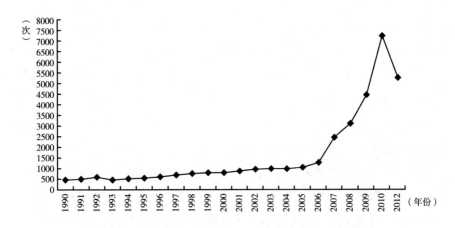

**图0-1　"气候变化"在中国学术界研究成果中出现的
频率变化（1990～2012年）**

资料来源：中国期刊全文数据库。

由图0-1可知，1990～2012年，"气候变化"一词在中国学术界受关注度呈上升趋势，相关研究成果也不断增长，尤其是2006年以后，研究成果急剧增加，论文数从2006年的1322篇上升到2010年的7235篇，2012年有小幅度减少，这大致与气候问题逐渐成为国际社会热点问题是相一致的。众所周知，在此期间相继召开了巴厘岛气候会议（2007年）、波兹南气候会议（2008 年）、哥本哈根气候会议（2009 年）、坎昆气候会议（2010 年）、德班气候会议（2011 年）、多哈会议（2012 年）。这些气候会议都极大地推动了国内学者对气候问题的关注，他们从不同的学科层面对气候问题进行了研究，发出了中国学者自己的声音。

其一，经济学界认为要转变经济发展方式，发展低碳经济，并且提出要警惕发达国家在气候变化问题上的贸易保护主义。

气候属于典型的全球公共物品，很容易出现"搭便车"的情况，气候变化问题也是全球"市场失灵"的最大体现。因此，应对气候变化的研究首先引起了经济学界的关切。我国学者提出要应对气候变化，就必须转变经济发展方式，发展低碳经济。虽然早在 2003 年，潘家华等就对如何减缓气候变化提供了一种经济学视角，但是我国经济学界对低碳经济的研究，总体上来说成果不是很多，有深度、成系统的研究文献就更少。近年来，随着我国生态环境问题的日益凸显和经济发展转型的需要，越来越多的学者从事低碳经济的研究，他们从低碳经济的内涵以及发展低碳经济的必要性、对策和意义等方面开展了研究。潘家华指出，可以从三个方面来理解低碳经济的内涵：一是温室气体排放的增长速度小于国内生产总值的增长速度，二是零排放，三是绝对排放量减少。实现以上三种情形，低碳发展的前提条件是经济正增长（国内生产总值增长率大于零）。发达国家追求的是绝对的低碳经济，而发展中国家追求的是相对的低碳经济。王军在分析低碳经济概念和特征的基础上，探讨了我国应对全球气候变化，推进产业结构调整，实现低碳经济发展的方式、途径和政策选择。[①] 经济学界在深入研究应对气候变化与发展低碳经济关系的同时，还积极研究在国际贸易当中，要警惕西方国家以保护环境、应对气候变化为借口，实施贸易保护主义，搞气候霸权主义和生态殖民主义。李淑俊以中美贸易摩擦的历史案例、用实证的方法证明了美国对华贸易保护越来越集中于对气候变化因素高感知的碳泄漏产业，气候变化议题已成为美国实施贸易保护主义的新借口。[②]

---

① 王军：《理解低碳经济》，《鄱阳湖学刊》2009 年第 1 期。
② 李淑俊：《气候变化与美国贸易保护主义——以中美贸易摩擦为例》，《世界经济与政治》2010 年第 7 期。

其二，国际政治关系学界跟踪国际气候谈判的发展态势，对国际气候政策制度加以分析研究，提出应对气候变化的政策制度选择，并且把研究范围进一步扩展到国家安全、全球治理等领域。

气候谈判之所以艰难前行，其根源在于利益之争。这说明气候问题已经演变成了政治问题，气候变化已经成了国际政治中的重要议题。我国学者从国际政治关系的视角介入气候变化的研究起步较晚，研究力量也较为薄弱。正如王逸舟所说，国内关注气候变化的研究人员，还没有形成完整清晰的气候变化国际政治关系研究分析框架，而国际政治关系研究者又缺乏或不了解气候变化谈判及国际气候制度演变的细节。近年来，王逸舟、陈迎、胡鞍钢、庄贵阳、张海滨、潘家华对气候政治制度、气候变化与国家安全、气候变化与全球治理等问题进行了研究。

国际政治关系学关注气候变化问题的第一个层面，集中于跟踪国际气候谈判的发展态势，对国际气候政策制度加以分析研究，提出应对气候变化的政策制度选择。陈迎从谈判的角度梳理了 20 世纪 90 年代以来气候公约框架内的国际谈判进程，分析了以美国为首的"伞形国家集团"（加拿大、澳大利亚、日本、俄罗斯）、欧盟和以中国、印度为代表的发展中国家集团的谈判战略及其变化。① 庄贵阳对国际气候制度形成与演化进程中的公平与效率、后京都时代国际制度构架等重要问题进行了深入研究，分析了中国在承诺温室气体减排问题上面临的压力与挑战、机遇与潜力、责任与战略选择，这对我国参与国际气候谈判和制定国内政策具有重要的参考价值。② 胡鞍钢等提出了中国应对全球气候变化的战略思想和参与全球减排的协议方案，并以此为基础，明确提出中国应该积极应对气候变化，作出减排承诺，发展低碳经济，实现绿色与和平的发展。③

随着国际气候谈判的逐步深入，国际政治关系学对气候变化的关注进一步扩展到了国家安全、全球治理等领域。王逸舟的《生态环境政治与当代国际关系》（1998 年）应该是国内最早从国际关系视角探讨生态环境

① 李欣：《"气候变化与中国的国家战略"学术研讨会综述》，《国际政治研究》2009 年第 4 期，第 170 页。

② 庄贵阳、陈迎：《国际气候制度与中国》，北京：世界知识出版社，2005。

③ 胡鞍钢、管清友：《中国应对全球气候变化》，北京：清华大学出版社，2009。

议题的论著，特别是关于生态环境政治对国家主权所提出的挑战的论述。在研究气候变化对国家安全影响的过程中，一些学者还提出要通过全球治理来应对气候变化。张海滨就认为，应对全球环境挑战，必然要求进行深入的国际环境合作。人类的理性选择应该是：在可预见的将来，在现有体系下通过加强全球环境治理，减缓全球环境恶化的速度，使全球环境问题保持在临界点之内——这是一种危机处理模式，是治标之策；从长远看，则必须在全球范围内实施共同的环境政策——只有这样，才能从根本上解决全球环境危机。①

其三，法学界在介绍西方国家应对气候变化法律制度的基础上，也逐渐发出自己的学术声音，提出要通过专门立法和相关领域立法来构建我国应对气候变化的法律制度。

国际社会应对气候变化，已经走过了二十多年的谈判历程，缔结了相关公约和议定书，我国从法律上也对气候变化问题进行了回应。当然，我国法学界关于应对气候变化的研究起步较晚，系统的研究成果也不多，最初也只是介绍欧盟、美国、英国等西方国家应对气候变化的法律制度。李艳芳、曹明德等学者对此进行了研究。李艳芳提出，各国承担的国际义务不同决定了各国应对气候变化的立法进程不同、立法形式和立法内容不同，并详细阐述了英国是以《气候变化法》为核心的专门立法模式、欧盟其他成员国是分散立法模式、美国是以《清洁能源与安全法》为核心的综合立法模式、日本是以《地球温暖化对策推进法》为核心的政策型立法模式、韩国是以《绿色经济增长法》为核心的综合型立法模式。② 曹明德提出，《联合国气候变化框架公约》和《京都议定书》是气候变化的国际法律应对，并阐述了应对气候变化的国际法律原则。③

随着气候变化研究的升温，法学界越来越多的学者开始关注这一问题，在介绍国外应对气候变化的法律制度的过程中，我国法学界也发出了

---

① 张海滨：《环境与国际关系——全球环境问题的理性思考》，上海：上海人民出版社，2008。
② 李艳芳：《各国应对气候变化立法比较及其对中国的启示》，《中国人民大学学报》2010年第4期，第59页。
③ 曹明德：《气候变化的法律应对》，《政法论坛》2009年第4期，第161页。

自己的学术声音。应对气候变化的立法工作，是我国法制建设的一项新任务，直接关系我国参与全球应对气候变化的立场和行动方案。因此，中国应当在立法上显示应对气候变化的宣示功能。翟勇（2008 年）对我国目前的气候变化应对状况作出了相关评述并提议制定《气候变化法》；郭锋（2009 年）对我国气候变化法律构建提出了框架性建议；周珂提出应该从专门立法和相关领域的立法来加强应对气候变化的法制建设，并且在对外贸易法中要有应对绿色贸易壁垒的立法论证和储备。① 郭冬梅的《应对气候变化法律制度研究》应该是我国第一部应对气候变化的法律专著。该书以全球气候危机为背景，以法学、经济学理论为分析工具，以其他国家应对气候变化法律法规为分析对象，并结合我国现有的应对气候变化法律政策规定，以责任分配机制为切入点，探索建构我国应对气候变化法律制度以规范相应行为，履行其可持续发展引导、防范气候危机的应有职能。②

其四，伦理学界主要关切温室气体减排的公平和正义问题，研究伦理道德因素在气候谈判中的作用。

虽然国际气候谈判走过了二十多年的历程，但是以前关于气候变化问题的研究一直局限于经济发展、国际关系调整、法律制度规范等"硬性"方面，而忽视了对于该问题的道德、公平、正义等"软性"因素的关注。我国学术界从伦理的视角去研究气候变化问题起步也很晚。2009 年哥本哈根会议将气候变化提到"国际伦理"的高度，为此，围绕气候变化的伦理问题才引起了国内学者的广泛关注，主要集中研究温室气体减排的公平和正义问题，何建坤、潘家华、杨通进、钱皓、黄之栋、黄瑞祺等学者对此进行了研究。

毋庸置疑，"公平"是国际气候谈判中的一个关键问题，它对于形成气候变化问题解决方案起着至关重要的作用。何建坤从《联合国气候变化框架公约》出发，从不同角度对人类社会应对气候变化行动中的"公平"性问题进行了系统讨论，对发展中国家和发达国家在公平原则下责

---

① 参见周珂《加强法治建设　积极应对气候变化》，《中国社会科学报》2009 年 12 月 3 日，第 8 版。

② 郭冬梅：《应对气候变化法律制度研究》，北京：法律出版社，2010。

任、义务及优先事项的差别进行了分析，提出并分析了以人均碳排放权相等为标准，到目标年各国人均碳排放量及过渡期内人均累积碳排放量两个趋同的碳排放权分配原则。[①] 潘家华等区分了国际公平与人际公平的碳排放概念，研究了主要国家人均碳排放与经济发展之间的关联，比较测算了不同国家人均累积碳排放在全球历史和未来排放总量中所占的比重，指出减排责任的分担，必须综合考虑各国的历史责任、现实发展阶段和未来发展需求。[②] 气候变化不仅涉及不同国家的碳排放、碳减排的公平性问题，还涉及正义等伦理问题。杨通进通过比较目前国际社会上影响较大的几个温室气体减排伦理原则（主要有历史基数原则、历史责任原则、功利主义原则、平等主义原则和正义原则）之后，认为正义原则才是分配温室气体排放权的最理想原则。[③] 钱皓研讨了气候变化和环境保护中的正义、权利、责任三大问题以及人类面对气候变暖所处的价值层面的基本困境，提出国际社会在应对气候变化的问题上要打破国家、制度和信仰的界限，达成共识。[④] 黄之栋、黄瑞祺进一步探讨了气候谈判冲突的根源在于南方国家与北方国家所坚持的价值取向不一样。南方国家以道德/权利为价值取向，希望通过强调历史责任、补偿原则以及程序正义来诠释气候争议；北方国家以目标/结果为价值取向，着眼于非历史的成本收益分析，希望尽可能避免谈历史排放与历史性的分配不均。[⑤] 分析气候变化中的"公平""正义"等问题，对于理解发达国家与发展中家在气候谈判问题上的立场、分歧都具有重要的参考价值。

总之，当前国内人文社会科学界对气候变化的研究呈现两个基本特征：一是从研究进程上看，虽然我国人文社会科学领域对气候变化问题研究起步较晚，与西方国家"枝繁叶茂"的研究成果相比，我国的研究成

① 何建坤：《有关全球气候变化问题上的公平性分析》，《中国人口·资源与环境》2004 年第 6 期，第 12 页。
② 潘家华、郑艳：《基于人际公平的碳排放概念及其理论含义》，《世界经济与政治》2009 年第 10 期，第 6 页。
③ 杨通进：《通向哥本哈根的伦理共识》，《中国教育报》2009 年 12 月 14 日，第 4 版。
④ 钱皓：《正义、权利和责任——关于气候变化问题的伦理思考》，《世界经济与政治》2010 年第 10 期，第 58 页。
⑤ 黄之栋、黄瑞祺：《全球暖化与气候正义：一项科技与社会的分析——环境正义面面观之二》，《鄱阳湖学刊》2010 年第 5 期，第 27 页。

果只能是"只言片语"。但是，随着气候变化问题逐渐成为国际社会关注的热点，应对气候变化的研究也逐渐从我国学术界的"边缘"进入了当前的"中心"位置，相关研究成果也逐渐增多。二是从研究路径上看，气候变化是一个涉及政治、经济、法律、伦理等多学科、多领域的综合性全球问题，随着对气候变化问题研究的深入，跨学科研究将成为其新的趋势。

综上所述，国内外学者从经济学、社会学、国际政治关系学等多学科的角度对气候变化问题进行了初步的研究，取得了一定的成效，但是这些研究中还是存在一些不足。

其一，忽视了从伦理的视角进行研究，仅有的一些研究也比较零散，或者只是从微观的角度研究温室气体排放权的公平性问题。当前的气候谈判更多的是以治标不治本的方式争论解决的方法，如探讨碳排放的分配问题、责任的分担问题，而把伦理道德的支持搁置在一旁，导致国际社会气候谈判分歧不断，缺乏共识。

其二，国际社会的伦理共识是走出气候博弈困境的基础。但是，现有的文献没有研究气候博弈过程中国际社会应该首先达成何种伦理共识，达成伦理共识的可能性和必要性是什么，以及如何去达成伦理共识等问题。

其三，对中国气候伦理战略的选择研究不多。在激烈的气候博弈中，中国迫切需要选择正确的气候伦理战略来消除国际社会的压力，树立负责任的大国形象，这些问题都需要学术界进行研究。

笔者把时间设定区间为1990～2012年，在中国博士学位论文全文数据库中以"伦理共识"为关键词检索，只检索到1篇博士学位论文，即肖明的《当代自由主义宪政的困境与伦理重建》（2007年），检索到的硕士学位论文有12篇。但是，针对应对气候变化这么一个具体的、微观的问题，学术界鲜有学者去研究气候政治博弈中的伦理共识问题，这方面的研究成果更是少之又少。在利益多元化的气候谈判中，"伦理共识"是气候谈判的典型难题，伦理共识的困境制约着气候谈判的进程，也影响着气候问题的解决。如果国际社会在应对全球气候变化问题上没有达成一定的伦理共识，气候问题是很难得到解决的，气候谈判也很难进行下去。基于此，本书将从伦理的视角，对气候博弈中的伦理共识问题展开系统研究，重点研究达成伦理共识的可能性和必要性、如何达成伦理共识、达成何种伦理共识以及中国气候伦理战略选择等问题。

当然，本书所提出的伦理共识并不是大一统的伦理共识，不是要去追求世界的一体化、追求世界的大同。因此，这不是一个纯粹的现代性问题，而是在气候谈判过程中国际社会所应该达成的一种包容性的伦理共识、一种"和而不同"的伦理共识、一种蕴含差异性的伦理共识。尽管如此，在气候博弈过程中要达成伦理共识也是异常艰难的，面临着理想与现实的冲突、国家利益的考验。但是，我们不能因为达成伦理共识的艰难，就不去为之而努力。首先，我们应该处理好"是不是有伦理共识"与"应不应有伦理共识"的关系。"是不是有伦理共识"是一种事实判断，"应不应有伦理共识"是一种价值判断，在现实生活中，不能用事实判断去取代价值判断。事实上，在气候谈判过程中，世界各国之间不仅存在伦理共识，而且应该存在伦理共识，这体现了事实判断和价值判断的统一。其次，我们要正确处理好"能够做"和"应当做"的关系。"能够做"是有能力做，"应当做"则是解决人类应当如何生活的问题。在气候危机面前，达成一定的伦理共识不仅是国际社会"能够做"的，而且也是"应当做"的。这是因为，达成一定的伦理共识是走出气候谈判"囚徒困境"的道德力量，是解决气候问题的道德支撑，也是中国气候伦理战略选择的伦理依据。这也是为我国在未来的气候谈判中提供伦理辩护、抢占道义制高点的需要。

第三节　研究理路、可能突破点和不足之处

一　研究理路

本书从伦理的视角，采用学科交叉的方法对气候问题政治博弈中的伦理共识及中国气候伦理战略选择等问题进行系统研究。本书由绪论和八章正文组成，绪论部分主要阐述了本书选题的缘由、该选题的国内外研究现状、研究理路等相关性内容，是本书研究成果的总纲，正文的第一章至第三章阐述了达成伦理共识的基础性理论、第四章至第七章阐述了四个具体

的伦理共识，第八章阐述了中国的气候伦理战略。

第一章是"气候问题的政治伦理审视"，为本书研究的理论基础。气候及其变化本来是一种自然现象，是自然科学问题。但是，随着气候危机的加剧，国际社会对气候问题的关注持续升温，气候已经被作为一个问题提出来了，并且气候问题也已经从自然科学所面对的环境问题演变成了重大的国际政治问题。当然，气候问题不仅是一个政治问题，也是一个伦理问题。国际社会围绕着气候问题的谈判之所以迟迟没有结果，其中一个最重要的原因就是国际社会在解决气候问题上缺乏伦理共识。国际社会的气候谈判也只是在抽象地争论减排技术和减排责任的分担问题，而忽视了伦理道义的作用。任何政治的合法性都将接受伦理道义的考量，考量其道德合理性。所以，气候问题也是一个伦理问题。

第二章是"气候冲突中的博弈"。在每年的气候大会上，世界各国为了追逐各自的利益，不可避免地会引发冲突。气候冲突主要体现为南北对立、北北对峙和南南分化三个方面，究其根源体现为经济性根源、主体性根源和哲学性根源。随着国际社会对气候问题的日益关注，气候冲突也演变成了博弈，国际社会的气候谈判已经演变成了利益的博弈过程。从气候博弈的立场来看，气候博弈的内容主要是围绕减排问题和资金技术而展开，其背后体现的是各国对权力和利益的角逐。气候博弈的实质就是政治话语权之争、经济主导权之争和伦理价值取向之争。

第三章是"气候博弈对伦理共识的诉求"。在气候变化的现实危情面前，显然世界各国都不愿看到人类因为气候问题而走向毁灭，博弈的最终目的还是希望在解决气候变化问题上达成一定的伦理共识。可以说，伦理共识也就蕴含在博弈当中，博弈必然会走向伦理共识。在全球化时代，国际关系的向善之道、人类共同利益的定在、普世伦理的兴起分别是达成伦理共识的现实依据、利益基础和理论依据，生态思维路径、商谈对话路径、宽容精神路径则是达成伦理共识的基本路径。当然，在气候博弈中所达成的伦理共识是以公平正义、平等对话为基本内容的普遍有效的价值精神，是一种自主认同、"和而不同"和最低限度的共识。

第四章是"伦理共识之一：正义原则"。从某种意义上可以说，正义问题是关系人类生存与发展的重要问题，非正义或缺少正义是社会冲突的根源。全球气候变化问题的产生、气候谈判的"囚徒困境"反映的就是正义的缺失和正义的困境，显示了正义的"落寞"。因此，人类为了避免因为气候问题而走向自我毁灭，对气候正义提出了应当之诉求，国际社会在气候谈判中就首先应该在这个问题上达成伦理共识。当然，从目前国际气候谈判的进程来看，任何单一的正义原则都无法推动气候谈判的深入，必须要有融合各种主流的正义观的原则才能发挥作用。"平等而又差别"的正义原则就是兼顾各方利益、求同存异的正义原则，是国际社会在各种正义观的交锋中应该达成的伦理共识，在此基础上，实现自然正义和社会正义的统一、实体正义和程序正义的统一。

第五章是"伦理共识之二：责任原则"。气候谈判在某种程度上就是世界各国分担责任的谈判，气候谈判之所以难以取得突破性进展，就是因为世界各国在责任的分担上存在分歧、缺乏共识。没有责任的担当，就没有气候问题的解决。面对威胁人类生存的气候问题，国际社会需要以责任伦理为指导分担气候责任，达成共识性的责任原则："区别而又共同"的责任原则、"为后代而在"的责任原则和"为他者和自者而在"的责任原则，以共同应对人类之灾难。事实上，在气候谈判中达成伦理共识，这本身就是一种责任，并且世界各国都必须承担起这种责任。如果没有这种最基本的责任，等待人类社会的必将是无尽的灾难，甚至人类的毁灭。

第六章是"伦理共识之三：合作优先于冲突原则"。由于当前国际社会并不是一个利益取向完全一致的"共同体"，各国利益取向存在差异，从而使得国际社会气候冲突不断，气候合作缓慢。但是，不管合作如何艰难，在威胁全人类生存的气候问题面前，遵循合作优先于冲突原则，加强应对气候变化的国际合作，是人类社会摆脱气候危机的出路之所在。自者与他者由背离走向融合、互惠利他理论、风险社会的来临阐释了气候合作的哲学依据、交往依据和现实依据，表明在这么一个风险社会，气候合作存在可能性和必要性。并且，通过对比分析，可以清楚地得知气候冲突的恶果将是人类的自我毁灭，而气候合作的善果则是人类"公共福祉"的实现。所以，合作优先于冲突原则应该是人类社会的理性选择。

第七章是"伦理共识之四：生存权与发展权统一原则"。在气候谈判过程中，发达国家与发展中国家都从各自的立场出发，对生存权与发展权进行不同的理解，片面地强调其中的一种权利，导致气候冲突不断。事实上，生存权与发展权作为人权中的首要内容，是享受其他权利的基础。生存权与发展权是一对不可分割的权利，任何一个国家的生存权与发展权都是不可侵犯的。"需要层次"理论和马克思的"物质变换"理论都对其进行了合理性证明。但是，要真正实现生存权与发展权的统一，不管是发达国家还是发展中国家都必须调整国家利益，发达国家应该放弃环境利己主义，发展中国家应该避免"先污染、后治理"。

第八章是"中国气候伦理战略选择"。中国在当前的气候博弈中面临巨大的压力，也面临很多机遇。如何变压力为机遇，就必须在伦理共识的基础上，着眼于气候伦理战略的选择，选择好国际和国内两个伦理战略。在国际上，既要与发达国家加强对话，减少敌意，又要与发展中国家加强团结，增强谈判的集体力量，只有这样，才能减少来自发达国家的挤压和发展中国家的排挤；而在国内，既要实现和中国传统生态文化的现代化和生态伦理学的本土化，提升国家文化"软实力"，又要加强生态文明建设，着眼于低碳社会的构建，建设美丽中国。只有这样，才能树立中国负责任的大国形象，才能在气候谈判赢得主动，争取到话语权。

二　可能突破点

第一，气候变化事关人类的生存和发展，气候问题的博弈应该体现人类社会的公平正义。从学科层面来讲，气候变化问题是一个涉及政治、经济、伦理等跨学科的综合性问题，它关涉人的生存状态、生活质量，考量人类的道德良知和伦理道义。因此，各国应对气候变化的政治主张涉及复杂而深刻的伦理问题，其政治合法性的关键是伦理和道义，气候问题博弈的制度安排，没有伦理价值的考量是缺乏人文关怀的。因此，通过对气候何以成为问题、气候问题何以是政治问题、气候问题何以是伦理问题的深入研究，表达了正义的呼声，这对生态伦理学理论的丰富是大有裨益的，拓宽了应用伦理学的研究范畴。

第二，气候变化带给人类的危机是不容回避的，人类必须在智慧、开明和勇气中寻找到全球解决的方案，否则就将陷入"吉登斯悖论"。要找到全球解决的方案，就必须首先达成应对气候变化的伦理共识以保证气候谈判的顺利进行，这也是当前解决气候谈判困境的根本之所在。只有在国际社会已经达成一定伦理共识的基础上，气候谈判才能取得进展，气候问题才能得到妥善解决，也才有中国气候伦理战略的正确选择，对于这些问题学术界涉猎较少。通过对这些问题的研究将为中国在未来的气候谈判中争取话语权提供决策依据和道义辩护，也将维护广大发展中国家的团结和共同利益的实现。

三　不足之处

第一，联合国气候大会经历了二十多年的谈判历程，而我国人文社会科学对这一课题研究较少，特别是从伦理学的角度去研究气候变化问题的成果更是少之又少，这对资料收集是一个考验。所以，资料的匮乏在一定程度上制约了本课题研究的广度、深度和研究视野。

第二，应对气候变化的研究是跨学科的课题，需要从政治、经济、法律、国际关系、伦理等不同的学科进行研究，这对笔者能否站在跨学科的角度、运用学科交叉的方法进行研究是一个考验。鉴于笔者知识和能力的有限性，在课题研究过程中难免出现偏颇。

这些不足之处给本书造成的缺憾，将在今后的研究中加以弥补。

第一章　气候问题的政治伦理审视

诗人海涅曾说过，每个时代都有它的重大课题，解决了它就把人类社会向前推进一步了。① 自从 20 世纪 70 年代以来，气候变化这个幽灵就在全球游荡。气候问题已经威胁到人类的生存与发展，是这个时代的重大问题。联合国每年都要召开气候大会，商讨如何应对气候变化问题，世界各国政府首脑也是积极参与，但是气候变化问题迟迟得不到解决，成为笼罩在全世界人们头上挥之不去的阴云。

第一节　气候何以是问题

气候本来是自然界中的天气变化状况的总和，是自然地理环境的一个重要组成部分。但是，现在气候为什么会成为一个问题，并且是威胁到人类生存与发展的问题呢？气候问题是怎么产生的呢？对气候问题，我们应该有什么样的科学认知呢？

一　气候问题的提出

关于气候的定义，古今中外早已有之。公元前 14 世纪至公元前 11 世纪中国甲骨文中就有季节和八方风等的记载；西周的《诗经·幽风·七月》有各月物候现象的记载；古希腊的希波克拉底就著有《论风、水和地点》一文，并编写了气候学讲义，这是人类最早关于气候的论著。随着科学技术的发展，人类对气候的研究和认识不断深入，关于气候的定义

---

① 转引自余谋昌《创造美好的生态环境》，北京：中国社会科学出版社，1997，第 1 页。

也随之发生了演变。马开玉在《气候诊断》一书中把气候定义的演变划分为三个阶段：第一阶段，20世纪以前的古典气候学阶段。古典气候学从气候与天气的联系和区别中给出气候的定义，认为气候是大气的平均状态，天气是大气的瞬时状态，即气候是一段长时期内众多天气状态的平均状态。第二阶段，20世纪初到70年代以前是近代气候学阶段。近代气候学认为天气是短时间尺度的大气过程，气候是长时间尺度的大气过程，提出气候是天气的"总和"或"综合"。第三阶段，20世纪70年代以来，气候有了一个全新的定义，提出了"气候系统"的概念。① 所谓"气候系统"是指包括气候圈、水圈、冰雪圈、生物圈中与气候有关的各自的相互影响的物理学、化学和生物学的运动变化过程。从气候定义的演变中我们可以看出，天气与气候有着紧密的关系。天气是指短时间（几分钟到几天）发生的气象现象，如雷雨、冰雹、台风、寒潮、大风等。它们常常在短时间内造成集中的、强烈的影响和灾害。而气候是指某一长时期内（月、季、年、数年到数百年及以上）气象要素（如温度、降水、风等）和天气过程的平均或统计状况，主要反映的是某一地区冷暖干湿等基本特征，通常由某一时期的平均值和距此平均值的离差值（气象上称距平值）表征。天气是短时间的气象现象，而气候则是长时间的天气变化过程，这种长时间的天气变化，就会引发气候变化。气候变化是指一定的区域或者全球长时间的气候改变，如温度、风场和降水量等要素发生重大的转变。简单地说，气候变化就是气候发生了重大的变动。

气候变化并不是从20世纪开始的，它是伴随着人类文明的发展而变化的。回溯文明的发展历史，在漫长的农耕社会里，由于人类活动的规模小、水平低、发展缓慢，所以，人类对自然的破坏相对较少，气候变化也不显著。当人类从农耕社会迈向工业社会，随着工业文明"天使"的降临，人类在利用先进科学技术的过程中，也迫不及待地打开了"潘多拉盒子"，各种"魔鬼"（灾难）也就不断出现了。当文明挣脱了环境可持续性的缰绳之后就会面临崩溃的威胁。② 工业革命在给人类带来巨大物质

---

① 马开玉：《气候诊断》，北京：气象出版社，1996，第1页。
② Jared Diamond, *Collapse*, London：Allen Lane, 2005.

财富的同时，也带来了气候变化、生态破坏和资源短缺等环境问题。"我们不要过分陶醉于我们人类对自然界的胜利。对于每一次这样的胜利，自然界都对我们进行报复。"① 人类在征服自然的过程中，自然也对人类进行了加倍的惩罚，其中最严重的惩罚之一就是全球气候变化带来的惩罚。虽然早在 20 世纪 80 年代，被称为"全球气候变暖研究之父"的美国科学家詹姆斯·汉森就首次提出要警惕全球气候变暖的危险性，但是这显然没有引起人类社会的足够重视。有资料显示，全球二氧化碳的浓度从工业革命前的 280ppm 上升到了 2005 年的 379ppm。过去 100 年（1906～2005年）全球气温上升了 0.74℃；过去 50 年变暖趋势是每 10 年升高 0.13℃，几乎是过去 100 年来的 2 倍。2001～2005 年与 1850～1899 年相比，总的温度升高了 0.76℃。② 可见，人类向大气中排放的二氧化碳等温室气体逐年增加，从而使得温室效应逐年增强，引发了全球气候变暖等一系列严重问题。全球气候变暖导致极地冰川融化，从而造成海平面升高。根据联合国政府间气候变化专门委员会的第四次评估报告，19～20 世纪观测到的海平面上升速率的增加具有高信度。20 世纪海平面上升大约为 0.17 米。到 21 世纪末预估海平面上升幅度为 0.18～0.59 米。海平面的上升已经威胁着小岛屿国家的生存。2008 年 11 月马尔代夫新当选总统穆罕默德·纳希德（Mohamed Nasheed）就对外宣布，他将从每年 10 多亿美元的旅游收入中拨出一部分，纳入一笔"主权财富基金"，用来购买新国土，为马尔代夫举国搬迁做好准备。联合国政府间气候变化专门委员会预测，21 世纪海平面会上升 40 厘米。更多居住在沿海和大三角洲的人将遭遇洪水，这一数字将从 1300 万人增加到 9400 万人，其中 6000 万人居住在南亚，大约 13 亿人居住在冰川消融地带。③ 以前无数国家是因为战争而走向消亡，现在一些国家将会因为海平面的上升而消亡，这是罕见的人类悲剧。

① 《马克思恩格斯文集》第 9 卷，北京：人民出版社，2009，第 559 页。
② 庄贵阳、朱仙丽、赵行姝：《全球环境与气候治理》，杭州：浙江人民出版社，2009，第 2 页。
③ 〔英〕迈克尔·S. 诺斯科特：《气候伦理》，左高山、唐艳枚、龙运杰译，北京：社会科学文献出版社，2010，第 25 页。

由此可见，气候变化已经威胁到人类的生存与发展，关乎人类的命运，气候也已经从一种自然现象变成了一个问题，并且是严峻的现实问题。所谓气候问题，是指由自然活动或人类活动引起的气候变化，导致直接或间接影响人类生存与发展的客观存在的问题。本书要研究的气候问题，主要是人类活动所引起的气候变化问题。气候问题是当前人类社会面临的最严重的环境问题之一。与历史上其他环境问题相比，气候问题具有以下几个特征：一是气候问题在空间上具有不平衡性，气候问题产生的原因和造成的后果在空间上是分离的，导致气候问题的收益与成本不对等。气候问题主要是工业革命以来，西方发达国家大量排放温室气体所造成的，西方发达国家享受了工业革命的成果，其破坏性后果却由发展中国家来承担。虽然气候问题属于全球性的问题，世界上任何一个国家都会受到气候变化带来的影响，但是气候变化对每一个国家影响的程度不一样，气候变化的不良后果在地理上分布也不均；对多数发达国家来说，气候问题还没有形成现实、直接、迫切的威胁；但是，对于那些适应能力差的小岛屿国家、最不发达国家来说，气候问题已经是严峻的挑战。正如联合国政府间气候变化专门委员会指出："那些具有最少资源的国家的适应能力最差，同时也是最为脆弱的。"① 二是气候问题在时间上具有滞后性，人类征服自然及其改变环境产生的影响总是有一个过程，存在滞后性的问题。气候变化也是温室气体长期排放累积的结果，其影响是代际性的。今天人类社会遭受的气候灾难是上代人类大量地使用化石燃料所产生的二氧化碳等多种温室气体造成的。换句话说，如果今天的人类不保护环境，还是任意地排放温室气体，那么子孙后代的福祉就必将会受到损害。三是气候问题具有复杂性和综合性，气候问题与其他社会问题相互交叉、重叠，最终形成复杂的综合性问题。气候问题作为全球性的问题，涉及错综复杂的利益关系。"全球气候变化一直是国际可持续发展领域的一个焦点问题，围绕气候变化的争论与谈判，从表面上看是关于全球气候变化原因的科学问题和减少温室气体排放的环境问题，但在本质上是一个涉及各国社会、政

① Intergovernmental Panel on Climate Change (IPCC), *Climate Change 2001: Impacts, Adaptation, and Vulnerability*, Cambridge University Press, 2001.

治、经济和外交的国家利益问题。"① 气候问题的解决不仅有赖于技术和经济手段，同时也必然涉及利益的调整与分配，需要政治上的解决、伦理上的考量。气候问题已经不是单纯的科学问题、环境问题，还是经济问题、政治问题和伦理问题。

随着气候问题日益威胁人类的生存与发展，气候问题也日益引起了国际社会的关注，各国政府首脑也越来越重视气候问题，特别是哥本哈根会议更是把气候问题推向了国际政治的中心位置，气候问题也从国际社会的边缘问题提升为国际社会的中心问题。

二　气候问题的科学认知

气候问题是当前人类面临的最严重挑战之一，也是影响未来世界经济和社会发展的重要因素之一。但是，气候是否正在发生变化？气候是"变冷"还是"变暖"？气候变化是由人类活动引起的吗？围绕着这些问题，一个多世纪以来，国际社会争论不休，似乎关于气候变化问题很难有一个确切的结论。近 30 年来，人们对气候问题的认识有了很大的提高，但对气候问题产生的原因及其影响还是存在很多争议，主要有两种代表性的观点：一种观点认为，人类活动对气候变化产生了重大的影响，如果再不控制温室气体的排放，就会从根本上威胁人类的生存与发展；另一种观点认为，自从人类出现以来，气候就一直处于变化当中，这是一种正常的气象现象，与人类的活动关系不大，不必对当前的气候变化表示过多的担心，甚至有些人提出，"气候变化"实际上是发达国家设置的"陷阱"。

事实上，近百年来，全球气候正在经历一次以变暖为主要特征的显著变化，这种变暖是由自然的气候波动和人类活动共同引起的，但在最近 50 年中，很可能主要是人类活动造成了气候的变化。由联合国环境规划署（United Nations Environment Program，UNEP）和世界气象组织（World Meteorological Organization，WMO）于 1988 年建立的联合国政府间气候变化专门委员会，是这一观点最具权威性的代表。自 1990 年以来，联合国

---

① 国家气候变化对策小组办公室：《全球气候变化——人类面临的挑战》，北京：商务印书馆，2005，第 2 页。

政府间气候变化专门委员会分别在 1990 年、1995 年、2001 年和 2007 年发布了四次气候变化研究评估报告。这些研究报告是全世界气候变化研究领域几千名专家对全球现有科学研究成果的最新总结，具有高度的权威性。其研究结果显示：人类实践活动与全球气候变化之间确实存在因果关系。2007 年，联合国政府间气候变化专门委员会发布的第四份气候变化评估报告就认定，人类活动是造成气候变化的主要原因。根据该报告，自 1750 年以来，全球大气温室气体浓度由于人类活动而显著上升，现在已经远远超过工业时代之前数十万年间的水平，其中二氧化碳浓度达到 65 万年以来的最高点。我国学者王绍武教授也从两个方面论证了气候变化的真实性：一是证明中国气候确实在变暖，二是证明这种变暖与人类活动所排放的大量温室气体有关。关于前者，王绍武教授利用不同的方法对 1873～2008 年中国平均温度作出变化曲线，得出了中国百余年气候变化的共同特征，即在这 135 年间，中国地域内的气象温度整体上呈上升趋势。关于后者，王绍武教授将气候变暖的性质分为两类：地球、大气运动等自然因素造成的变暖和由人类生产、生活排放的温室气体造成的变暖。他还认为，20 世纪 40 年代的气候变暖是由自然界因素造成的，而 90 年代的气候变暖则是人类排放温室气体所造成的。① 以上关于全球气候变化的主流观点几乎得到了所有国家和政府的高度重视。

　　虽然世界的主流观点认为人类实践活动引发了气候变化，但是，在这个过程中，怀疑论的声音一直没有停止过（见表 1－1）。质疑全球变暖主要有两种代表性的观点：第一种观点认为，全球变暖的科学性是不值得信任的，即使存在，也与人类活动无关；第二种观点认为，科学技术可以解决全球变暖问题，并不需要改变工业生活方式。俄罗斯著名天文学家哈比布拉·阿卜杜萨马托夫就认为导致全球气候变暖的主要原因是太阳活动，温室效应与人类工业活动之间的不存在必然的因果关系，因为实在是缺乏两者存在必然联系的证据。丹麦科学家亨里克·史文斯马克也指出，日益增加的太阳活动是 20 世纪全球变暖的主要推动力。2009 年哥本哈根会议

---

① 李欣：《"气候变化与中国的国家战略"学术研讨会综述》，《国际政治研究》2009 年第 4 期，第 171 页。

前夕的"气候门"事件，更是激发了怀疑论者对联合国政府间气候变化专门委员会发布的气候变化研究报告真实性的质疑，认为全球变暖并没有那么严重，在很大程度上被人为"夸大"和"扭曲"了，是一个弥天大谎。

表 1-1　气候变化的怀疑论

派别	主张的实例
暖化根本没有发生	有一些区域温度不升反降
水蒸气与太阳活动是暖化的主因	比起二氧化碳来说,水蒸气与太阳活动才是造成暖化的主因
模型是不可信赖的	科学家用的气候模型有不确定性
二氧化碳是由海面上而来的	大气中的二氧化碳含量增加与人为二氧化碳排放无关
暖化欢迎论	能源的消费本身就带来了文明
阴谋论	把暖化问题加以问题化完全是赞成发展核电厂与自由派的阴谋
还有比暖化更重要的事	贫困和艾滋病应该比暖化得到更优先处理

资料来源：黄之栋、黄瑞祺《全球暖化与气候正义：一项科技与社会的分析——环境正义面面观之二》，《鄱阳湖学刊》2010 年第 5 期，第 38 页。

　　与此同时，还出现了一大批质疑气候变化的书籍，其中最有"说服力"的是澳大利亚阿德莱德大学地质学家依安·普利莫于 2009 年出版的《天与地》（*Heaven and Earth*）。普利莫用各种图表和大量数据证明，温室效应主要来自水蒸气，而不是二氧化碳；地球历史上的"中世纪暖期"和"小冰期"，也都与二氧化碳浓度的变化无关。此外，最近 100 多年来，虽然大气中二氧化碳浓度确实一直在上升，但大气温度在 1940 ~ 1976 年实际是下降的，而 21 世纪前 10 年的温度也比 20 世纪末有所下降。上海科学技术文献出版社翻译出版的《全球变暖——一场毫无来由的恐慌》一书，也认为地球温度受太阳辐射强度波动的影响，存在一个约为 1500 年的周期，甚至预言地球大气的升温阶段已经结束，即将进入下一个冷期。① 怀疑论者认为，提出全球气候变暖的命题是发达国家为了摆脱金融危机、限制发展中国家的发展而设计的"陷阱"和"阴谋"。他们援

---

　　① 转引自王遥《碳金融：全球视野与中国布局》，北京：中国经济出版社，2010，第 4 页。

引考古学家布莱恩·费根的著作《大暖化——气候变化怎样影响了世界》，说明正是中古时期的全球气候变暖导致了欧洲的发展。亨里克·史文斯马克和考尔德认为，联合国政府间气候变化专门委员会和世界各国政府都认同是温室气体的大量排放导致了全球气候变暖，其原因是政治的而非科学的。亨里克·史文斯马克和考尔德相信，采用这种假设的人是想制造一种恐惧气氛以加强国家对企业和个人的监督，同时阻止第三世界国家享受矿物燃料带来的发展，而在西方这些发展延长了寿命并改善了个人健康。[①]

其实，不管减少温室气体排放是伪命题，还是西方国家的"阴谋"或"陷阱"，发展中国家再也不能按照西方国家过去高能耗、高排放、高污染的工业化方式去发展，否则，受益的是西方国家，受害的是发展中国家；也不管全球气候变暖是真命题还是假命题，气候变化已经实实在在地威胁人类的生存与发展，这是人类社会必须要直面的现实问题。正如斯蒂芬·赫勒（Stephen Heller）提出的"帕斯卡赌注"：遏制气候变化的行动将是审慎的，虽然对正在发生或其影响的严重程度的认识不可用或不被信任，但是如果气候变暖是存在的，那么这些行动将是人类生存和生物圈健康所必要的；即使它不是，那么这些善的行动也会促进其他的善，如生态责任、全球正义、照顾物种等，在道德上也是正确的。[②] 气候问题也早已不再是局限于环境层面的科学问题，也不是单纯的经济问题，已经上升为政治伦理问题，是一个错综复杂的政治问题和伦理问题。

第二节　气候问题何以是政治问题

气候及其变化本来是一种自然现象，是自然科学问题。但是，随着气候危机的加剧，国际社会对气候问题关注升温，气候问题已经从自然科学

---

① 〔英〕迈克尔·S. 诺斯科特：《气候伦理》，左高山、唐艳枚、龙运杰译，北京：社会科学文献出版社，2010，第378页。

② 〔英〕迈克尔·S. 诺斯科特：《气候伦理》，左高山、唐艳枚、龙运杰译，北京：社会科学文献出版社，2010，第381页。

所面对的环境问题演变成重大国际社会政治问题。正如奥康纳指出："'生态危机'既是一种科学的阐述，在更大的程度上又是一个政治和意识形态性的范畴。"① 在现代社会，气候问题越来越被作为一个政治问题而成为国际关系中的焦点问题，一些发达国家也是趁机以解决气候问题为幌子，对他国实施贸易保护主义和霸权主义，干涉他国内政。

一　气候问题的政治考量

虽然气候问题产生的原因错综复杂，但是毋庸置疑，人类活动是导致气候问题出现的主要原因。这看似与政治无关，但是如果我们深入分析气候问题的起因，就会发现人类目前所面临的气候危机主要是西方国家所造成的，是西方国家在资本主义制度的框架下进行生产活动所造成的。有什么样的制度框架就会有什么样的生产活动，也就有什么样的环境破坏。因此，气候问题的产生与政治制度密切相关，确切地说资本主义制度是引发气候问题的罪魁祸首。

早在 1876 年，马克思就发现了资本主义社会气候变化的异常，他在给恩格斯的一封信中指出："我们在卡尔斯巴德（这里最近六个星期没有下雨）从各方面听到的和亲身感受的是：热死人！此外还缺水；帖普尔河好象是被谁吸干了。由于两岸树木伐尽，因而造成了一种美妙的情况：这条小河在多雨时期（如 1872 年）就泛滥，在干旱年头就干涸。"② 随着工业革命的突飞猛进，大量有害有毒的物质被排到大气中，造成了空气污染，1852 年英国的曼彻斯特就第一次出现了酸雨。面对着工业文明带来的生态破坏，马克思从制度角度对此进行了批判，认为资本主义制度是生态危机的根源。在马克思看来，由于资本家、资本对利润的贪欲和整个生产的无政府状态，就不可避免地造成人与自然的对立。工业文明的反生态性并不是工业文明本身所固有的，而是工业文明所依附的资本主义私有制所造成的。马克思在《资本论》当中，对资本追求利润的本性作了生动的描写，指出资本害怕没有利润或利润太少，一旦有了利润，资本就大胆

① 〔美〕詹姆斯·奥康纳：《自然的理由——生态学马克思主义研究》，唐正东、臧佩洪译，南京：南京大学出版社，2003，第 218 页。
② 《马克思恩格斯全集》第 34 卷，北京：人民出版社，1972，第 25 页。

起来了，资本的本质是追求利润最大化，是追求利润之神。"支配着生产和交换的一个一个的资本家所能关心的，只是他们的行为的最直接的效益。"① "出售时要获得利润，成了唯一的动力。"② "对资本来说，任何一个对象本身所能具有的唯一的有用性，只能是使资本保存和增大。"③ 资本完全主宰了资本主义社会的生产，它控制着整个社会的需要和消费。这样，由于资本追逐利润的本性，资本家贪婪的本性，生态危机其实内生于资本主义制度，是资本主义制度的必然逻辑，资本主义的发展必然导致人与自然关系的恶化，导致生态环境的破坏。

对气候变化问题的社会制度批判往往与生态马克思主义联系在一起。生态马克思主义是 20 世纪 70 年代以后西方马克思主义的新流派，他们以生态批判为切入点，对资本主义社会进行了制度批判、技术批判和消费批判，揭示了资本主义制度的不正义性及其反生态性。生态马克思主义者认为，资本主义制度的不正义性突出体现在其生产的目的不是满足人们的基本生活需要，而是满足资本追求利润的需要。因此，在资本主义社会中，使用价值服从于交换价值。资本主义制度的不正义必然会导致生态危机。对此，莱易斯、阿格尔强调资本主义基于追求利润而不断扩大生产规模，以及为维系资本统治的合法性而倡导过度生产和过度消费，必然会突破地球生态系统的承受能力，引发生态危机，并且提出资本主义生态危机已经取代经济危机成为资本主义社会的主要问题。奥康纳主要通过分析资本主义的二重矛盾，即生产力和生产关系的矛盾、资本主义生产与生产条件之间的矛盾，来说明资本主义同时存在经济危机和生态危机，从而决定资本主义生产在生态上是不可持续的，生态危机是资本主义制度的本性。高兹则从资本主义经济合理性将会导致生态不合理性的角度阐述了资本主义生态危机的必然性。他认为资本主义的内在逻辑在于追求利润的最大化，这在经济上是合理的，但这必然导致生态的破坏，因此资本主义的生态合理性与经济合理性是相互矛盾的。福斯特也指出，资本为了追求利润和短期的回报率，不可能按照生态原则来组织生产，最终必然会使人类社会和自

---

① 《马克思恩格斯文集》第 9 卷，北京：人民出版社，2009，第 562 页。
② 《马克思恩格斯全集》第 20 卷，北京：人民出版社，1971，第 521 页。
③ 《马克思格斯全集》第 30 卷，北京：人民出版社，1995，第 227 页。

然界之间的物质变换过程中断，导致生态危机。"就生态、经济和世界稳定而言，资本主义在许多方面都变成了一种失灵的制度。……它正在破坏人类和地球的长期前景。"① 生态马克思主义通过对资本主义制度的不正义性及其反生态性的分析，说明了资本主义社会中生态危机产生的内在必然性："在现行体制下保持世界工业产出的成倍增长而又不发生整体的生态灾难是不可能的。"② 因此，作为生态危机当中最严重的气候问题的产生与政治制度是有关的。正如美国前副总统戈尔所说："全球环境所面临新的深远的威胁正日益变得显而易见……这其中的部分原因必须归于我们的政治体制。"③ 既然气候问题的产生与政治有关，那么，要解决当前的气候问题，就仍然需要政治力量的参与，需要政府、国家、国际社会及公众共同行动起来，改变相关的政治制度和政治体制。"为了协调人类和自然生态系统的关系，人类社会必须进行深刻的变革，变革起因在于生态，但变革本身在于社会和经济，而完成变革的过程则在于政治。"④

马克思就提出了变革社会制度的设想，提出："需要对我们的直到目前为止的生产方式，以及同这种生产方式一起对我们的现今的整个社会制度实行完全的变革。"⑤ 他还认为，只有克服了社会中的异化现象，才能克服自然界中的异化现象，只有在共产主义条件下，人与自然的关系才能真正和解。共产主义"是人同自然界的完成了的本质的统一，是自然界的真正复活，是人的实现了的自然主义和自然界的实现了的人道主义。"⑥ "社会化的人，联合起来的生产者，将合理地调节他们和自然之间的物质变换，把它置于他们的共同控制之下，而不让它作为一种盲目的力量来统治自己；靠消耗最小的力量，在最无愧于和最适合于他们的人类本性的条

① 转引自黄卫华、曹荣湘《气候变化：发展与减排的困局——国外气候变化研究述评》，《经济社会体制比较》2010 年第 1 期，第 81 页。
② 〔美〕约翰·贝拉米·福斯特：《生态危机与资本主义》，耿建新、宋兴无译，上海：上海译文出版社，2006，第 38 页。
③ 〔美〕阿尔·戈尔：《濒临失衡的地球——生态和人类精神》，陈嘉映等译，北京：中央编译出版社，1997，第 141 页。
④ 陈敏豪：《生态文化与文明前景》，武汉：武汉出版社，1995，第 15 页。
⑤ 《马克思恩格斯文集》第 9 卷，北京：人民出版社，2009，第 561 页。
⑥ 《马克思恩格斯文集》第 1 卷，北京：人民出版社，2009，第 187 页。

件下来进行这种物质变换。"① 这就是说，在共产主义的条件下，人们不仅会合理地调节人际关系，而且会合理地处理人与自然的关系，使社会发展同自然生态系统能够协调进行。"这种共产主义，作为完成了的自然主义，等于人道主义，而作为完成了的人道主义，等于自然主义，它是人和自然界之间、人和人之间的矛盾的真正解决。"② 在这里，马克思已经提出了生态问题的社会化解决方案，即主张社会变革与生态革命相结合，"红色政权"与"绿色政权"相结合，实现政治制度的生态转向，建立共产主义制度。

在生态危机日益凸显的背景下，20世纪60年代以来，在反思人与自然关系的过程中，西方社会兴起了绿色政治运动的热潮，其发展阶段大致分为：60年代"街头政治"的绿色抗议、70年代"国家政治"的绿色回应、80年代"平民政治"的绿色参与、90年代以后党派"议会政治"的绿色较量及"国际政治"泛绿化。在这一过程中，主要形成了"绿色绿党"（Green Green Party 或 Green Greens）和"红色绿党"（Red Green Party 或 Red Greens）两大流派，其划分依据是看他们主张生态中心主义还是主张生态社会主义。这两大流派主要围绕着人类如何走出生态危机展开了一系列的理论交锋和思想对话："绿色绿党"高举"生态中心主义"旗帜，立足于人与自然关系的革命，主张消解现代性，否定人类中心主义，强调自然内在价值，试图通过对资本主义进行适当改良来摆脱生态危机；"红色绿党"高举"生态社会主义"的大旗，立足于人与人社会关系的改造，试图通过对资本主义进行革命来摆脱生态危机。从这里我们可以看出，对于如何走出生态危机，"绿色绿党"和"红色绿党"虽然选择了不同的道路，但是他们都从政治哲学的角度，思考了政治与生态的关系，看到了生态危机的真正根源在于资本主义制度。"解决资本主义生态破坏的唯一途径就是改变我们的生产关系，以实现新陈代谢的恢复。但是这要求与资本主义的利润逻辑彻底决裂。"③

应当指出，对气候变化进行社会制度批判，是当前西方左翼学者的基

---

① 《马克思恩格斯全集》第7卷，北京：人民出版社，2009，第928页。
② 《马克思恩格斯文集》第1卷，北京：人民出版社，2009，第185页。
③ J. B. Foster, *Marx's Ecology: Materialism and Nature*, Monthly Review Press, 2004, p. 12.

本理论取向。他们认为现有制度无力解决气候变化问题，彻底否定资本主义制度并严厉批判产生于这种制度之上的新自由主义意识形态。大卫·希尔曼和约瑟夫·韦恩·史密斯在其著作《气候变化的挑战与民主的失灵》一书中，就提出了现行的自由民主制度已经失灵了，认为民主无力应对气候变化，将气候变化与民主对立起来。与希尔曼和史密斯彻底否定民主体制能够解决气候变化问题不同，大卫·格里芬则要求实行一种不同于现行民主的"全球民主"，认为这是"一种真正的民主，而不是现行于美国和多数名义上民主的国家之中的财阀民主"。[①] 英国著名学者安东尼·吉登斯在其著作《气候变化的政治》中，更是提出了一系列应对气候变化的全新政治理论。他认为："如要我们控制全球变暖的雄心壮志变成现实，就必须做到政治创新。"于是，他提出了解决全球气候变暖问题的一揽子方案——"气候变化的政治"，继而提出了一系列新概念：保障型国家、政治敛合、经济敛合、前置、气候变化积极性、政治超越性、比例原则、发展要务、过度发展、抢先适应等。其中，保障型国家、政治敛合、经济敛合最为重要。这些全新的概念提供了一整套应对气候变化的治理理论，说明了政治在应对气候变化中的作用。

当然，气候问题既需要通过变革现行的政治制度来加以解决，但更多的还是要致力于国际社会谈判来加以解决。国际社会的气候谈判已经走过了二十多年的历程，签订了一系列国际公约和协议，为解决气候问题作出了艰辛的政治努力。近年来，气候问题逐步从国际关系的边缘成为人们关注的焦点，世界各国政府首脑越来越频繁地聚集在一起商讨应对气候变化的对策，越来越多的国际会议也把气候变化问题作为大会的主题，气候谈判已经变成了名副其实的国际政治舞台，气候谈判蕴含政治斗争，气候问题政治化的趋势也越来越明显。从1853年在布鲁塞尔举行第一次国际气象会议到1992年的巴西里约热内卢会议、1995年的京都会议，再到2009年的哥本哈根会议、2010年的坎昆会议、2011年的德班会议、2012年的多哈会议和2013年的华沙会议，气候问题逐渐成

---

① 转引自黄卫华、曹荣湘《气候变化：发展与减排的困局——国外气候变化研究述评》，《经济社会体制比较》2010年第1期，第79页。

为国际政治的一项重要议程。如果说 1990 年国际气候变化谈判拉开序幕之时，气候问题还只是处于国际政治舞台的边缘，那么经过二十多年的气候谈判，气候问题则已经占据了当今国际政治的核心位置。谈到国际关系，必讲气候问题；谈到气候问题，必讲国际关系。这体现在两个方面：一是从国际社会的认知来看，气候变化已经威胁到人类的生存与发展，这已经成为国际社会的共识。联合国秘书长潘基文就将气候危机与金融危机、核不扩散问题并列为当今国际社会的三大挑战。其中，气候危机无疑是最严重的挑战之一。世界各国政府也纷纷重视气候变化问题，提升了气候变化在国际政治中的地位。美国总统奥巴马就指出："气候变化是一个紧迫的问题，是一个国家安全的问题，必须严肃对待。"[1] 他出台了一揽子应对气候变化的计划，凸显"绿色新政"的雏形。环顾全球，联合国所有的成员均是《联合国气候变化框架公约》的缔约方。以上事实充分说明，气候问题已经是一个政治问题。二是从当前的外交实践来看，气候问题已经成为各国多边外交和双边外交讨论最多的话题。无论是政府间国际组织（如联合国），还是非政府组织（如"绿色和平"）；无论是大国（如中国、美国、德国），还是小国（如图瓦卢、马尔代夫），气候变化都是其关注的焦点。另外，近年来，只要是国际性的会议，无论是经济会议（如世界经济达沃斯论坛），还是政治会议（如欧盟峰会），都在关注气候变化议题。联合国秘书长潘基文更是把 2009 年定为联合国气候变化年，"逢会必谈"气候问题，从年初的世界经济论坛，气候问题与金融危机、能源问题、水资源问题一起成为年会的核心议题；到 7 月份的八国集团首脑会议，八国领导人围绕气候变化、全球经济形势进行了磋商；再到 12 月份的哥本哈根气候大会，119 个国家的元首和政府首脑参与谈判，规模之大、级别之高，创下了联合国多边谈判的新纪录。气候变化问题在当今国际关系中的突出地位及其长期性决定了气候政治在很大程度上将定义 21 世纪上半叶国际政治的内涵。[2]

---

① Steve Holland, "Obama Says Climate Change is a Matter of National Security", *Reuters*, December. 9, 2008.

② 张海滨：《气候变化与中国国家安全》，北京：时事出版社，2010，第 3 页。

总之，气候问题与政治的关联日趋紧密。全球气候变化既对现有的政治结构提出了新的挑战，也日益成为国际政治的重要内涵。为此，需要我们全面而深刻地考察气候问题与政治之间的各种关系，构建适应气候变化的政治体系，气候政治也就得以兴起。否则，气候问题"只能仅仅停留在经验的层次上，甚至不能成为一个话题"。

二　气候政治的理论向度

既然气候政治是考察政治与气候问题产生、解决之间的关系，那么何谓气候政治、如何理解气候政治呢？要弄清楚这一问题，首先就要理解政治的内涵，然后再从这一内涵当中提升对气候政治的理解。

政治（Politics）源于希腊语，初指城堡或卫城，后同土地、人民及其政治生活结合在一起而被赋予"邦"或"国"的意义。政治作为上层建筑，是由经济基础所决定的，它是以政治权力为核心展开的各种社会活动和社会关系的总和。由于不同时期人们所面临的主要问题不同，因此，不同时代的学者对政治有着不同的阐述。柏拉图、亚里士多德和孔子把政治归结为伦理道德，认为政治的最高目的是为了使人和社会达到最高的道德境界，"政治乃是德教"①；马基雅维里、马克斯·韦伯把政治视为"权术""统治术"，认为政治是为争夺权力而施展谋略和玩弄权术的活动，"政治意指力求分享权力或力求影响权力分配"。② 奥克特认为，政治是"参加一个社会全面的管理过程"。③ 虽然学术界对政治有不同的阐述，但是有一种普遍的看法，即认为政治是对国家和社会公共事务的管理。亚当·斯密在《国民财富的性质和原因的研究》一书中就强调，政府需要处理的社会事务包括三大方面：一是保护社会，使其不受其他独立社会的侵害；二是尽可能地保护社会上的各个人，使其不受社会上任何其他人的

---

① 浦行祖、洪涛：《西方政治学说史》，上海：复旦大学出版社，1999，第68页。
② 〔美〕艾萨克：《政治学：范围与方法》，郑永年译，杭州：浙江人民出版社，1987，第21页。
③ 转引自肖显静《生态政治——面对环境问题的国家抉择》，大同：山西科学技术出版社，2003，第9页。

侵害或压迫；三是建设并维持某些公共事业及某些公共设施。① 因此，公共事务是涉及社会公众整体的生活质量和共同利益的那些社会事务，如教育与卫生、住房与医疗、环保与生态等，它以社会公众普遍要求的公共物品和公共服务为特征。

气候资源是人类最大的公共物品，因此不可避免地会遭受被过度使用的厄运。气候变化已经威胁到人类的生存，解决气候问题，摆脱气候危机，关乎全人类的利益，因而是世界各国乃至全球面临的最大公共事务，也是当前最大的政治问题。由此可见，随着气候危机的加剧，气候政治也不断地显现出来。气候政治就是围绕着解决气候问题而开展的一系列政治行为和活动，其目的就是协调好各国的利益冲突和矛盾，摆脱气候危机，实现人类社会的可持续发展。气候问题从一个环境问题演变成政治问题，到气候政治的日益凸显，经历了三十多年的时间。张胜军在《全球气候政治的变革与中国面临的三角难题》一文中，把它分为三个阶段：第一个阶段是人类对气候变暖的科学认知。在该阶段，随着人们对人类活动影响气候变化的认识逐步加深，气候变暖从一个科学问题逐渐成为各国国内的公共问题，并向国际蔓延。第二个阶段是气候政治的产生，也就是世界各国开始围绕气候问题进行密切的政治协商并试图协调行动，因此出现了各种利益碰撞，导致气候政治的产生，因而是气候政治作为因变量的阶段。第三阶段是后哥本哈根时代，气候政治对各国家行为体的行为产生越来越大的影响，从而进入气候变化作为自变量的政治时代。在这个阶段，气候已经成为政治问题的前提，是气候决定政治，而不是政治决定气候。② 气候变化正在塑造 21 世纪国际社会新格局，气候政治正成为国际关系的焦点。

第一，气候政治是对传统政治的扬弃。气候政治是人类进入工业化进程以来，为解决威胁全人类生存的气候问题而产生的一种社会政治，它是对气候资源的价值及其权利的尊重和推崇；它是对无限生产和消费

---

① 〔英〕亚当·斯密：《国民财富的性质和原因的研究》，郭大力、王亚南译，北京：商务印书馆，1974，第 253 页。

② 张胜军：《全球气候政治的变革与中国面临的三角难题》，《世界经济与政治》2010 年第 10 期，第 98 页。

而过度利用气候资源所造成气候变化的抗议和反对；它是国际社会为应对气候变化、保护生态环境所作出的努力。这三个层面的气候政治内容相互依存、相互作用。没有对气候问题的关注所形成的气候政治观念就没有气候政治活动，没有气候政治活动就没有国际社会为解决气候问题所作出的努力。气候政治是对经济化政治的超越，它所追求的发展是着眼于人类社会的可持续发展，强调以人类的共同利益为根本，因为气候变化造成的灾难是全球性的，任何一个国家都无法逃避。气候政治所要解决的气候问题比任何环境问题都要紧迫和重要，这也显示了气候政治的重要性。

气候政治主要研究和处理政治与气候环境之间的关系，其核心是在通晓气候学、生态学、政治学的基础上，运用政治知识更好地分析和解决气候问题，它将按照可持续发展的要求，从政治学的基本原则到政策操作层面，如政治决策、国家权力的分配、国家之间的关系等系统地提出新的见解和主张，通过改造现有的政治学体系来调整人与人、人与自然、人与社会的关系，使人类对气候资源的利用更符合生态规律。因此，气候政治不仅吸纳了气候学、生态学、政治学的相关知识，还与环境政治学、国际关系、哲学和伦理学有关。当然，它不是按照气候学体系来构建政治学知识体系，也不是按照政治学体系来构建气候学体系，它是多学科的交叉政治体系。它"不以确保社会生态系统中自然、人、社会等某一单项指标的最优化为目标，而是努力实现人与自然相互关系在社会意义上的最适化，即充分兼顾人、自然、社会各项因素，使之以最合理的方式协调地、平衡地发展"。① 因此，气候政治是对传统政治的扬弃，是一种全新的政治理念。

第二，气候政治属于国际政治的范畴。在历史的长河中，人类曾经面临许多关涉生存的环境问题，但绝大多数属于局部性的问题，唯有当前的气候问题是威胁人类生存的全球性问题。既然气候问题属于全球性的问题，就需要世界各国共同行动起来，密切配合，共同应对气候变化，否则任何一个国家都难逃气候变化的惩罚。对此，世界主权国家和

---

① 周穗明：《智力圈》，北京：科学出版社，1991，第177页。

国际社会应该重新思考外交战略，把重心转移到国际气候公约的签署与履行上来，以解决气候问题；各国政府应该重新思考传统的国际政治关系，在国际政治关系中给"气候与人类生存"应有的地位；世界各国对国家利益的追求应该让位于对全球利益的追求；国际政治运行机制也应该加以调整，平等对话要取代大国霸权、协商合作要取代对抗冲突。正如联合国秘书长潘基文在印度尼西亚巴厘岛气候峰会上所说："科学家为了保护环境作出了巨大的贡献，现在是政治家们行动的时候了。"随着政治、外交、经济、地缘等因素越来越多地渗入气候谈判中，气候问题已经成为国际关系领域的重要课题，气候政治也已经是国际政治的重要内容。

第三，气候政治不回避斗争。既然气候政治属于国际政治的重要范畴，那么气候政治也就无法回避气候谈判中的政治斗争。相反，它提醒人们，政治斗争远没有结束，发展中国家要与气候霸权主义作坚决的斗争。气候政治问题涉及各国错综复杂的利益关系，联合国每年的气候峰会俨然变成了一个利益争夺场，世界各国围绕着利益进行针锋相对的斗争。在这个过程中，一些西方发达国家就利用气候变化大做文章，打着"拯救人类共同家园"的幌子，推行气候霸权主义，遏制发展中国家、新兴大国的发展，争夺、把控气候谈判的"话语权"。如果说 20 世纪的话语权争夺涉及的是民主、自由和人权的话，那么 21 世纪话语权的争夺就体现为气候、资源和环境保护。在气候谈判中，大国始终处于主导和支配的地位，小国基本上没有足够的发言权。西方国家应对气候变化，不只是为了解决气候变化问题，更主要的还是希望从中能获得更多的利益。西方国家一方面谴责发展中国家不负责任，另一方面又不提供实质性的资金支持和技术转让，以便在绿色经济转型中获得最大利益。因此，西方大国绿色经济转型的首要目标是经济增长，而不是抑制全球变暖。这样在气候谈判中，就存在两条很清楚的斗争主线：一是发达国家和发展中国家的矛盾与斗争，二是欧盟与美国之间的矛盾和斗争。另外，近年来，发展中国家内部排放大国与排放小国的矛盾也逐渐显现出来。这些问题的存在已经清楚地表明，气候问题已经从一个环境问题演变成了政治问题。

第三节　气候问题何以是伦理问题

气候危机正在威胁着全人类的生存与发展，但是，国际社会围绕着气候问题的谈判迟迟没有结果。这其中一个最重要的原因就是国际社会在解决气候问题上缺乏伦理共识。国际社会的气候谈判也只是在抽象地争论减排技术和减排责任的分担问题，而忽视了伦理道义的作用。任何政治的合法性都将接受伦理道义的考量，考量其道德合理性。事实上，国际社会针对气候问题的谈判迟迟没有结果，这本身就是不合乎伦理道德的。况且，气候谈判背后蕴含伦理冲突与价值观冲突，彰显着善恶问题，气候问题的解决有着伦理的维度。因此，气候问题不仅是一个政治问题，也是一个伦理问题。

一　气候问题的善恶追问

正是人们忽视了气候问题的伦理含义、善恶含义，人们对气候谈判迟迟没有结果就不会有道德内疚感，国际社会也很少对没有结果的气候谈判进行道德谴责。甚至一些发达国家还打着正义的伪善旗号，阻碍气候问题的解决。所以，我们必须认清气候问题的善恶性质，呼吁国际社会尊重解决气候问题的伦理价值。

1. 气候资源开发利用涉及善恶问题

善恶问题是伦理的核心问题，也是伦理思考的最初出发点。摩尔就指出："这就是我们的第一个问题：什么是善的？什么是恶的？并且我把对这个问题（或者这些问题）的讨论叫做伦理学，因为这门科学无论如何必须包括它。"[①] 伦理道德作为一个关系范畴，它不仅关乎自我，还关乎他人；不仅关乎个体，还关乎社会；不仅关乎心灵，还关乎行为。伦理道德不是价值的中立，而是要作出善恶评价。如果说关于全球是否变暖是一个真假问题，那么充满价值评判的气候资源利用涉及的就主要是善恶问题。如果"把倾向于保存和推进人的幸福的行为称作善的，倾向于扰乱

---

① 〔英〕摩尔：《伦理学原理》，长河译，北京：商务印书馆，1983，第9页。

和毁灭人的幸福的行为称作恶"，① 那么气候资源开发利用的善恶问题也就是气候资源开发利用是为人类造福还是造祸的问题。气候资源开发利用不仅有为人类造福而行善的功能，也有伤害人类制造灾难而行恶的功能。由于世界各国发展的历史进程不一样，所以它们的温室气体排放性质也不一样。发展中国家为了生存的需要，在生产衣食住行的必需品的过程中所排放的温室气体属于生存性的排放，这是气候资源开发利用的善；发达国家为满足奢侈生活的需要，过度排放温室气体，这属于奢侈性排放，是气候资源开发利用的恶。

为什么说发展中国家利用气候资源是善的，而发达国家利用气候资源是恶的？这就要搞清楚什么是生存性排放、什么是奢侈性排放。而要弄清楚这个问题，我们就要对"需要"和"欲望"进行甄别。万俊人教授对这一问题进行了充分的论证。② 他认为，需要是基于人的生命或生活之基本需求而产生的，是人们对生活必要条件的正常要求，如衣食住行和文化的正常要求，需要表现的形式虽然是个人主观的，但其内容具有客观实在的性质；欲望无论是在形式上还是在内容上都是一种个人主观性的需求，它不考虑现实生活和必要条件，其本质是无尽的贪婪。人的需要是具体的，需要的满足与满足的方式也相对确定并受生活社会条件的制约；欲望的价值目标是不可确定的，欲望是不断膨胀、永无止境的。在甄别"需要"与"欲望"的基础上，万俊人教授又论证了"需要消费"和"欲望消费"之间的差别。"需要消费"属于人们正常的且基于生活需要的消费，"欲望消费"则是超出正常生活需要而被欲望支配的消费，是一种"为欲望而欲望"的消费。万俊人教授认为，"需要消费"体现了人类经济生活的正常理性，具有合目的性价值或合乎目的的理性的内在特性，因此"需要消费"不仅具有经济合理性，而且也有其道德正当性。而"欲望消费"是以欲望为满足的消费，然而欲望永远不可能得到满足，基于欲望的消费本质上并不在于它消费什么，而在于它用以满足不可满足的欲望之

---

① 〔英〕弗里德里希·包尔生：《伦理学体系》，何怀宏等译，北京：中国社会科学出版社，1988，第190页。

② 转引自曹孟勤《人性与自然：生态伦理哲学基础反思》，南京：南京师范大学出版社，2004，第139页。

无限制性消费方式和目的，因此"欲望消费"是非理性和不正当的消费行为。

从万俊人教授对"需要"和"欲望"，"需要消费"和"欲望消费"的区别论证中，我们可以得出生存性排放属于"需要"性的排放，是"需要消费"，是"真实的需要"；而奢侈性排放则属于"欲望"性排放，是"欲望消费"，是"虚假的需要"。当前广大的发展中国家还处于工业化初始阶段，解决贫困、发展经济是其最大的任务。因此，这些发展中国家为了生存下去，在发展经济的过程中必然要利用气候资源，进行必要的温室气体排放，并且，这种排放还是低排放。所以，发展中国家利用气候资源是合乎伦理道义和法律的，是善的。而发达国家已经走完了工业化历程，经历过温室气体排放的高峰期，解决了生存问题，也享受了工业化的成果。但是，发达国家在"凡人幸福"目标的引领下，在物质丰饶中纵欲无度，追求无止境的欲望满足。这种异化的消费注定资本主义社会是一个奢侈型社会。德国学者桑巴特在《奢侈与资本主义》一书中阐述了，现代社会代表的资本主义社会就是起源于对奢侈的追求："奢侈，它本身是非法情爱的一个嫡出的孩子，是它生出了资本主义。"① 当资本主义进入"消费社会"以后，奢侈也就不再是上流社会的专利，而是社会大众普遍的消费行为。这种癫狂的奢侈消费状态，带来的必然是奢侈性排放。从18世纪工业革命开始到1950年，在人类燃烧化石燃料释放的二氧化碳总量中发达国家占了95%。1950～2000年，发达国家的排放量仍占到总排放量的77%。从人均消化能源来看，发达国家占世界24%的人口却消耗了67.5%的世界资源，发展中国家占世界76%的人口仅消耗32.5%的世界资源；发达国家人均标准能源消耗量高达2.8万吨，而发展中国家只有0.5吨。② 从这些数据中我们可以看出，发达国家的碳排放总量和人均排放量都远远超过了发展中国家，并且这种趋势还将继续下去。发达国家自工业化以来已经占用了大量的气候资源，占用了发展中国家的排放空

---

① 〔德〕维尔纳·桑巴特：《奢侈与资本主义》，王燕平、侯小何译，上海：上海人民出版社，2000，第215页。

② Zebich-Knos, M., *Global Environmental Conflict in Post-Cold War Era: Linkage to an Extend Security Paradigm*, Peace and Conflict Studies, Vol. 5, No. 1, p. 54.

间。为了追求奢侈生活，发达国家还在大量地利用气候资源，挤占发展中国家的排放空间。挤占发展中国家的排放空间也就是在遏制发展中国家的发展，显然，这是不符合伦理道义的。所以，发达国家利用气候资源是恶的。

2. 气候资源利用的"公地悲剧"是恶的体现

气候资源是人类生存与发展的必需资源，又是全球的公共物品。气候资源作为全球的公共物品，按理来说每一个国家都应该将其保护好，这才是一种善；但是，现在情况恰恰相反，这种公共物品不但得不到保护，而且还被滥用了，个别发达国家甚至还从中谋取自身的好处，这就是恶。如果在利用气候资源这一全球公共物品时，恶得不到限制，没有法律的保护，没有伦理的制约，自利的国家在利用公共物品时，就很难做到合理使用，并且容易出现"搭便车"的现象，"公地悲剧"就一定会发生。在公有物自由的社会当中，如果每个人都追求自己的最大利益，那么毁灭就不可避免。"公地悲剧"说明，如果一种资源的使用没有排他性，就很容易导致对这种资源的过度使用，这体现的就是恶。与其他环境问题相比，气候问题就是"公地悲剧"的典型结果。因为气候资源作为"公共物品"，每一个国家都可以在不需要支付任何成本、不需要得到任何国家允许的情况下，占用气候资源，排放温室气体。但在一定时期内，大气所能承受的温室气体是有限度的，如果超过了这个限度，就会出现气候危机，威胁人类的生存。

那么大气所能承受的温室气体的限度是多少呢？因为温室气体的浓度直接影响着全球的气温，所以我们就可以通过另外一种方法来测算，那就是全球升温不能超过多少度。事实上，《哥本哈根协议》就对这一问题作出了原则性的规定，提出全球升温不能超过2℃的目标，坎昆会议进一步确认了这一政治共识。2℃是全球升温的底线，是大气所能承受的温室气体的限度，超过了这个底线，人类社会将面临巨大的灾难。气候专家认为，要实现这一目标，到2050年全球二氧化碳排放量至少要在1990年的基础上减少50%，其中工业国家的排放量要减少80%以上。但是，事实上，人类社会排放的二氧化碳还在逐年增加。联合国政府间气候变化专门委员会第四次评估报告指出，1970～2004年，全球二氧化碳排放量已经增加了大约80%，从210亿吨增加到380亿吨，2007年温室气体排放量更是超过了500亿吨。如果按照目前的趋势发展下去，21世纪地球气温将升高1.4℃~5.8℃，这样带来的直接后果就是海平面的上升和极端天气的出现。海平面的上升将会使一些小岛屿国家遭受"灭顶之灾"，而极端天气的出现将造成大量的财产损失和人员伤亡。因此，世界各国，特别是已经在碳排放方面受益的发达国家必须按照公平正义的原则，率先减少碳排放，毕竟我们只有一个地球。一旦利益最大化在气候资源利用的不同主体那里被单一化就会陷入"公地悲剧"。公有地之所以是悲剧，就是因为其没有为善，反而孕育了恶，气候危机的出现就是一种恶。如果气候问题迟迟得不到解决，那将是一种更大的恶，其结局就是全人类的毁灭。

3. 气候问题的合理解决需要善的引导

　　那么，如何合理地解决气候问题，走出"公地悲剧"，是当前人类面临的紧迫问题。气候问题内含人与自然、人与人、人与自身在利益方面的矛盾关系，而伦理道德是协调社会利益矛盾关系的重要规范，这就决定了涉及社会利益关系的气候问题必将成为伦理道德的调控对象，必然需要善的引导。善是道德的行为，即有利于社会进步或有益于他人幸福的行为。凡是能促进人们改变现实世界以满足人们需要的行为、活动就是善，反之就是恶。黑格尔认为，善是"被实现了的自由"。[①] 自由是人存在的方式，人之所以作为人存在，就在于人的这种自由追求精神。作为世界的"绝对最终目的"的善，其内容具有丰富的规定性，是法与福利的统一。善内在地包含福利。如果不包含人们现实的福利，就称不上善。然而，在善中所包含的这个福利，并不是作为行为主体的我的纯粹个别利益，而是普遍福利通过我的特殊福利的具体存在。[②] 所以，善中的福利不仅仅是我的特殊意志的单一性的福利，它还是所有人的福利。因此，国际社会在解决气候问题的过程中，必须抛弃狭隘的民族主义观，必须以全人类的福利和幸福为出发点，实现共同福利。为了实现这个共同福利，所有的国家，特别是碳排放大国必须承担减排的义务。按照康德的理解，义务是无条件

---

① 〔德〕黑格尔：《法哲学原理》，范扬、张企泰译，北京：商务印书馆，1982，第132页。
② 高兆明：《黑格尔〈法哲学原理〉导读》，北京：商务印书馆，2010，第285页。

的、是绝对命令。也就是说，从理论上来讲，减少碳排放是无条件的。如果讲条件，或是以条件为由，不承担减排的道德义务，那就是为恶。

黑格尔还认为，义务是善的要求，是普遍对特殊的规定。所以，以善为内容的义务，有其自身的规定，这就是"行法之所是，并关怀福利"。① "法之所是，并关怀福利"这个义务的一般规定所揭示的是：我的特殊意志行为须实践普遍法则——"法之所是"，并且必须能有实际效用，能够造福具体存在者——"关怀福利"。② 当然，这个福利不仅是自己的福利，而且还是他人的福利，是普遍性质的福利。"行法之所是，并关怀福利"还只是普遍、一般意义上的义务要求，是抽象的、"应然"层面上的义务。所以，要通过具体活动，把"应然"义务转化为"实然"义务，这样的义务才能获得现实性。如果一种道德义务仅仅停留在"应然"而不向"实然"转化，那么，这种道德义务只是抽象的、形式的。③ 那种"未能越出应然一步"、固守于"应然"而不向"实然"转化的道德，是没有生命力的道德。④ 全球气候变化主要是发达国家过量地排放温室气体所造成的，发达国家应该为全球气候变化承担主要责任，并且要把减排目标、责任分担落实到具体行动当中，否则就永远是抽象上的、"应然"层面上的道德义务和道德责任，没有任何现实意义。可是，现在西方发达国家片面地强调"共同责任"，忽视"区别责任"和历史责任，这显然是不符合事实的，也是没有道义的。

另外，在解决气候问题时，还要警惕发达国家"伪善"的一面。"伪善"是虚伪之善，是以善的面貌、虚伪的形式出现的恶。伪善"不能改变恶的本性，但可给恶以好像是善的假象"。⑤ 就行为主体而言，就是寻找一切"有利的理由"作为"替恶行作辩护的根据"，进而"黑白颠倒变恶为善"，这实际上是"道德的诡辩"。⑥ 西方发达国家在解决气候问题上缺乏足够的诚意和有力举措，找出各种理由和借口来推诿他们的中期

① 〔德〕黑格尔：《法哲学原理》，范扬、张企泰译，北京：商务印书馆，1982，第136页。
② 高兆明：《黑格尔〈法哲学原理〉导读》，北京：商务印书馆，2010，第297页。
③ 高兆明：《黑格尔〈法哲学原理〉导读》，北京：商务印书馆，2010，第298页。
④ 〔德〕黑格尔：《法哲学原理》，范扬、张企泰译，北京：商务印书馆，1982，138页。
⑤ 〔德〕黑格尔：《法哲学原理》，范扬、张企泰译，北京：商务印书馆，1982，158页。
⑥ 高兆明：《黑格尔〈法哲学原理〉导读》，北京：商务印书馆，2010，第333页。

减排目标以及向发展中国家提供的资金技术帮助。美国政府就以发展中的大国没有减排为由，退出《京都议定书》，这实际上体现了美国在解决气候问题上"伪善"的一面。因为，伪善就是以自身意欲的行为本身为取舍依据，就只关注那些有利于自身意欲行为的理由，而不关注这些理由本身是否合理。凡是于我有利的、我中意的，我就取之；凡是于我不利的、我不中意的，我就舍之。[①] 伪善还表现为言行不一致，是言不由衷的"矫作"，是"知行不一"的行为。所以，伪善比恶更可怕。在哥本哈根会议期间，美国国务卿希拉里曾表示美国将和其他国家一起向发展中国家每年提供1000亿美元来应对气候变化，但是并没有明确指出这笔资金当中有多少来自美国，如何去分配这笔资金，所以，这很有可能是希拉里"伪善"的表现。气候变化是属于全球性的问题，发达国家应该抛弃伪善的面具，抛弃本国利益的"小善"，以全人类的"大善"为引导，向发展中国家提供必要的资金和技术支持，这是其"能够做的"也是"应该做的"。

总之，通过对气候问题的善恶分析，可以揭示出气候问题也是个伦理问题，需要从伦理的视角来研究气候问题，气候伦理也就应运而生了。

二 气候伦理的理论向度

气候伦理是从伦理道德的视角来分析气候问题产生的原因及其治理对策，它着重研究引起气候变化的伦理道德因素，揭示气候谈判的伦理困境，寻求突破气候谈判困境的合理之道，其基本途径是人类社会通过对话协商，建立一个为世界各国都能接受的伦理共识，以减少气候谈判中的摩擦，为全球气候治理提供一个有秩序的伦理环境。气候伦理作为一种新的伦理形态，有着自身的理论向度。

1. 气候伦理是对生态伦理的拓展

虽然从内容来看，气候伦理基本上属于生态伦理，但是气候伦理不是纯粹的生态伦理，它是对生态伦理的拓展。这主要体现为：生态伦理重点研究的是人与自然的关系，而气候伦理研究的重点是世界各国应对气候变

[①] 高兆明：《黑格尔〈法哲学原理〉导读》，北京：商务印书馆，2010，第335页。

化的责任分担问题。生态伦理将伦理学的研究范围从人与人的关系扩展到人与自然的关系，人与自然的关系也成为生态伦理研究的基本问题。在生态伦理发展的过程中，一直存在人类中心主义与非人类中心主义之争。人类中心主义认为，人是自然界的中心，处理人与自然的关系必须从满足人的利益和需要出发；而非人类中心主义则反对从人的利益出发来处理人与自然的关系，认为人与自然是平等的，人类之外的其他生物具备与人类同等的生存权与发展权。这种争论的实质其实就是以什么为参照物来处理人与自然的关系。所以，生态伦理基本上局限于人与自然的关系。气候变化使得环境问题变得更为尖锐，人类生存受到了严重的威胁。谁应该为气候变化承担责任、承担多少责任，这是气候伦理研究的主题。发达国家是造成全球气候变化的罪魁祸首，它们享受了大量碳排放带来的工业文明成果，现在却要让全世界，特别是发展中国家来承担由此带来的生态灾难，这是不公平的。因此，发达国家理应承担更多的责任，这也是符合法律和道义的。发展中国家的生存权与发展权必须得到尊重，发达国家应该向发展中国家提供资金和技术援助。

2. 气候伦理属于国际关系伦理的范畴

德国政治理论学者科瓦茨指出，国际关系伦理的研究必须以两个准则性设定为前提。一是认可人身拥有神圣的不可侵犯的权利。这种权利涵盖生存权、道德意义上的平等权以及意志自决权等一系列丰富的内容。二是国际关系伦理"须以集体性的道德责任为前提"。即担当道义责任的主体不仅是个人（如领导者），而且更重要的是政治机构——国家。[①] 国家是国际关系伦理当中重要的责任主体。根据科瓦茨对国际关系伦理研究的两个准则性设定，可以推断出气候伦理属于国际关系伦理的范畴，这主要体现在两个方面：一是，气候问题作为全球性的问题，单靠一个国家是难以解决的，需要世界各国共同努力才能加以解决，需要全人类共同担当道义责任。因此，气候伦理牵动了国际层面的伦理问题。以往的生态伦理学基本上忽视或轻视了国际层面的生态治理，而气候伦理学最关键、最富争议的就是如何在国际层面实现公正、平等、协调一致，如何在国际层面实现

---

① 转引自甘绍平《应用伦理学前沿问题研究》，南昌：江西人民出版社，2002，第283页。

效率与公平的统一。① 二是，气候伦理要直面世界各国利益的冲突。世界各国都知道要减少碳排放，但是由于分享的收益和承担的责任不均衡，使得发达国家不愿意大幅度减排，发展中国家又面临着消除贫困、发展经济的现实需要，由此两者的利益冲突就不可避免。之所以要应对气候变化，不仅是因为有人与自然之间利益的冲突，还有当前利益与长远利益的冲突、国家利益与全球利益的冲突、南方国家与北方国家利益的冲突、美国与欧盟之间利益的冲突，这些问题的解决都需要站在全人类生存与发展的高度，通过全球治理来加以解决。

3. 气候伦理属于应用伦理的范畴

从伦理学的发展历程来看，对伦理问题的探究主要分三条理路来展开：一是解决伦理道德判断的语言性质，形成的主要是元伦理学理论；二是解决伦理道德问题的应当（ought）性规范，形成的主要是规范伦理学理论；三是解决人的德性问题，形成的主要是美德伦理学理论。② 从20世纪70年代开始，应用伦理学异军突起，人们更加关注道德规范的现实作用，以回应社会中所出现的各种以道德冲突为特征的前沿性问题。"包括一些著名的元伦理学家在内的西方各派伦理学家，都一致认为，理论伦理学再也不能无视那些实际的社会道德问题和应用伦理学问题，因为这既关系着人类社会的前途和命运，也关系着伦理学的前途和发展。"③ 在这种背景下，应用伦理也就成为伦理学领域的主流。根据甘绍平所认为的应用伦理大致要解决四种类型问题的分析，我们可以从三个方面归纳出气候伦理属于应用伦理的范畴。其一，应用伦理体现着价值冲突或规范冲突的伦理问题。在气候谈判过程中，各国谈判立场分歧很大，其实体现的是各国坚守的伦理价值不同，在存在的冲突中，既有发达国家与发展中国家之间的冲突，也有发达国家内部的冲突和发展中国家内部的冲突。其二，应用伦理并非一定要作出非此即彼的选择，而是需要对不同利益进行平衡考

---

① 黄卫华、曹荣湘：《气候变化：发展与减排的困局——国外气候变化研究述评》，《经济社会体制比较》2010年第1期，第80页。

② 余潇枫：《国际关系伦理学》，北京：长征出版社，2002，第25页。

③ 〔美〕约瑟夫·P.德马科、理查德·M.福克斯：《现代世界伦理学新趋向》，石毓彬译，北京：中国青年出版社，1990，第3页。

量的问题。在气候伦理研究中，涉及如何才能找到当代人之间的利益平衡点，涉及如何才能找出当代人利益与后代人利益的平衡点，即当代人使用多少气候资源是合理的，给后代人留下多少生存空间是正当的这一问题。其三，应用伦理之所以产生，是由于科技进步拓展了人类的行为领域。气候问题的产生，就是由于工业革命以来，在科学技术的引领下，人类挥起了征服自然之剑，发达国家碳排放过量所导致的。气候伦理作为一门应用伦理学，注重于伦理学问题的道德规范的实际运用和现实问题的解决，以确定国际社会气候谈判伦理秩序的"善的约定条件"。

随着全球气候变化产生的灾难性后果的不断出现，气候已经成为一个问题，正在威胁着人类的生存与发展。为了解决气候问题，国际社会进行了二十多年的气候谈判，气候政治也从国际社会的边缘走向了国际社会的中心，成为国际政治的重要议题。同时，气候问题作为当今人类社会所面临的错综复杂的严峻问题，不仅需要技术层面的应对措施，也需要伦理道德层面的应对措施。气候问题也是一个伦理问题，气候伦理将成为生态伦理新的研究领域。

第二章　气候冲突中的博弈

从 1990 年联合国启动气候谈判以来，已经走过了二十多年充满艰辛和变数的谈判历程。随着气候问题日益成为国际社会关注的焦点，围绕着气候问题的国际谈判也演变成了博弈。在全球化和国际关系复杂多变的时代，气候问题很有可能成为影响未来国际关系的一个"拐点"，气候政治博弈也将更加激烈。

第一节　气候问题引发冲突

尼布尔认为："人类社会存在一种长期难以调和的冲突，即社会需要和敏感的良心命令之间的冲突，这一冲突可以最简要地概括为政治冲突和伦理冲突。"[①] 哥本哈根会议就像一面镜子，折射出了当前气候问题从环境问题演变成政治问题伦理问题之后，世界各国在追逐各自的利益过程中，不可避免地会引发冲突。

一　气候政治冲突的体现

何谓"冲突"？美国社会学家刘易斯·科泽尔从社会学角度下的定义是："冲突是一场争夺价值以及少有的地位、权力和资源的斗争。敌对者的目的是压制、伤害和消灭对方。"[②] 气候冲突是由环境问题，具体来说

---

① 〔美〕R. 尼布尔：《道德的人与不道德的社会》，蒋庆、阮炜等译，贵阳：贵州人民出版社，1998，第 257 页。

② Lewis A. Coser, *The Functions of Social Conflict*, New York：Free Press，1956，p. 3.

是由气候问题的产生而导致的冲突，霍默－狄克逊对于由环境问题引发的冲突作出了三种划分：一是单纯匮乏性冲突，即因资源缺乏而导致的国家间冲突，包括争夺气候资源、水资源和农业资源等；二是群体身份冲突，即由大量的环境移民或难民引发的冲突；三是相对剥夺冲突，即在环境问题导致社会财富减少的情况下，人们对应得利益和既得利益之间的差距产生不满而发生的冲突。① 在一些情况下，环境问题引发的冲突可能会演变成政治、经济、种族等更大范围的冲突，并且会发生在不同的主体之间。长期以来，联合国气候谈判格局不断发生演变，形成了代表不同利益诉求的政治集团。在巴厘岛会议之前，基本上是欧盟、以美国为首的"伞形国家集团"和以中国为代表的"77+1"集团。在哥本哈根会议之后，欧盟主导地位开始动摇且有向美国靠拢的迹象，非洲集团、小岛国联盟、最不发达国家、雨林国家联盟等中小发展中国家崭露头角。当然，最引人注目的焦点还是体现在南北两大阵营之间及其各自内部在应对气候变化过程中出现的激烈政治冲突。

1. 南北对立：是"减贫"还是"减排"

气候变化属于全球性的问题，本不应该分"南"和"北"（南方阵营指的是发展中国家，北方国家指的是发达国家），世界各国理应携手共同解决，但是现在的气候问题已经成了 21 世纪南北矛盾中的一个新的焦点。西方发达国家尤其是美国不顾气候变化主要是由发达国家历史排放所造成的事实，极力地推卸历史责任，企图抢占气候谈判的话语权。广大发展中国家坚决捍卫自身的生存权和发展权，双方围绕着"后京都时代"温室气体的减排问题、责任分担问题展开了激烈的较量。

广大发展中国家普遍认为，目前的全球气候变化主要是西方发达国家在工业化过程中大量排放温室气体所造成的。早在 1989 年，联合国大会44/228 号决议就指出："全球环境不断恶化的主要原因是不可持续的生产和消费方式，特别是发达国家的这种生产和消费方式。"因此，发达国家对气候问题负有不可推卸的责任，"共同但有区别的责任"原则不能被违

---

① Thomas F. Homer-Dixon, "On the Threshold: Environment Changes and Causes of Acute Conflict", *International Security*, Vol. 16, No. 2, 1991, pp. 104 – 113.

背。不管是从道义上还是从法律上来说，发达国家都应该率先减排，并切实履行《联合国气候变化框架公约》。广大的发展中国家还处于工业化初始阶段，消除贫困、发展经济是其主要任务。因此，如果过早过激地限制发展中国家的碳排放，必然会影响其经济发展，拉大与发达国家的贫富差距。贫穷是最大的环境污染，不能因为"减排"而阻碍发展中国家的"减贫"效果。发达国家已经经历过了工业化阶段的高排放时期，现在开始向后工业化社会迈进，实行产业结构的调整和升级，对它们而言，减少温室气体的排放难度不大，但是不能因此要求发展中国家承担明确的减排任务，这样只会阻碍发展中国家的"减贫"，对发展中国家不公，实质上是发达国家以气候问题为幌子来打压发展中国家的发展。

应对全球气候变化是一个意愿问题，更是一个能力问题。发达国家拥有雄厚的资金和先进的技术，置历史责任于不顾，不仅没有向发展中国家提供资金和技术支持的政治意愿，反而要求发展中国家一起承担减排任务。美国就公然宣布美国的减排要与中国的减排捆绑在一起，这是西方国家置发展中国家消除贫困的迫切任务于不顾，公然违背"共同但有区别的责任原则"。虽然《联合国气候变化框架公约》和《京都议定书》都规定了发达国家控制温室气体排放的义务，特别是 1997 年的《京都议定书》规定了主要工业发达国家以 1990 年为参照基数，应在 2012 年实现温室气体减排 5.2% 的目标，但是西方发达国家要么未能兑现承诺，要么消极减排。比如，在哥本哈根会议上，美国承诺 2020 年温室气体减排量在 2005 年的基础上减少 17%。据专家推算，这一目标仅相当于在 1990 年的基础上减少 4%。欧盟承诺在 1990 年的基础上减排 20%，日本承诺减排 25%。[①] 同时，西方发达国家为了规避责任，转移国际社会的注意力，还实施了一些新的举措：一是鼓吹发展中国家是"气候变化的罪魁祸首"，是"环境污染的来源地"，趁机向发展中国家施压，企图占据道义高地；二是高调赞扬发展中国家的减排能力和经济发展所取得的成就，并趁机向发展中国家提出更高的减排要求。

---

① 叶三梅：《从哥本哈根会议看西方大国的"气候霸权主义"》，《当代世界与社会主义》2010 年第 3 期，第 96 页。

发展中国家主张"减贫"优先,发达国家坚持"减排"优先,"减贫"和"减排"的对立实际上是南方国家谋求发展与北方国家限制其发展的对立。尤其需要指出的是,这一问题正在衍生为发达国家主导世界政治经济秩序的新工具和发展中国家面临的新的"贸易壁垒"。一些西方国家以应对气候变化为名,使气候变化问题与国际贸易、对外援助挂钩,设置"绿色壁垒"。如果发展中国家在温室气体减排方面达不到其所要求的标准,就以停止援助、设置贸易壁垒等各种方式来要挟,形成新的贸易保护主义,造成对发展中国家发展经济的"屏障"。

2. 北北对峙:是"争夺主导权"还是"应对气候变化"

国际社会应对气候变化,事实上已经演变成了各国政治、经济和科技等综合实力的较量。在气候变化问题上除了有南北对立之外,发达国家内部也出现了明显的分歧,突出表现为欧美对主导权的争夺。

欧盟各国工业化程度较高,已经走过了温室气体排放的高峰阶段,现在的能源结构比较合理,清洁能源也居于主导优势,并拥有先进的绿色技术和较充足的资金,因而主张较为激进的减排,并提出了发达国家应该在温室气体减排方面起带头作用。因此,自从国际社会启动气候谈判以来,欧盟一直居于道义的主导地位。在"京都时代",欧盟极力主张立即采取激进的减排措施,坚决要求各国在2012年"后京都时代"达成量化的减限排目标,并提出到2050年全球温室气体减排量比1990年减少50%的目标,敦促美国、澳大利亚以及中国、印度等发展中国家接受该量化减排方案。欧盟之所以成为应对气候变化的"环保先锋",一是其拥有发达的低碳技术,欧盟对气候变化的研究时间早,投入力度大,研究水平也处于世界领先位置。风电、核技术在世界上首屈一指,已经初步形成了相应的产业链。欧盟希望把先进的环保技术打造为未来经济增长的动力,增强经济竞争力,抢占世界经济的制高点。二是增强欧盟内部的凝聚力、提升欧盟的软实力。欧盟以应对气候变化为契机,强化欧盟内部各个成员的联系,有效地推进了欧盟一体化进程。同时,欧盟高举环保的大旗,获得了更多的国际道义支持,从而占有了话语权,提升了"软实力"。正因为如此,欧盟把"气候牌"作为自身的"特色外交",将气候变化问题看成提升国际影响力的一面旗帜,积极推动气候谈判,发挥在这一问题上的主导作用，显示其领导能力。

面对欧盟在气候谈判中咄咄逼人的气势，世界上唯一的超级大国——美国，当然不甘心世界主导权旁落，不甘心看到自己被日益边缘化。但是，由于美国制造业发达，温室气体的人均排放量和总排放量都高居世界榜首，其中二氧化碳排放约占全球的25%。[①] 美国因担心减排影响本国经济的发展，至今没有签署《京都议定书》，因而备受外界指责。但是，美国仰仗"一超独霸"的国际地位，采取多种措施在气候外交上变被动为主动，力争在气候谈判中取代欧盟，占据道义制高点。美国利用了京都模式下向发展中国家提供技术转让没有作出明确承诺的弱点，试图在"体制外"寻求新的解决途径。2005年7月，美国与中国、印度、日本、澳大利亚和韩国组建了亚太清洁发展机制，发表了《亚太清洁发展和气候新伙伴计划意向宣言》。美国还分别发起了"氢能经济国际伙伴计划""碳收集领导人论坛""甲烷市场化伙伴计划""第四代国际论坛""再生能源与能源效应伙伴计划"等游离于联合国气候变化谈判之外的合作机制。[②] 此外，美国还"另起炉灶"，在2007年9月召开的全球主要经济体能源安全与气候变化会议上提出了全新的"后京都"气候政策模式，建立起由美国而不是欧盟主导的应对气候变化的国际合作机制，以实现对国际气候谈判格局的重新洗牌。

"享有世界主导权的国家不愿意放弃其主导地位，而崛起大国要分享主导权，这决定了后者对前者的挑战是不可避免的。"[③] 奥巴马上台以后，就大力推行绿色新政，其目的就是改变欧盟主导国际气候谈判的格局。由此，在未来的国际气候谈判当中，欧美之间的激烈政治冲突是无法避免的。

3. 南南分化：是"团结"还是"决裂"

南南分化，是指发展中国家在应对气候变化的过程中出现内部分化。自国际社会启动气候谈判以来，发展中国家都是以"77国集团＋中国"

---

① 陆丕昭：《关于气候变化问题的全球政治博弈论析》，《华中师范大学学报》（人文社会科学版）2011年第11期，第3页。

② 陶正付：《气候外交背后的利益博弈》，《中国社会科学院研究生院学报》2009年第1期，第127页。

③ 阎学通等：《中国崛起及其战略》，北京：北京大学出版社，2005，第6页。

的模式参与谈判，这对于团结发展中国家、维护发展中国家的利益起着至关重要的作用，至今该模式在形式上仍得以保持。但是，随着气候谈判向纵深发展，由于该阵营过于庞大，各国发展阶段、政治背景和利益诉求差异很大，再加上发达国家对发展中国家的挑拨离间，导致发展中国家内部出现分歧、团结出现松动和分化。特别是在哥本哈根会议以后，这种分化趋势更为明显，发展中国家在全球升温控制目标、承担减排限排责任的态度、应对气候变化资本分配、清洁发展机制项目核准和地域分配等问题上存在不同的利益诉求。①

小岛屿国家，是受气候变化影响最大的发展中国家，深受气候变化导致海平面上升带来的严重威胁。让这些小岛屿国家最担心的是：海平面上升将有可能彻底淹没其国土，导致国家的消亡。因此，小岛屿国家要求国际社会采取更加严格的减排措施，大力支持欧盟激进的减排目标。在哥本哈根会议上，小岛屿国家更是提出了到 2050 年升温不超过 1.5℃ 的目标，要求发达国家拿出国民生产总值的 1.5% 来援助发展中国家，同时主张发展中大国也要参与减排行动。

非洲最不发达国家由于排放量很小，受气候问题影响大，是气候变化的无辜受害者。它们关注的是对气候变化的适应问题，同时希望能获得更多的国际资金的援助。但是，发达国家提供的国际资金非常有限。截至 2004 年 7 月，全球环境基金提供的资金只有 18 亿多美元，协同融资 95 亿多美元，而适应基金直到 2008 年 12 月的波兹南会议才启动。这样的资金数目远远满足不了发展中国家的实际需要，因为到 2020 年，发展中国家用于适应和减缓气候变化所需要的资金每年将达到 1000 亿欧元。在哥本哈根会议上，虽然发达国家承诺在未来 3 年，每年支付 1000 亿美元来帮助发展中国家应对气候变化，但是发展中国家对此非常失望。正如中国首席谈判代表苏伟所说："这笔金额分到发展中国家，按人头平均每人分不到 2 美元，这 2 美元，在物价昂贵的丹麦，甚至连买杯咖啡都不够。"面对有限的国际资金，"最贫穷国家""最脆弱国家""小岛屿国家"都希望能

---

① 陆丕昭：《关于气候变化问题的全球政治博弈论析》，《华中师范大学学报》（人文社会科学版）2011 年第 11 期，第 4 页。

够从中多拿一点，因此它们之间的矛盾就不可避免。在哥本哈根会议期间，"小岛屿国家"和非洲国家集团就以利益受到危害为由数次退出会场表示抗议。另外，针对发展中国家迫切需要资金支持的实际情况，发达国家倡导"体制外"资金，其数目远远高于"体制内"资金，这对"小岛屿国家"、非洲最不发达国家有巨大的吸引力，也加剧了发展中国家的分裂。

发展中大国主要是"基础四国"，"基础四国"是在哥本哈根会议前夕，在中国的倡议下由巴西、南非、印度和中国四个主要新兴国家组成的气候集团。曹荣湘教授认为，"基础四国"的出现，既是被迫的，也是主动所致。被迫，是源于中国等新兴国家经济的高速发展、人民生活水平的日益提高以及温室气体排放的急剧增加。排放过快增长，难免成为发达国家的替罪羊和推卸责任的借口。主动，是中国等新兴国家捍卫自身正当利益所致。无论是从经济发展水平还是从历史排放、人均排放来说，中国等发展中国家都不应承担强制的减排责任，尤其是不能承担"总量减排"的义务，因为这等于限制了发展空间。发展经济、改善民生、减少贫困，是中国等新兴国家的当前要务。面对发达国家的咄咄逼人、蛮横无理，中国等新兴国家必须要团结起来，共同应对发达国家的挑战。[①] 尽管"基础四国"有着共同的利益需求，气候谈判立场有着较大的一致性，但是由于各自国情不同，发展战略不同，在应对气候变化问题上还是存在一定的分歧和差异。在坎昆会议上，"基础四国"之间就出现了多处不和谐。印度曾经被看成气候谈判中的"坏孩子"，英国的《经济学家》杂志就将印度、美国和俄罗斯列为达成全球性气候安排的障碍。[②] 但是，在哥本哈根会议上，印度迫于"强大的政治压力"，一改往日强硬的态度，轻易抛出超出底线的方案。南非被看成非洲国家的领导者和其他非洲国家的仿效者，因此，南非也是应对气候变化的重要谈判方。在这次会议上，南非更关注的是它作为2011年气候变化谈判的主席国的会议形象。巴西是世界上最早开发生物能源的国家之一，也是"基础四国"中能源结构较为合理的国家，它最为关心的是森林"碳汇"和减少源于森林砍伐和恶化导

---

① 曹荣湘：《气候谈判格局变动：坎昆会议上演"后三国演义"》，《中国社会科学报》2010年12月16日，第14版。

② "China, India and Climate Change：Melting Asia", *The Economist*, June 5, 2008.

致的排放问题，并对主动承担减排义务跃跃欲试。

只要气候变化问题一天不解决，国际社会的气候谈判就会持续下去，南北两大阵营之间及其各自内部冲突也就会一直存在。

二　气候政治冲突的根源

气候问题是关乎全人类福祉的问题，但是，国际社会在解决这个问题时，陷入了气候冲突之中，以至于气候冲突成为国际冲突的主要表现形式之一。那么，这种冲突的根源是什么？这是值得我们去思考的问题。西方学者从不同学科的角度探索了国际冲突的根源。比如，国际关系心理学家从"俄狄莆斯情结"寻找理论依据，国际关系生物学家求救于达尔文的进化论，国际经济学家致力于生产、商品、货币等领域，国际政治学家从政治思想、政治制度、文明形态等领域寻找国际冲突的根源。[①] 美国学者萨缪尔·亨廷顿提出了"文明冲突论"，认为文明形态的差异就是国际冲突的根源。社会学家还从集体行动的视角寻找国际冲突的根源，认为集团越大、成员越多，集体合作的可能性就越小，这就是集体行动的逻辑困境。当然，如果只是从某一个学科去寻找国际冲突的根源，得出的结论肯定是片面的，应该从多学科的角度去分析研究。气候冲突是国际社会在解决全球性气候问题的过程中，由于世界各国对本国利益的坚守而引发的国际冲突。因此，气候冲突的根源首先就是经济性根源，即利益的冲突；利益冲突的背后是不道德的社会等主体性弱点在文明交往中的暴露，是人类文明中的不文明因素引发了冲突。其次，如果进一步挖掘，气候冲突最深层、最内在的根源是哲学性根源，即在气候谈判当中占主导地位的发达国家在本体论、认识论、价值论上出现了偏差。笔者将从经济性根源、主体性根源和哲学性根源三个方面来探讨气候冲突的根源。

1. 经济性根源：利益的冲突

"利益"是人类古老的话题。利益，从词源来考究，开始是两个具有独立意义的词。所谓"利"，在我国甲骨文中具有使用农具从事农业生产以及采集自然果实或收割成熟的庄稼之义。后来，"利"逐渐演变为祭祀

----

① 缪家福：《全球化与民族文化多样性》，北京：人民出版社，2005，第88页。

占卜意义上的"吉利"，即特定的活动能够达到预期的目的和获得预期的效果，又进一步引申出"好处"之意。《说文解字》的解释是："利，和然后利。"也就是事物或者人们之间和谐发展才有好处。《周易》曰："利者，义之和也。"《后汉书·循吏列传·卫飒》云："亦善其政，教民种植桑柘麻纻之属，劝令养蚕织屦，民得利益焉。"① 利益即好处，跟"有害""损害"相反。在西方，英文的利益 Interest 一词来源于拉丁文 Interesse，原义为"处于……之中"，因为在其中就必然关心，产生兴趣，甚至认识利害相关，最后形成利害关系，即为利益。近代一些西方思想家还把利益与快乐、幸福联系起来，认为利益就是能够给人带来快乐与幸福的东西。爱尔维修就指出："一般人通常把利益这个名词的意义仅仅局限在爱钱上；明白的读者将会觉察到我是采取这个名词比较广的意义的，我是把它一般地应用在一切能够使我们增进快乐，减少痛苦的事物上的。"② 霍尔巴赫则认为："人的所谓的利益，就是每个人按照他的气质和特有的观念把自己的安乐寄托在那上面的那个对象；由此可见，利益就只是我们每个人看做是对自己的幸福所不可缺少的东西。"③ 基于此，"利益"是中西方思想史上重要的研究对象，许多学者对此进行了阐述。

　　"利益"之所以会成为中西方学者关注的话题，是因为利益问题是关涉人的生存与发展的根本性问题，是人们进行社会活动的动因。司马迁在《史记·货殖列传》中就说过："天下熙熙，皆为利来；天下攘攘，皆为利往。"霍尔巴赫则明确指出："利益就是人的行动的惟一动力。"④ 利益是马克思主义唯物史观中的一个重要范畴。"人们为之奋斗的一切，都同他们的利益有关。"⑤ "'思想'一旦离开'利益'，就一定会使自己出丑。"⑥ 个人、群体、民族、国家的思想、动机和行为，都可以从其对自身利益的追求中找到合理的解释和深层的底蕴。由于国际社会并不是一个

①　〔宋〕范晔：《后汉书·循吏列传·卫飒》。
②　北京大学哲学系外国哲学史教研室：《十八世纪法国哲学》，北京：商务印书馆，1963，第 457 页。
③　〔法〕霍尔巴赫：《自然的体系》，管士滨译，北京：商务印书馆，1999，第 259 页。
④　〔法〕霍尔巴赫：《自然的体系》，管士滨译，北京：商务印书馆，1999，第 260 页。
⑤　《马克思恩格斯全集》第 1 卷，北京：人民出版社，1995，第 187 页。
⑥　《马克思恩格斯文集》第 1 卷，北京：人民出版社，2009，第 286 页。

国家的社会，也不只是一个利益主体的社会，所以说世界并不是某一独特利益的天下，而是许许多多利益的天下。总体来说，就是发达国家与发展中国家利益的天下。在解决气候问题的过程中，发达国家与发展中国家在追求各自利益的过程中就不可避免地存在这样或那样的冲突（见表2－1），气候冲突不可避免。

表2－1 不同国家或组织应对气候变化的态度和利益诉求

国家或组织类型	基本态度	利益诉求
欧盟、日本、英国	积极	继续严格限制工业国家的温室气体排放，并将发展中国家纳入减排的制度框架。采取灵活机动的减排方法，结合先进的环保科技，在联合国框架下进行合作
美国、澳大利亚	上届政府不积极，本届政府态度正逐渐发生转变	废除所有硬性减排指标，在自由市场模式下，运用环保新科技减少污染，力争经济发展与环保两不误，并坚称发展中大国应该作出更大的努力
最不发达国家和经济转轨国家、俄罗斯	积极	这些国家温室气体排放量小，没有减排的压力，主张全面推进减排工作
快速发展的发展中国家	相对积极	温室气体排放逐年增加，发展所带来的排放需求扩大，面临环境保护的压力最重，继续强调自愿承担的方式，要求切实考虑各国资源利用的权利和分配的公平性
能源输出国	不积极	减排会引起全球能源市场的紧缩，给国家经济带来损害

资料来源：胡鞍钢、管清友《中国应对全球气候变化》，北京：清华大学出版社，2009，第15页。

虽然自《京都议定书》签订以来，国际社会就形成了一个基本的认识：气候变化问题深刻地影响着人类的当下和未来，人类社会必须控制温室气体的大量排放。"巴厘岛路线图"也再次确认了解决气候问题的紧迫性和重要性。《哥本哈根协议》文本的第一句话就是"我们强调，气候变化是我们当今的面临的重大挑战之一"。但是，国际社会在解决气候问题上还是没有取得实质性的进展。相反，世界各国相互指责，相互推诿，气候问题俨然变成了各国争夺利益的政治工具。究其原因，最根本的还是世界各国现实利益的冲突，都希望尽可能使自己国家受益，或者将自己国家利益的受损减少到最低限度。

说到利益冲突问题，我们就不能抽象地谈论气候变化问题，必须明确引起气候变化的实际行为体和利益主体。虽然，近年来对"人类中心主义"的讨论推动了生态伦理的发展，明晰了人与自然的关系，但是有一个重要问题一直悬而未解，那就是这里的"人类"指的是什么？"人类中心主义"是否代表了人类，是否把"类"作为中心，这大可质疑。假如真的从人类利益出发，以"类"为中心，今天的生态环境问题、气候危机问题就绝对不会出现，代内不公平、代际不公平也不会产生。实际上，气候问题的出现并不是"人类"成为中心，恰恰是因为人类及其利益被虚置了。① 在现实生活中，所代表的利益往往是发达国家的利益，而不是全人类的利益。已经富裕了的发达国家，是以排放大量温室气体、破坏全球生态环境为代价换来的，不仅如此，它们还把污染企业转移到发展中国家，让发展中国家成为环境破坏的最大受害者。同时，少数西方发达国家在环境问题上还推行双重标准，鼓吹发展中国家"环境威胁论"，以此来阻挠发展中国家的发展。由此，气候变化问题的根源以及应对气候变化的不同立场、态度，都源于对利益的追求。2009 年哥本哈根气候大会的艰难曲折，就清楚地展现了气候冲突的背后是世界各国利益的冲突。其中，既有发达国家与发展中国家之间的利益冲突，也有发达国家内部、发展中国家内部的利益冲突；既有当前利益与长远利益的冲突，也有国家利益与全球利益的冲突。这种利益冲突的实质就是在解决气候问题中尽可能使自己国家受益，或者将自己国家利益的受损减少到最低限度。

因此，在利益冲突中，最难以超越的还是国家利益，这也是气候冲突的根本困境。乔治·华盛顿就曾指出："除了国家利益，人们别指望政府会在其他任何基础上不断采取行动。"在全球性问题面前，各主权国家都表现出狭隘的利益观，都不愿使自己国家的利益让位于国际社会的整体利益。狭隘的民族利益观是国家的内在本能，任何一个国家都是为了国家利益而存在的，都在发展中追求自己的国家利益，这也是一种历史的惯性。资本主义社会形态的出现，更是强化了这种历史的惯性。这种狭隘的利益观最终导致国家之间在面对全球性的问题时，采取不合

---

① 丰子义：《生态文明的人学思考》，《山东社会科学》2010 年第 7 期，第 5～10 页。

作态度。美国原总统乔治·布什在被问及为何拒绝在地球峰会上签署有关生物多样性的协议时，就回答道："我是美国的总统，不是世界的总统，我要做的都是最能保护美国国家利益的事情。"① 可见，"民族国家利益至上"仍然是世界主导的原则。"凡是有某种关系存在的地方，这种关系都是为我而存在的。"② "无论在道德问题或认识问题上，都是利益宰制着我们的判断，就像河水不会倒流一样，人们也不会违抗他们利益的激流。"③ 因此，社会系统中的一切矛盾与冲突，归根到底都与利益有关，气候冲突也不例外。国家之间的利益冲突是人类社会一切冲突的根源，也是所有冲突的实质所在。

2. 主体性根源：不道德的社会

从主体的角度寻找冲突的根源一直是许多学者采取的一种研究路向，尤其是从社会本身来探寻冲突的根源，把冲突的根源归结为不道德的社会，是最为普遍的做法。在尼布尔看来，这种不道德的社会体现为群体的利己主义。当不道德的社会参与到气候问题解决时，带来的必然是气候的政治冲突。

尼布尔在《道德的人与不道德的社会》一书中论证了个体道德和群体道德（不管这一群体是种族、阶级还是民族、国家、社会）的区别，并认为群体道德低于个人道德，表现为不道德的社会、不道德的民族、不道德的国家。"一方面是因为要建立起一种足以克服本能冲动又能凝聚社会理性的社会力量非常困难；另一方面是因为群体的利己主义同个体的利己主义冲动纠缠在一起，只表现为一种群体自利的形式。当群体与个体的私利在共同的冲动中结合在一起而不是谨慎地分别表达其各自的利益时，这种群体自利的形式就会非常明显地表现出来，并且会造成严重的后果。"④ 因此，相对于个人来说，团体在追求它的目的时更专横、更虚伪、

---

① 〔美〕艾伦·杜宁：《多少算够——消费社会与地球的未来》，毕聿译，长春：吉林人民出版社，2004，第27页。

② 《马克思恩格斯文集》第1卷，北京：人民出版社，2009，第533页。

③ 北京大学哲学系外国哲学史教研室：《十八世纪法国哲学》，北京：商务印书馆，1963，第457页。

④ 〔美〕R.尼布尔：《道德的人与不道德的社会》，蒋庆等译，贵阳：贵州人民出版社，1998，第4页。

更残忍。所以，意大利政治家卡富尔（Cavour）认为："倘若我们把我们为国家所做的来照样为自己施行的话，那我们就成为一种不可形容的流氓了。"① 种族、民族与各种社会经济团体的利己主义，始终是由民族国家而得到表现的，因为国家赋予民族的集体冲动以权力这样的工具，并为个人的想象提供了有关的集体认同的具体象征，使民族国家最容易提出自己的绝对要求，最容易用权力来推行这些要求，最容易调动国家的全套机器来使这些要求为人们所信服和称颂。在人类精神中存在一个悲剧：人类没有能力使自己的群体生活符合个人的理想。作为个人，人们相信他们应该爱，应该相互关心，应该在彼此之间建立起公正的秩序；而作为自认为的种族的、经济的和国家的群体，则想尽一切办法占用所能攫取的一切权力。② 但是，"权力是毒药"（亨利·亚当斯），这剂毒药会弄瞎人们的道德慧眼，会摧残人们的道德心智。当组成社会的个人或群体获得大量的社会特权之后，就会把个人或全体置于高高在上的威胁地位。社会的不平等会使占用更多特权与权力的阶级经常以牺牲其他国家的利益来追求自己的利益，从而能够巩固他们以牺牲其他国家利益为代价而获得的特权。这样，社会权力的不平等、权力占有的不平等使群体变得自私了，社会变得不道德了，冲突也就不可避免。在气候谈判中，西方发达国家凭借其拥有的政治话语权大肆宣传发展中国家"环境威胁论"，要求发展中国家承担硬性减排目标，这显然会引起发展中国家的抗议，气候冲突就不可避免。

尼布尔还认为，民族的自私是公认的，或者说是一种较大范围的利己主义。他甚至认为，爱国主义也是自私的一种形式，因为爱国主义将个人的无私转化成了民族的利己主义。以牺牲个体的无私道德来换取民族利己的不道德，这就是尼布尔所说的爱国主义的道德悖论。尼布尔引用乔治·华盛顿的名言说："只有在符合其自身利益时，民族才是可以信赖的。"一位德国作家宣称："没有一个国家不是为了私利才签订条约的。""政治

---

① 转引自〔美〕R. 尼布尔《道德的人与不道德的社会》，蒋庆等译，贵阳：贵州人民出版社，1998，第210页。

② 〔美〕R. 尼布尔：《道德的人与不道德的社会》，蒋庆等译，贵阳：贵州人民出版社，1998，第6页。

家若不从国家私利出发，就应当被绞死。"① 这说明民族、国家这个"伦理的实体"已经演变成了外部的"不道德的个体"，成为个人的集体主义、群体的利己主义，蜕变为民族利己主义与民族个人主义。在民族问题上，一个民族最重要的道德特征或许就是它的虚伪。自欺和虚伪是所有人类道德生活中的一个不变的成分。"当代人类核心价值理念实际既是个人中心主义（相对于国家而言），也是国家中心主义（相对于人类而言），也是人类中心主义（相对于宇宙而言）。个人主义把自己的实利看作是至高无上的，国家也把自己的实利看作是至高无上的，人类也把自己的实利看作是至高无上的。"② 国家中心主义就是一种国家"利己主义"、国家"自私主义"。弗洛伊德也从心理学的角度对国家之"恶"、社会的不道德进行了考察，得出了集体行为的道德虚无主义的结论。弗洛伊德认为，如果个体仅仅关爱自己而不关爱他人，那就是自恋。弗罗姆在此基础上进一步指出，一个群体、一个民族如果仅仅关爱自己而仇视其他群体和民族，就属于群体的和民族的自恋。自恋的民族或国家不是根据外部世界的现存状况及其需要去客观地认识或理解外部世界，而是根据他内心活动所形成的所谓虚假"现实"判断事物和行为。他要么对外部世界漠不关心，要么纯粹按照自己的主观偏好对待外部世界。一般认为，自恋是客观认识、理智和爱的对立面。③ 就像弗罗姆所言，自恋的人缺乏真正的爱，也不是真正爱自己。

在气候谈判的过程中，社会的不道德性体现为国家私利变成了可以公开和捍卫的"善"，每个国家都将维护这"善"作为自己谈判的原则。实际上，这是为"恶"（为一己之利）而忽视真正的"善"（全人类利益）。因此，"国家利益"很有可能成为自恋的、利己的国家主张自身利益，损害他国利益的挡箭牌。布什政府就以美国人的生活方式不容改变为由，拒绝签订《京都议定书》，克林顿政府虽然签订了《京都议定书》，但从未送交参议院批准，理由是它会严重危害美国经济。其中，

① 〔美〕R. 尼布尔：《道德的人与不道德的社会》，蒋庆等译，贵阳：贵州人民出版社，1998，第 52 页。

② 江畅：《论人类公认的价值理念》，《天津社会科学》2001 年第 1 期，第 21 页。

③ 曹孟勤、徐海红：《生态社会的来临》，南京：南京师范大学出版社，2010，第 284 页。

国家伦理实体已经蜕化为基本的利益单位，人性弱肉强食、自私自利的生物欲望本能以"国家利益"的形式张扬到了极点，显示了不道德社会带来的恶果。所以，当"个人主义"穿越了国家、民族伦理实体落实于人类时，当国家、民族的"伦理的善"蜕变为"道德的恶"时，气候冲突就在所难免了。

3. 哲学性根源：本体论、认识论、价值论

哲学是时代精神的体现，西方哲学世界观潜在地影响着气候谈判的进程和结局。笔者试图从本体论、认识论、价值论的理路来追问气候谈判冲突的哲学根源，揭示气候谈判冲突背后的深层次原因。

一是本体论追问"存在之存在"，遮蔽了对人类生活境遇的人文关怀，造成了人与自然的分裂。本体论贯穿于西方哲学的整个发展过程，它发端于古希腊哲学，经历了以探寻世界本原为核心的古代本体论、以神学为核心的中世纪本体论、以"实体"为核心的近代本体论和以语言为核心的现代本体论。早期的古希腊哲学家致力于对自然的思考和研究，贯穿其核心的问题是探索万物的本原，其结果表现为泰勒斯的"水"、阿那克西米尼的"气"、赫拉克利特的"火"等。苏格拉底开始了哲学研究的人学转向，从关注自然转向关注人自身，注重研究正义、美德、勇敢、虔诚等与人生相关的问题。客观地说，苏格拉底虽然把哲学"从天上拉回了人间"，但他并没有去关注人的生活境遇。柏拉图的"理念"说，试图把自己的哲学观点和政治实践结合起来，设计一套理想的政治制度，从而建立一种"哲学王"的理想国度。亚里士多德专注于伦理学和人生哲学，探讨了善与美德的问题。以伊壁鸠鲁为代表的幸福论主张人生应当快乐和幸福，追求快乐和幸福是人生最高的目的。以斯多葛主义为代表的禁欲主义则反对追求幸福，认为命运决定一切。到了中世纪的欧洲，神学居统治地位，认为上帝是万物的创造者，人要虔诚于全智全能的上帝，才能获得来世的永恒幸福。从文艺复兴开始，人的主体性开始觉醒，反映的基本哲学理念就是追求人的现世生活的幸福。薄伽丘就直截了当地高呼，幸福是发乎人性的崇高欲望。蒙田也认为，享乐是人生的最高目的。这样，西方社会在淡漠对上帝景仰的过程中，滋长起了要"与上帝并驾齐驱的普罗米修斯式"的野心，其世界观和价值观也日渐由人道主义膨胀为人类中

心主义。从培根的"知识就是力量"、莱布尼茨的"万物是由人的理性支配的"、康德的"人为自然立法",到尼采的"上帝死了",人于是成了唯一的主体,人就是自己的上帝。这样,在本体论的支配下,人类开创了一个控制自然、片面追求人的现实幸福和欲望满足的过程中,遮蔽了对人类生活境遇的人文关怀。

在古希腊哲学时期,虽然人类对自然怀有敬畏之情,人与自然是融合的,但是哲学家注重的是对外物的探求,着眼于"存在者之为存在者"的本体性追问,即总是探求一切实在对象背后的终极存在,即存在之存在,并把这种存在视为事物的本体,然后据此推论出其他一切。其根本特征就是把存在变成存在者,把存在者又变成对象,使其在场中成为可用知识加以把握的东西,避开面临的现实和深刻的道德问题,去追求永恒的真理性和同一性。对物的知性追问虽然确立了西方文明的推论性实践品格并使知性或理性发展成为最高的主宰,却忽略了人之"是其所应是"的生活向度,使得西方传统哲学最终发展成为一种脱离现实生活的"世界外的遐想",在建构一种体系的热忱中遗忘了生活本身。正如克尔凯郭尔写道:"大多数体系制造者对于他们所建立的体系的关系宛如一个人营造了巨大的宫殿,自己却侧身在旁边的一间小仓房里:他们并不居住在自己营构的结构里面。"① 近代西方哲学在反对神学的过程中,发现了自然,也发现了人。但是,在本体论的主宰下,人在找到自己主体性的同时,只是片面地停留在人性的张扬上,世界被视为有待人类去认识和征服的客体,这就必然导致对大自然的无限索取,人与自然走向分裂,最终也必然危及人类的自身生存。"人征服了自然,却成了自己所创造的机器的奴隶。他具有关于物质的全部知识,但对于人的创造之最重要、最基本的问题——人是什么、人应该怎样生活、怎样才能创造性地释放和运用人所具有的巨大能量——却茫无所知。"②

本体论作为西方哲学的发端,并没有进入生活之中,本体论对"存在的意义"的追问方式遮蔽了存在的本真意义。从哲学思维的角度上

---

① 〔丹麦〕克尔凯郭尔:《克尔凯郭尔日记选》,上海:上海社会科学院出版社,1995,第87页。

② 〔美〕弗洛姆:《为自己的人》,孙依依译,北京:三联书店,1988,第25页。

讲，本体论成了人类哲学思维中不可摆脱的宿命，深刻主宰着人们的行为决定。因此，在哥本哈根会议上，面对斐济女代表泣不成声"希望你能帮我"的恳求时，面对图瓦卢伸张生存权的哭诉时，西方发达国家却无动于衷，漠视发展中国家的生存状况。被人类寄予希望的哥本哈根会议，最后也是在未能达成任何具有实际操作价值和法律约束力的协议中降下帷幕，仅发表了一份未获大会全面通过的《哥本哈根协议》。造成这种结局的根本原因就是发达资本主义国家在本体论思维的左右下，遮蔽了对人类生活境遇的关怀，在应对气候变化上缺乏足够的诚意和实际行动。首先，发达资本主义国家在减排问题上缺乏诚意。针对全球减排合作，发达国家在长期减排目标上大唱高调，但在需要付诸实际行动的中期具体减排目标方面，推诿搪塞。发达资本主义国家自己所承诺的减排目标不高，却还要向发展中国家提出附加条件，严重违背了"共同但有区别的责任"原则。在哥本哈根会议谈判的第一天，欧盟就企图要求中国承诺更多，以此来推动美国承诺更高的减排目标。中国作为发展中国家，只能承担自己所应该承担的责任，不能以发达国家的减排标准来要求中国。其次，发达资本主义国家在向发展中国家提供资金和技术支持方面执行不力。根据"巴厘岛路线图"，发达国家要为发展中国家提供资金支持和技术转让，这也是发达国家应尽的道义，但到目前为止这些方面还没有取得实质性的进展。发达国家拒绝发展中国家提出建立资金筹措机制的建议，在提供资金援助方面也是杯水车薪。关于技术支持，发达国家也以保护知识产权和技术掌握在私营企业手中为借口，回避技术转让。因此，面对气候变化引发的生存危机，发达国家在资金和技术支持方面，总是雷声大，雨点小，缺乏足够的诚意，人类的诗意生活被剥脱了，在一定程度上就是本体论思维的现实演绎。

二是认识论追求"同一"、泯灭"差异"，产生主客二分的思维方式，造成了人与人的分裂。与本体论上的理性主义相对应，在认识论上，西方哲学坚持的是"主客二分"的思维方式。其实，在古人和初民的观念中，心灵和自然是不可分割、内在一致的整体，没有肉体与心灵的分别，没有主体与客体、精神与物质的二分，从而也没有人与自然的对立。这一历史阶段的人类还匍匐在自然之神的脚下，没人敢妄称征服自然、驾驭自然。① 到柏拉图时期，提出了"理念"说，把原本统一的世界二分为可见的感性世界和可知的理念世界，从而开创了"主客二分"的先河。中世纪的基督教哲学出现了唯名论与唯实论之争，产生了天与人、灵魂与肉体、宗教生活与尘世生活的对立，使得主客体的对立达到了尖锐化的程度。在近代哲学中，从笛卡儿创立"我思故我在"的主客二分思想开始，哲学的重心开始转移到认识论问题上。认识论问题说到底就是思维与存在的关系问题，就是主观精神如何实现对客观世界的认识的问题。近代哲学的经验论和理性论，都在说明思维与存在的关系问题，试图建立起思维与存在的同一性。但是，由于他们各执一端，缺乏辩证的综合眼光，最终不可避免地走向了自身的反面——经验论在休谟那里发展成为一种怀疑主义或不可知论，唯理论在莱布尼茨—沃尔夫体系中发展成为一种独断论。休谟的不可知论割裂了思维与存在的同一性，莱布尼茨—沃尔夫的独断论则直接把思维等同于存在，他们都使近代哲学试图解决的认识论问题走进了死胡同。② 因此，从近代哲学开始，"主体—客体"的二元思维便成了人类处理人与自然关系的标准性范式，主宰着西方的哲学思维。

这种僵硬的主客二分的思维模式把所有合理的东西还原为一个总体：要么以思维统一存在，要么以存在统一思维，片面强调"同一"，泯灭了丰富多彩的"差异"。在列维纳斯看来，自古希腊以来这种把"他者还原为同一"的努力一直代表了西方哲学的发展方向，它追求一种同一性，以占有、消融乃至泯灭他者的他性为己任。这种同一性的传统一直延续到了近代，从笛卡儿到黑格尔和海德格尔，他们的哲学理念都强调"同一性"。尽管在他们的哲学中也有"多"，也有"差异"，但都是在"同一"的框架下来理解"多"和"差异"。在这种思维模式下，对世界的"还原"，对"同一"的迷恋，对"终极"的诉求，对"权力话语"的运用，使得本体思维独白多于对话，因此，就必然导致专制和独断，导致"实体主宰型""权力控制型"思维的出现。国际社会之间的对立、分离乃至暴力、战争，都能从这种"主客二分"的认识论中找到其思想渊源。"他

① 卢风：《从现代文明到生态文明》，北京：中央编译出版社，2009，第4页。

② 邓晓芒、赵林：《西方哲学史》，北京：高等教育出版社，2005，第120页。

人，就是地狱。"萨特认为，个人与他人的关系就是"主奴关系"，每个人都想把他人变成可以支配的对象。列维纳斯也认为，暴力是欧洲精神的失误所在，对他者的暴力贯穿于整个西方哲学发展当中。

列维纳斯认为，把"他者"由"异"转化为"同"、消灭他者的非正义的哲学将是一种权力哲学，这种权力哲学摧毁他者的他异性，把他者化为同一者，这就必然导致专制和对他者的暴力。德里达也对这种权力哲学进行了批判："由于现象学与存有论没有能力尊重他者的存在和意义，恐怕它们会变成一些暴力的哲学。而通过它们，整个哲学传统恐怕也会在意义深处与同一的压迫和集权主义沆瀣一气。"① 这种权力哲学作为意识形态的现实力量，深刻地体现在当前西方国家应对气候变化的过程之中。应对气候变化问题本应充分考虑各国历史排放、人均排放和发展阶段的差异，考虑发展中国家的发展阶段和基本需求，才能做到公平公正。但是，发达国家在主客二分思维的支配下无视这种"差异"，只看现在，不看历史；只看生产，不看消费；只看总量，不看人均；只看排放的数量，不看发展的阶段；只看本土排放，不看转移排放，片面地追求减排目标的"同一"，要求发展中国家也承担相同的减排任务，这显然是不公平的。在气候政治博弈中，发达国家凭借资金、技术和产业方面的优势，不顾发展中国家发展经济、消除贫困和适应气候变化的优先需要，逼迫发展中国家过早过激地减排，将应对气候变化当成遏制发展中大国崛起的战略手段，体现了发达国家气候战略的霸权思维和强权逻辑，违背了国际公正伦理原则。在哥本哈根会议上，发达国家在权力哲学的影响下，独占话语权。在会议的第二天，西方发达国家抛弃正当的谈判程序，单方面抛出了一份将部分发展中国家列入"最脆弱国家"、单独设立减排目标、企图分裂发展中国家阵营的"丹麦文本"，受到发展中国家的强烈反对。部分发达国家似乎并没有就此止步，强行举行少数国家领导人参加的闭门磋商，开创了气候变化谈判以来国家领导人直接介入技术层面谈判的先河，体现了发达国家在气候问题上的霸权主义。

---

① 〔法〕德里达：《书写与差异》（上册），张宁译，上海：上海三联书店，2001，第154页。

　　三是价值论追问"是其所是"，冷落了"是其应是"的道德践履，造成了事实与价值的分裂。西方哲学的价值论是本体论、主客二分的现代主义思维框架的一部分，它追问"是其所是"，寻求事物根本之理，强调知性的运用，这无疑合乎伦理道德、具有历史的进步作用。但是，价值论并没有为知性的运用设定边界，在一种无边无际的知性运用中，用"是"来控制一切，"是"的领域囊括了"应该"的领域，人之"是其应是"的特殊性自然归结到了"是其所是"的原理中，进而把科学领域中控制的合理性运用到了价值领域，用事实屏蔽了价值，形成了"价值域僭越"。关于"是"与"应当"的问题，在伦理学上又称为事实与价值的问题。"是"与"应当"的问题，被许多西方伦理学家认为是道德哲学的核心问题。到了近代，休谟发现了事实与价值的对立，他认为从"是"（to be）或事实推不出"应是"（ought to be）或应该，事实与价值是分裂的。这个问题在伦理学上也称为"休谟问题"。康德曾试图通过人类理性的"批判"，即探讨人类理性能力的构成和界限，来解决"休谟问题"。他认为，以真理为目标的"理论理性"与以价值为目标的"实践理性"，在形而上假设的框架内是相通的。可是他又认为，人类理性的能力是有限的，只能把握事实世界，不能认识价值世界或本体世界。因此，康德实际上并未解决两种"理性"的统一问题。并且，康德也提出人是两个王国的存在者，一个是自然王国，另一个是目的王国。自然王国代表的是事实判断，目的王国代表的是价值判断。从这里可以看出，康德仍延续着事实与价值分裂的原则。到20世纪，摩尔以休谟的从事实推不出价值为出发点提出了"自然主义谬误"。在摩尔看来，价值就是价值，事实就是事实，它们是各自独立存在的两个世界，否定了从自然事实、人类生活的经验事实以及形而上学的超经验事实来推导道德"善"的正确性。

　　西方哲学在价值论上所认同的事实与价值的分裂，造成西方国家不是从事实出发，而是从价值出发来考虑气候谈判的立场。因此，在解决气候问题时，事实与价值分裂的价值论将西方发达国家引向超验的追求而不践履自身所应该承担的道德责任。在哥本哈根气候峰会上，美国等发达资本主义国家把由于其自身温室气体排放过多所造成的全球气候变暖的事实判断与其所应该承担减排责任的价值判断分裂开来，在商讨应对气候变化对策时，只考虑本国的价值利益，不考虑气候变化引发人类的生存危机，忽视了解决气候问题的事实。因此，发达国家解决气候问题的动机，从一开始就值得怀疑。欧盟以保护知识产权为借口，拒不履行向发展中国家提供资金和技术援助的承诺，其目的是增加环保、新能源产业的发展和对外出口，并从中获利。如果说欧盟在应对气候变化方面算的是经济账，那么美国则更侧重于政治利益。奥巴马上任后，推行"绿色新政"，把发展清洁能源的环保政策和经济复兴计划结合在一起，其目的是希望重新掌握气候政治的领导权。从这里可以看出，欧盟和美国都是从各自的价值利益来考量应对气候变化的对策，无视气候变化对发展中国家造成生存困境的事实。

事实上，从人类的发展历史来看，特别是从实践的视角来看，事实与价值作为相互对立的两个方面，是相互规定、相互渗透的，在事实的理解中蕴含价值的因素，价值中也包含了事实的内容。当代美国著名哲学家普特南（Hilary Putnam）就系统地论证了事实与价值、合理性（Rationality）与价值之间的相互联系。在普特南看来，每一个事实都渗透着价值，而我们的每一种价值都负载着某种事实，事实和价值通过我们的文化和语言框架而处于密不可分的联系之中。[①] 因此，从事实推导出价值不是在完全异质异类的事物之间的跳跃，而是在相互依存、相互贯通的两个事物之间的合理的和必然的过渡。所以，发达国家应该为全球气候变暖承担更多的责任，这一价值判断是可以从发达国家自工业革命以来大量排放温室气体的事实判断中推论出来的。正确认识历史责任，是国际社会携手应对气候变化的前提。发达国家要为全球变暖承担历史责任，这既是客观事实，也是已经被国际公约认定的义务。因此，在应对气候变化的过程中，发达国家要向发展中国家提供资金和技术支持，这是不可推卸的道义责任，也是他们应尽的法律义务。

第二节　气候博弈的内容

尽管人类社会面临共同的生死攸关的气候变化问题，但是，出于对国

---

① 卢风：《从现代文明到生态文明》，北京：中央编译出版社，2009，第74页。

家利益的追求，不可避免地引发了气候冲突。并且，随着国际社会对气候问题的日益关注，气候冲突已经上升到了气候博弈，每一次国际气候大会都变成了气候博弈的场所。从气候博弈走过的历程来看，不管是从里约到京都，还是从哥本哈根到坎昆、德班和多哈，博弈的内容依然集中在减排问题和资金技术等方面。

一　减排问题的博弈

减排问题是气候博弈的首要问题，自从《联合国气候变化框架公约》提出发达国家要率先减排以来，发达国家的减排意愿就直接左右着气候博弈的走向。自哥本哈根会议以来，国际社会又围绕着是"双轨"还是"单轨"的减排机制问题展开博弈。

第一，减排目标的博弈。按照《联合国气候变化框架公约》和"巴厘岛路线图"的规定，发达国家必须率先大幅度减排。根据联合国政府间气候变化专门委员会的测算，发达国家 2012～2020 年的中期减排目标应该是在 1990 年的基础上至少减排 25%～40%。但是，发达国家的减排承诺与这一要求相差甚远：欧盟的减排目标是到 2020 年温室气体排放比 1990 年下降 20%；如果其他国家作出可比的减排，欧盟将减排幅度提高到 30%。美国是典型的"高姿态、低承诺"国家，奥巴马宣布到 2020 年在 2005 年的基础上减排 17%，实际上，这只相当于在 1990 年基础上减排 4%，而且还没有得到国会的批准。日本承诺 2020 年在 1990 年的基础上减排 25%，但该目标的条件是，哥本哈根会议必须达成一个有效和全面的国际气候协定。澳大利亚单方面削减幅度从 5% 提高到 15%，如果其他国家包括发展中大国也大幅度减排，则可以提高到 25%。[①] 加拿大则表示 2020 年要在 2006 年的基础上减排 20%，相当于在 1990 年的基础上减排 3%。根据各个工业化国家所作出的减排承诺，到 2020 年工业化国家整体相对于 1990 年排放水平将减排 5%～17%，距离联合国政府间气候变化专门委员会报告要求到 2020 年在 1990 年水平上至少减排 25%～40% 的目

---

① 庄贵阳：《哥本哈根气候博弈与中国角色的再认识》，《外交评论》2009 年第 6 期，第 17 页。

标有相当大的差距，不足以保证把全球温升控制在工业革命前2℃以内。[①]
发达国家的这些减排承诺离发展中国家的要求、"基础四国"在发达国家
量化减排上的立场（见表2-2）以及"巴厘岛路线图"规定的2020年减
排的最低目标差距甚远，而离小岛国的要求——到2020年发达国家至少
减排45%以上，到2050年全球减排85%更是遥不可及。可见，发达国家
与发展中国家在中期减排目标上有较大分歧。并且，发达国家的减排目标
还是有附加条件的，是以他国特别是以新兴经济体国家的减排承诺为条
件的。

表2-2 "基础四国"在发达国家量化减排上的立场

国　别	发达国家中期减排目标	基准年
中　国	至少减排40%（到2020年）	1990年
印　度	至少减排79.2%（到2020年）	1990年
巴　西	至少减排20%（2013~2017年），至少减排40%（2018~2022年）	1990年
南　非	至少减排18%（2013~2017年），至少减排40%（2018~2022年）	1990年

资料来源：转引自严双伍、高小升《后哥本哈根气候谈判中的基础四国》，《社会科学》
2011年第2期，第5页。

所以，发达国家在中期减排目标上是缺乏诚意的。在长期减排目标上
发达国家却设置陷阱。发达国家提出到2050年全球排放总量要减少50%
和发达国家减排80%，这意味着发展中国家到2050年需要承担全球减排
总量的20%。这不仅违背了《联合国气候变化框架公约》，而且严重压缩
了发展中国家的"碳排放空间"。更有甚者，在"丹麦文本"中制定了发
达国家和发展中国家2050年人均排放目标：发达国家人均碳排放量是
2.67吨，发展中国家则是1.44吨，这种无视历史、毫无公平性、漠视发
展中国家发展需要的文本引起了发展中国家的严重抗议。

与发达国家形成鲜明对比的是，发展中国家作为气候变化的受害者，
虽然不承担约束性减排任务，但是，积极地提出减排目标，其中"基础

---

① Fabian Wagner, Markus Amann, "Analysis of the Proposals for GHG Reduction in 2020 Made by UNFCCC Annex I Countries by Mid-August 2009", International Institute for Applied System Analysis, September 19, 2009.

四国”的减排目标引人注目（见表2－3）。中国提出的减排目标是，到2020年单位国内生产总值二氧化碳排放比2005年降低40%～45%，非化石能源占一次性能源消费15%，森林面积增加到4000万公顷，到2050年开始减少碳排放。印度提出在2020年实现在2005年温室气体排放量的基础上减少20%～25%的目标。巴西则承诺主要通过减少毁林的方式到2020年将其温室气体排放降低40%。南非表示到2020年要消减34%的预期排放增加量。

表2－3　"基础四国"承诺减排

国　别	2020年减排目标	基准年	提交时间
中　国	单位国内生产总值二氧化碳排放降低40%～45%	2005年	2010年1月28日
印　度	比基准年减少20%～25%	2005年	2010年1月30日
巴　西	比基准排放减少40%	—	2010年1月29日
南　非	比基准排放减少34%	—	2010年1月29日

资料来源：转引自严双伍、高小升《后哥本哈根气候谈判中的基础四国》，《社会科学》2011年第2期，第6页。

在坎昆会议上，非洲及最不发达国家赞同哥本哈根会议上达成的全球升温不超过2℃，温室气体在大气中的浓度不超过450ppm的目标，主张在此前提下，尽早就2012年之后的减排达成近期和中期安排；小岛国联盟要求国际社会采取更加严格的减排措施，提出全球升温不超过1.5℃，温室气体在大气中的浓度不超过350ppm的目标；美洲玻利瓦尔联盟主张全球升温不超过工业革命前1℃，温室气体在大气中的浓度控制在300ppm以内。[①] 这些减排目标与发达国家的减排承诺相差更远，因此，围绕着减排目标的博弈还将继续下去。

第二，减排机制的博弈。根据"巴厘岛路线图"的规定，气候谈判的制度安排应该是"双轨"制，即《联合国气候变化框架公约》下的长期合作谈判与《京都议定书》下的后期减排承诺谈判。"双轨"制既能够维护气候谈判的公平、保障发展中国家的权益，又能够把美国纳入谈判进

---

① 杨理堃、李昭耀：《坎昆气候大会》，《国际资料信息》2011年第2期，第38页。

程，维持各谈判阶段承诺的连续性和可比性。

然而，在哥本哈根会议的第一天，发达国家就主张谈判并轨，欲脱离《联合国气候变化框架公约》和《京都议定书》这一双轨谈判框架，想另起炉灶达成一个包括所有国家在内的单一法律条约，并双轨制为单轨制，将发达国家的义务与发展中国家的义务捆绑在一起，实质上是要求发展中国家承诺强制性减排义务，承担"共同责任"。这引起了发展中国家的强烈抗议，提出哥本哈根会议要贯彻《联合国气候变化框架公约》《京都议定书》和"巴厘岛路线图"的有关规定，要坚持"共同但有区别的责任"原则，实施双轨制。双轨制是发展中国家的谈判底线。在发展中国家据理力争的情况下，确保了哥本哈根会议继续按照双轨制进行下去。但是，在这个过程中，小岛屿国家图瓦卢节外生枝，提出在《京都议定书》之外，另外组建工作小组来讨论具有法律约束力的全球协议，所有的国家都要承担强制性的减排，否则就停止谈判。这让发展中国家陷入了谈判的矛盾之中。可见，在减排机制问题上，发展中国家内部也出现了分歧。

在坎昆会议上，关于减排机制的博弈已经演变成了是否要继续《京都议定书》第二承诺期减排问题的博弈。《京都议定书》是目前国际社会应对气候变化的唯一一份具有法律约束力的协议，但该协议第一承诺期于2012年到期，而2009年的哥本哈根会议又未能就第二承诺期问题达成协议。因此，在2010年的坎昆会议上，与会各方都非常关注第二承诺期的减排问题，能否制订第二承诺期的减排计划，也是气候谈判是否成功的重要标志。

针对《京都议定书》第二承诺期的减排，有些发达国家公然反对，有些发达国家有条件地支持，而多数发展中国家坚决地捍卫。作为气候谈判的重要一方，美国公然地退出《京都议定书》，消极地对待第二承诺期的减排，并把减排责任与中国、印度等新兴国家承担量化减排目标捆绑在一起，以此来逃避责任。欧盟赞同在《京都议定书》第一承诺期之后达成新的减排协议，制定约束性减排指标。日本则明确表示拒绝延续《京都议定书》，宣称"永远"不会对《京都议定书》第二承诺期作出减排承诺，主张设立实现长期减排目标，需要建立公平、容易接受并覆盖所有主要经济体的新协议。俄罗斯在会议结束前两天公开表态"放弃"《京都议定书》第二承诺期减排目标，希望建立一个新的减排机制。

多数发展中国家主张延续《京都议定书》。美洲玻利瓦尔联盟国家表示，如果发达国家不接受《京都议定书》第二承诺期，它们就不会在任何协议上签字，还提出每年进行全球气候变化问题公投，倡议设立国际气候法庭，监督《联合国气候变化框架公约》执行情况。"77国集团＋中国"坚持"共同但有区别的责任"原则，坚持《联合国气候变化框架公约》和《京都议定书》的双轨谈判机制，主张在2012年以前尽快确定第二承诺期的减排目标。"基础四国"表示，在《京都议定书》第二承诺期得到认可、"快速启动基金"得到注资以及在技术转让问题上达成基本协议之前，不会支持达成相关协议。①

国际社会围绕《京都议定书》第二承诺期的博弈折射出在减排机制上存在严重分歧。发达国家不主张第二承诺期，实质上为了逃避历史责任，让发展中国家也来承担减排任务，实行所谓的单轨制；而发展中国家则坚持"共同但有区别的责任"原则，坚持《联合国气候变化框架公约》《京都议定书》和"巴厘岛路线图"的相关规定，主张的是双轨制。"双轨"还是"单轨"仍将是今后一段时期内谈判各方争论的内容。

二　资金技术的博弈

参与全球减排不仅是一个意愿问题，更是一个能力问题。发达国家拥有雄厚的资金和先进的技术，而发展中国家缺乏资金和技术条件。因此，发展中国家参与减排的能力，与发达国家能否提供资金和技术的支持密切相关。虽然《联合国气候变化框架公约》规定了发达国家要为发展中国家提高减排和适应能力提供相关支持，"巴厘岛路线图"也强调要重视资金、技术开发和转让等问题在发展中国家应对气候变化中的作用，但是资金和技术问题仍然是气候大会博弈的内容。

第一，资金的博弈。根据"共同但有区别的责任"原则，发达国家应当向发展中国家提供适应和减缓气候变化的资金。世界银行最新调查也

---

① 杨理堃、李昭耀：《坎昆气候大会》，《国际资料信息》2011年第2期，第37页。

指出，发展中国家每年在减缓气候变化影响上至少需要 4000 亿美元。因此，发展中国家强烈要求发达国家履行协议，提供资金支持。"基础四国"就此提出了具体的要求：中国建议发达国家在其政府开发援助之外，每年至少应拿出其国内生产总值的一定比例（如 0.5% ~ 1%）作为对发展中国家的资金支持。中国政府不希望从美国和英国等发达国家提供的资金中获得好处，但支持最不发达国家优先使用资金；巴西支持中国的立场；印度认为附件一国家的资金贡献应不低于其国内生产总值的 0.5%，除转型经济体外，每个发达国家应将其国内生产总值的 1% 作为对公约资金机制的贡献。南非提出发达国家提供的资金支持到 2020 年应达到 2000亿美元（大约为附件二国家国内生产总值的 0.5%）。① 小岛国联盟要求发达国家援助资金要达到其国内生产总值的 1.5%，建议通过实施行业减排等筹措资金，尽快落实快速启动资金。非洲及最不发达国家也希望尽快落实快速启动资金，以增强其应对气候变化的能力。美洲玻利瓦尔联盟则提出更高的要求，要求发达国家提供其 6% 的国内生产总值作为公共资金来源，无条件援助发展中国家应对气候变化。

针对发展中国家在应对气候变化过程的资金需求，发达国家总是含糊其辞，不愿作出具体的承诺。虽然在《哥本哈根协议》中，发达国家承诺到 2012 年每年向发展中国家提供 300 亿美元的启动资金，到 2020 年每年援助 1000 亿美元，但是没有明确由谁来承担这样的援助，如何去分配这些援助责任。所以，这笔援助资金一直没有落实到位。虽然美国政府在 2009 年12 月 14 日也宣布了一项总额为 3.5 亿美元的应对气候变化计划，其中美国将提供 8500 万美元，但是，美国政府并没有详细说明如何筹集并使用这笔资金，从而使得该项计划只是一种造势而已。不仅如此，发达国家还把资金、技术支持与发展中国家减缓行动透明度问题即"三可"（可测量、可报告、可核证）问题挂钩，要求发展中国家接受国际社会监督。发展中国家坚决反对发达国家违反"巴厘岛路线图"的做法，提出绝对不会接受国际社会的"三可"，发展中国家是自主自愿减排的，只有那些获得资金和技术

---

① 转引自严双伍、高小升《后哥本哈根气候谈判中的基础四国》，《社会科学》2011 年第 2期，第 7 页。

支持的减排，才应接受"三可"监督，这也是合乎道义的。

第二，技术的博弈。发展中国家在应对气候变化的过程中，既缺乏资金也缺乏技术。发展中国家与发达国家在技术转让方面存在分歧。发展中国家支持建立技术支持基金，通过公私部门联合促进技术的研发和投资。对于技术转移带来的知识产权问题，主要发展中国家普遍要求发达国家改变当前的知识产权保护体系以利于技术向发展中国家转移。中国提议通过强制许可证制度、区别定价以及将公共资金支持的技术的知识产权集体化等方式来解决。印度要求改革当前的知识产权体系以促进技术的研发和转移，发达国家应承担此过程中产生的所有成本。巴西指出，当前技术转移中的知识产权困境可借助世界贸易组织关于贸易中对知识产权处理的经验。[①]

针对发展中国家的技术需求，发达国家还是老调重弹，以保护知识产权为由，不愿无偿或低价向发展中国家提供技术。发达国家认为，在《京都议定书》清洁发展机制（CDM）和传统的贸易体制之下，已经有技术转让的成效，再谈技术转让就是多余的。况且，技术大部分都掌握在私人手中，即使要转让，也要通过市场来进行，而不是无偿地转让。不仅如此，发达国家还试图依靠先进的环保技术在经济转型中获取利益。对许多发达国家的企业而言，环保技术是高利润的保证，因此，绝对不肯轻易无偿地转让出去。发达国家还希望依靠在技术领域的优势，占领环保产业市场的高端，并从发展中国家减排中牟利。在发达国家看来，绿色经济转型的首要目标是经济增长，而不是应对全球气候变化。但是，发展中国家如果没有发达国家的技术支持，要参与全球减排就只是一句空话。鉴于历史责任和现实能力，发达国家向发展中国家提供技术转让、支持是不可推卸的责任。

联合国每年召开的气候变化大会从表面上看是国际社会围绕着减排问题、资金和技术支持问题而进行的博弈，其实质是政治话语权、经济主导权和伦理价值取向的博弈。

---

① 转引自严双伍、高小升《后哥本哈根气候谈判中的基础四国》，《社会科学》2011 年第 2
期，第 7 页。

第三节　气候博弈的实质

气候变化正在成为国际政治的焦点议题，它不再是单一的环境问题、经济问题和技术问题，而是变成了各种政治力量之间的战略性博弈问题，关乎各国在博弈中的权力与义务关系，涉及各国经济发展的根本利益。其背后体现的是各国对权力和利益的角逐，全球气候博弈的实质就是政治话语权之争、经济主导权之争和伦理价值取向之争。

一　政治话语权的博弈

"话语权"是目前在学术领域和政治领域出现频率很高的一个词。在《现代汉语词典》中，"话语"解释为"言语，说的话"。因此，所谓"话语权"，从字面意义上来理解，就是指说话权、发言权，是人们为表达思想、进行言语交流而拥有说话机会的权利。事实上，"话语权"并不仅仅指的是说话的权利，不是"have a voice"或"have a say"，话语权的本质不是"权利"（right），而是"权力"（power）。换句话说，话语权体现的是权力，拥有话语权就拥有权力，"话语即权力"（米歇尔·福柯）。没有权力的介入，就没有话语；反过来，每一种话语的产生和传播既体现权力，也加强权力。[1] 国际政治领域就是一个权力的世界，只不过传统国际政治的权力主要体现在以军事权为基础的物质权力上，而现在和未来的权力将体现在以话语权为基础的软权力上。[2] 如果说 20 世纪的话语权争夺是自由、民主、人权的话，那么，21 世纪的话语权争夺就是气候、环保和人类的命运。气候变化问题已经成为关系国家生存与发展的政治议题，世界各国都打着"气候牌"为本国或者利益集团寻找各自有利的证据，并在气候博弈中抢占"道德高地"和政治话语权。

1. 欧盟：争当话语权"领导者"

欧盟作为一个区域性的国际组织和成熟、稳定的经济体，人口增长缓

---

[1] Sara Mills, *Michel Foucault*, New York：Routledge, 2003, p. 55.

[2] 甘均先：《压制还是对话——国际政治中的霸权话语分析》，《国际政治研究》2008 年第 1 期，第 119 页。

慢，环境基础设施业已完善，在经济技术和管理方面有很大的优势。因此，其能源利用率较高，清洁能源在其能源构成中比例较高，温室气体排放几乎无须增长。因此，相对于美国来说，欧盟有较大的减排优势，减排成本也较低。根据估算，欧盟实现承诺的总成本为 37 亿欧元，相当于 2010 年生产总值的 0.06%，对经济的影响非常小。另外，欧洲人生活安逸，注重环保，对全球气候变化可能给欧洲造成的影响忧心忡忡。因此，欧盟把气候变化视为当前欧洲面临的最大环境威胁，积极地把气候变化问题纳入外交政策中。自从启动气候变化问题的国际谈判以来，欧盟在减排问题上就表现得非常积极，一直居于主导地位。欧盟主张通过减少温室气体排放达到遏制全球气候变暖趋势，并且身体力行，高调减排，其减排方案在《京都议定书》中得到相当大程度的体现。欧盟承诺到 2020 年，其温室气体排放比 1990 年减少 20%，如果其他国家也减，欧盟则可减少 30%，到 2050 年，欧盟要减 60% ~ 80%。欧盟希望以"气候牌"作为自身的"特色外交"，提升其在气候谈判中的影响力和号召力。"欧盟的积极性具有政治意味。在残酷的全球竞争环境中，欧洲经济的高度生态性负担已经越来越明显地制约欧洲的发展，所以他们希望迫使其主要竞争对手，首先是美国，也要提高类似的生态成本支出。对欧洲最有力的解决办法就是把它内部现行的生态标准扩散到全球其他地区，首先也是它的战略竞争对手美国，让它失去部分'生态竞争优势'。"①

事实上，欧盟在气候谈判中一直扮演着全球领导者的角色，占据着相当大的话语权。从气候变化的科学研究、气候变化的社会经济影响研究到气候政策制定实施、国际气候谈判的组织和引导，欧盟的领导作用发挥得淋漓尽致，获得了国际社会的广泛赞誉。当前国际上一些流行或通用的气候术语和标准大多出自欧盟。比如，1990 年减排基准年；2℃警戒线——全球变暖的幅度不能超过工业革命开始前全球平均气温 2℃；2020 年峰值年/转折年——全球温室气体排放总量在 2020 年达到峰值，此后就应该调头向下，到 2050 年时降低到 1990 年排放水平的一半左右，到 21 世纪末

---

① 陶正付：《气候外交背后的利益博弈》，《中国社会科学院研究生院学报》2009 年第 1 期，第 127 页。

实现零排放；"低碳社会"与"低碳经济"；"碳交易机制"与"全球碳市场"；等等。如今，这些原产于欧盟的新名词俨然已成为全球科学界、学术界、新闻界乃至气候谈判中的主流话语。《联合国气候变化框架公约》和《京都议定书》作为气候谈判中两个最重要的文献，也几乎全盘采用上述话语，大部分国家的公共媒体和各界精英也都是以这些概念作为讨论气候问题的基础。① 欧盟正是以这些话语强化了其在国际气候谈判中的地位，获得了国际社会的广泛认可，被誉为"国际气候谈判领导者的角色"。虽然，在哥本哈根会议上，欧盟的领导地位受到了来自美国的挑战，但是，欧盟并不甘心主动让出话语权。2010 年 3 月 9 日，欧盟发布了《后哥本哈根国际气候政策：重振全球气候变化行动刻不容缓》的政策文件，阐述了欧盟在后哥本哈根时代国际气候谈判的总体战略。该文件的出台体现了欧盟为推动国际社会尽快达成具有法律约束力的协议、促进全球加大应对气候变化力度的努力和意愿，也给沉闷的气候谈判注入了新的推动力。因此，该文件的出台在为欧盟赢得声誉和利益的同时，也提升了欧盟在国际气候谈判中的影响力。

2. 美国：收复话语权失地

美国作为当今世界唯一的超级大国，在大多数国际事务中占据主导地位。在冷战结束初期，美国对环保话语权的需求不大。1997 年伯瑞德 - 海格尔决议（Byrd-Hagel Resolution）给美国气候政策定的基调就是，如果发展中国家不承担温室气体减排责任，美国就不签署任何有关气候的协议；如果美国签署了气候协议，就必将影响美国经济的发展。这个决议也成为美国历届政府应对气候变化的纲领性文件。因此，在气候变化问题上，美国的态度是十分消极的，完全没有它在其他国际事务上的"大国风范"。在"京都会议"期间，美国在减排问题上坚决不退让，2001 年更是以各种理由公然地退出了《京都议定书》。在接下来的气候谈判中，美国几乎都是发达国家推卸责任的强硬代表，是"伞形集团"的出头鸟。其结果就是，美国的一意孤行、在减排上的不作为遭到了国际社会的指责，欧盟就顺势而为取得了气候变化问题的话语权。

---

① 王伟男：《国际气候话语权之争初探》，《国际问题研究》2010 年第 4 期，第 22 页。

但是，美国无疑是国际气候谈判中的重要一极，自然不甘心主导权旁落欧盟。其实，美国在减排问题上之所以表现消极，是因为它不愿意承担本应该承担的减排义务，也不满意现在的减排机制。所以，美国一直谋划公约框架之外的减排机制，如 2002 年推出了"温室气体减排强度方案"，2005 年推出了"亚太地区清洁发展与气候新伙伴计划"等，以此来表明在气候变化问题上，美国仍要争当世界的"领导者"，不能容忍欧盟主导气候变化议题。特别是奥巴马上台以后，为了改善美国形象，重新确立美国在国际气候谈判中的领导地位，实施"绿色新政"，在气候外交上频频出击，变被动为主动。在哥本哈根会议上，美国积极斡旋，显得十分活跃，抢夺了哥本哈根气候谈判的话语权和制定《哥本哈根协议》的主导权，使得气候政治博弈朝着美国期待的方向发展，让欧盟作为主办方显得非常被动，处境尴尬。哥本哈根会议见证了欧盟话语权的逐渐衰弱，美国在重新掌握气候谈判主导权方面迈出了关键性的一步。在坎昆会议上，美国更是主动出击，积极争取国际气候谈判主导权，最后也是在美国和"基础四国"的努力下，才达成了《坎昆协议》，欧盟逐渐成为美国阵营中的一个附和者。

3. 发展中国家：谋求话语权

西方发达国家凭借资金和技术优势，掌控着气候谈判的话语权，对发展中国家形成话语霸权。一方面，发达国家鼓吹发展中国家"环境威胁论"，认为发展中国家是全球气候变化的罪魁祸首，企图转嫁责任。另一方面，发达国家分化发展中国家，打压"新兴国家"。发达国家把发展中国家细分为"最贫穷国家""小岛屿国家""最脆弱国家"和"新兴国家"。发达国家要求新兴国家承担量化减排指标，美国政府就明确表示：中国、印度、巴西等新兴国家不减排，美国也不会减排；新兴国家的排放增量，使发达国家的减排没有意义。在哥本哈根会议上，欧盟力图将新兴国家定义为发达的发展中国家，主张限制发展中国家的发展空间。日本也提出建立包括所有"主要排放国家"按行业减排的协议，其目的是要求发展中国家量化减排指标。

面对发达国家在气候议题上的强势话语霸权，发展中国家要紧密团结，警惕发达国家的分化阴谋，积极谋求话语权。国际气候谈判一直被认为是发达国家集团和发展中国家集团之间的博弈，经过二十多年的博弈之后，发达国家集团越来越团结，而发展中国家集团的团结却受到严重的挑战。自哥本哈根会议之后，这种趋势就更加明显：发达国家的团结，是往前的团结，欧盟有向"伞形集团"靠拢的趋势，除了在减排目标这个问题上存在不同意见，在其他的议题上立场基本一致；而发展中国家的团结，是往后的团结，发展中国家内部出现了很多不和谐的声音，非洲国家集团、小岛屿国家、部分拉美国家有着明显不同的谈判立场。比如，小岛屿国家就要求国际社会采取更加严格的减排措施，提出升温不超过 1.5℃ 的共同愿景。当然，发展中国家作为一个整体，其共同的利益和共识是大于其差距和分歧的，团结的基石仍然牢固。发展中国家也只有团结起来，坚持"共同但有区别的责任"原则和"双轨制"，才能在错综复杂的气候谈判中发出自己的声音，才会有自己的话语权。自从哥本哈根会议以后，以中国为代表的"基础四国"成为国际气候谈判中的一极，"基础四国"的出现既是协调发展中国家谈判立场的需要，也是捍卫自身利益的需要。在当前的气候谈判中，"基础四国"发挥着越来越重要的作用。在哥本哈根会议、坎昆会议和德班会议上，正是"基础四国"的努力最终促使会议达成了协议，避免了气候大会无果而终的尴尬局面。代表着发展中国家声音的"基础四国"的出现改变了当前国际气候谈判的格局，是对发达国家主导气候谈判进程的抗议和抵制，显示了发展中国家在气候谈判中的作用，表明发展中国家在谋求气候谈判的话语权上取得了重大进展。

随着国际社会各种力量对气候变化问题的关注，气候博弈将进入一个新的时期。这个时期一个最突出的特点就是欧盟先前强势的话语权将遭到一定程度的解构，美国将重建自己的话语权，发展中国家开始谋求话语权。因此，在气候博弈中，围绕着政治话语权的争夺将会愈演愈烈。

二 经济主导权的博弈

如果说话语权的争夺是"软实力"的博弈，那么，经济主导权的博弈就是"硬实力"的争夺。话语权博弈的背后必然是经济利益、经济主导权的争夺。"政治权力不过是用来实现经济利益的手段"。①

1. 发达国家与发展中国家之间的经济主导权之争

自从启动气候谈判以来，发达国家与发展中国家围绕着温室气体减排问题争论不休，究其根本原因，就是减少温室气体的排放会抑制化石燃料的消费，而抑制了化石燃料的消费，就必然影响经济的发展。也正是因为如此，发达国家与发展中国家为了维护本国的经济利益，都不愿作出具体承诺。发达国家不仅自己不愿承诺，还要求发展中国家，特别是要求中国、印度等发展中大国承担减排义务，以此来减轻乃至推卸本国所应该承担的责任。这就使得各国关于温室气体减排之争，演变成各国为了维护国家经济利益之争，这一点充分体现在每一次的气候大会上。在京都会议上，一些发达国家提出发展中国家要"自愿"承诺减排，而美国则提出"主要的发展中国家"在温室气体排放控制中应"有意义地参与"。其实质就是要求中国、印度等发展中国家承担减排责任，后来更是以此为理由，退出了《京都议定书》。其实，美国是打着发展中国家不减排的幌子退出《京都议定书》的，其根本目的是维护美国经济利益的需要。美国当时减排的成本较高，小布什政府在审查美国气候变化政策之后提出了一份报告，在该报告中指出，实现《京都议定书》的减排目标对美国经济带来的潜在成本是到 2010 年时占到其国内生产总值的 1% ~2% ；如果美国不参加排放贸易，则占到国内生产总值的 4% 。这份报告还说，如果美国国内生产总值削减 2% ，则相当于 1970 年石油危机造成的损失；如果消减 4% ，将使美国经济"从强劲的增长走向衰退，对全球经济也会带来潜在的重大影响"。② 在哥本哈根会议上，发达国家又企图否定"共同但有区别的责任"原则，想方设法把发展中国家，特别是想把中国等新兴国家纳入减排之中。发达国家要求中国等新兴国家承担减排义务，其实质就是要掠夺新兴国家的未来温室气体排放空间，压制新兴国家的崛起，限制新兴国家的发展，这体现出典型的"只允许自己发展，不允许他人发展"的畸形心态。

---

① 《马克思恩格斯文集》第 4 卷，北京：人民出版社，2009 年，第 305 页。
② The White House, "An Analysis of the Kyoto Protocol", *Climate Change Review Interim Report*, June 11, 2001.

针对发达国家的打压，发展中国家进行了坚决的抗议和反对。发展中国家坚持"共同但有区别的责任"原则和双轨制，认为发达国家是气候问题产生的罪魁祸首，发达国家要承担主要责任。对于广大发展中国家来说，发展经济和消除贫困仍然是其压倒一切的任务。根据联合国环境署的统计，中国、印度、巴西和南非日生活费不足 2 美元的人口分别占36.3%、75.6%、12.7%、42.9%，在 2007 年的《人类发展指数》中分别排名第 92、第 134、第 75、第 129 位。[①] 所以，发展中国家为了发展经济、消除贫困，提高人民生活水平，能源消耗势必会增加。况且，美国碳排放总量占世界排放的 23%，而中国只占世界排放总量的 16%，印度是27%；美国人均历史排放温室气体的总量为 234 吨，中国只有 24 吨，印度就更低。[②] 即便是这样，发展中国家，特别是"基础四国"也在努力建设资源节约型、环境友好型社会，提高减缓和适应气候变化的能力。中国和印度还分别在 2007 年和 2008 年发布了《中国应对气候变化国家方案》和《气候变化国家行动方案》。可见，发展中国家虽然没有承诺减排的指标，但是已经有了实质性的行动，正在变气候谈判的压力为动力，开始向低碳社会转型，抢占低碳经济的制高点。

2. 欧盟与美国之间的经济主导权之争

在气候政治博弈当中，除了有发达国家与发展中国家之间的经济主导权之争以外，欧盟与美国为争夺经济主导权也展开了激烈的博弈。欧盟与美国表面上看是围绕减排指标的争论，实质上是对经济利益、经济主导权的争夺。

自从 20 世纪 80 年代以来，欧盟是世界公认的遏制气候变化的倡导者，不仅在理论研究、政策设计等方面扮演了积极的角色，而且不断地将这些理念投入具体的实践中，并与各国开展长期的沟通与合作。欧盟在关于气候变化的国际谈判中占据着主导地位，不断深化的欧盟气候变化政策

---

① Fang Rong, "Understanding Developing Country Stances on Post—2012 Climate Change Negotiations: Comparative Analysis of Brazil, China, India, Mexico, and South Africa", *Energy Policy*, Vol. 38, Issue. 8, p. 4586.

② 朱兆敏：《论碳排放博弈与公正的国际经济秩序》，《江西社会科学》2010 年第 4 期，第161 页。

对未来的国际谈判和世界经济产生了深远的影响。[①] 欧盟从战略高度出发改善欧盟内部的能源结构、转变生产方式，确保欧盟在未来经济发展中能够取得主导权。2005 年 1 月，欧盟启动了欧盟温室气体排放交易体系，这是国际上第一个最大的交易体系。2007 年，欧盟提出了气候—能源"20% - 20% - 20%"的发展战略目标，即到 2020 年将欧盟温室气体排放量在 1990 年基础上至少降低 20%；将能源消耗中可再生清洁能源比例提高到 20%；将欧盟的能源效率提高 20%。这个将气候问题与经济发展融为一体的综合战略目标的实现，无疑将大大提升和增强欧盟在国际经济领域的竞争力和影响力。[②] 2009 年，欧盟通过了将国际航空纳入二氧化碳排放交易体系的法案。该法案提出，从 2012 年 1 月 1 日开始，所有在欧盟境内机场起飞或降落的航班全程碳排放，都将纳入欧盟排放交易体系，也就意味着欧盟对航空业开征碳税。这将给美国和航空业急剧发展的发展中国家带来沉重的经济压力。与此同时，欧盟把目光瞄准低碳经济的发展，在《后哥本哈根国际气候政策》中提出了要使经济向低碳和气候适应型经济转变的战略目标，并大力促进低碳技术的发展。欧盟计划在 2015 年之前建造 10 ~ 12 个大规模的碳捕获和封存技术示范厂，并努力使碳捕获和封存技术在 2020 年左右运行商业化。[③] 可以说，欧盟在低碳经济及其相关领域的捷足先登，必将提升欧盟在未来经济发展中的影响力。

　　面对欧盟在国际经济发展中咄咄逼人的气势，作为世界政治经济霸主的美国当然不甘心看到自己被日益边缘化。奥巴马当选美国总统后，在气候变化问题上采取了比布什政府更为积极的政策。在对外政策方面，奥巴马政府开展气候外交，调整小布什政府的单边主义气候政策，以合作态度取代单边立场，以承担责任的态度取代敷衍推诿的作风，从而在一定程度上挽回了美国在气候谈判中被动的处境，受到了国际社会尤其是世界环保主义者的好评；在对内政策方面，奥巴马政府开发新能源，加大节能减

① 刘慧、陈欣荃：《美欧气候变化政策的比较分析》，《国际论坛》2009 年第 6 期，第 20 页。
② 肖兰兰：《对欧盟后哥本哈根国际气候政策的战略认知》，《社会科学》2010 年第 10 期，第 37 页。
③ 肖兰兰：《对欧盟后哥本哈根国际气候政策的战略认知》，《社会科学》2010 年第 10 期，第 38 页。

排。奥巴马指出："很显然，我们对化石燃料的依赖是 21 世纪我们国家安全一个最严重的威胁。""我们利用传统能源的方式助长了我们的敌对势力，同时也为威胁着我们的星球。"[1] 因此，奥巴马把气候变化视为影响国家安全的一个重要问题，把发展新能源视为美国领导世界的能力之一。2009 年 2 月，总金额达 7870 亿美元的《美国复苏与再投资法案》正式生效，新能源就是其中的主要领域。2009 年 6 月通过的《美国清洁能源法案》，规定美国有权对从不实施温室气体减排限额的国家进口能源密集型产品征收碳关税，把减排问题与国际贸易挂钩。应该说，奥巴马的"绿色新政"取得了一定成效，提升了美国的国际威望，重振了美国经济，达到了奥巴马在《国家安全战略》报告中所提出的目标："我们努力的核心是致力于复兴我们的经济，这才是美国实力的源泉。"

追求经济利益的满足是政治行动的先导，欧盟和美国作为全球的两个主要经济体必将围绕着气候问题展开激烈的经济博弈，抢占世界经济主导权。

三 伦理价值取向的博弈

政治话语权的博弈从表象上看是以话语为载体的博弈，但是，话语之所以会产生权力，关键还在于话语所包含的伦理价值观和意识形态等因素产生了影响力。因此，在政治话语权博弈的背后还隐藏着伦理价值取向的博弈。当前气候谈判的困境，既源于对不同利益的诉求，也源于对不同伦理价值取向的坚守和博弈。富裕国家强调效率与成本收益的平衡，关注减少温室气体排放所带来的北方国家经济成本的增加；而发展中国家则更愿意讨论过往排放的报应正义（retributive justice），以及技术和资金的分配正义以使人们能够适应气候变化，还有当前排放对当代人和未来世代的影响。[2] 具体而言，在气候博弈的过程中，大致存在两种不同的伦理价值取向：一是发达国家的目的论伦理价值取向，二是发展中国家的义务论伦理价值取向。

---

[1] 转引自夏正伟、梅溪《试析奥巴马的环境外交》，《国际问题研究》2011 年第 2 期，第 24～25 页。

[2] Jekwu Lkeme, "Equity, Environmental Justice and Sustainability: Incomplete Approaches in Climate Change Politics", *Global Environmenal Change*, 2003, pp. 195 – 206.

1. 发达国家的目的论伦理价值取向

目的论伦理价值取向认为目的的实现优先于权利的实现，目的达成与否是判断一个行为好坏的最终标准。从决策的层次上来看，一个政策的好坏也只能从结果来判断。换句话说，只要有助于目的实现的政策，就是一个好政策。因此，在应对气候变化的过程中，只要能实现解决气候问题的目的，就是非正义的减排指标也还是可以被正当化的。

发达国家在目的论伦理价值取向的支配下，气候谈判的立场主要集中在以下几个方面：一是主张同步减排。发达国家强调，气候问题既然是"全球性"的问题，那么每一个国家都有义务承担起自己的责任。基于此，发达国家提出不论是发达国家还是发展中国家都要参与减排，要采取同一套减排标准。如果发展中国家不参加减排，就违反了"公平的责任分担原则"。另外，发达国家根据科学模拟未来碳排放的发展趋势，发现到了2020年以后，发展中国家的碳排放总量将有可能超过发达国家，成为世界最大的碳排放源。因此，发达国家认为发展中国家不能再以过去的历史排放为由在减排问题上袖手旁观，而要承诺实质性的减排指标，特别是中国、印度等新兴大国更要承担减排任务。其实，这是发达国家逃避历史责任和历史性分配不均的借口，发达国家不注重过往的历史排放，认为"过去的已经过去"，实质上是违背了公平正义的原则。二是追求利润最大化。对高额利润的追求是资本存在的原动力，也是发达国家的最终目的。发达国家为了增加自己的利润，总是寻找成本最少的地方作为办厂与排放的地方。在发达国家已经严格控制了高污染、高排放的企业发展之后，发达国家就把这些污染企业转移到管控不是很严格的发展中国家，让发展中国家来承担发达国家经济繁荣所造成的污染，这是不公平的，也是不正当的。另外，追求利润最大化也成为发达国家用来合理化自身排放的依据。由于发达国家拥有先进的技术，它们国内生产总值的单位能耗要远远低于发展中国家。也就是说，发展中国家技术落后，能源利用率不高，国内生产总值的单位能耗要大。基此，发达国家认为如果只限制发达国家的排放而不限制发展中国家的排放，就等于在纵容发展中国家进行高排放。这种近似于浪费资源的生产方式不仅不利于气候问题的解决，也对世界经济造成了严重的危害。实际上，这是发达国家打着实现"最大多数人的最大幸福"的幌子，实施多数人权利对少数人权利的侵犯。功利主义的"最大多数人的最大幸福"理论，似乎是关注社会的整体福利，似乎是通过对社会福利总量的增加来达到对社会弱者的关心，因此，似乎具有某种仁慈的特质。事实上，功利主义完全有可能成为强者富人的伦理。因为它关注的是社会福利总量的增加，而不是社会福利的分配，所以隐含忽视社会弱者利益的可能，可能会导致多数人权利对少数人权利的侵犯。现在，发达国家也就是打着这么一个旗号，认为要解决气候问题，要减少碳排放，发展中国家也要承担强制性的减排任务。实际上，这是对发展中国家生存权与发展权的侵犯，因为消除贫困、发展经济还是许多发展中国家的首要任务。如果限制了发展中国家的排放，就是限制了发展中国家的发展，就是限制了发展中国家的生存，这显然是不正义的。正如康德所说，每一个人都是存在的目的，不能以社会整体利益为借口伤害个人的正当权益。

2. 发展中国家的义务论伦理价值取向

义务论伦理价值取向强调权利的优先性，任何个人乃至国家都不能侵犯他人天赋的权利。当权利受到侵犯时，权利人有权请求赔偿或者要求将损害回复原状。同时，政策的制定者不能只把焦点集中在政策结果的好坏上，还要考虑政策本身的"正当性"。减少碳排放可以治理气候问题，但是，如果减少碳排放的手段（政策）是不正当的，即使达到了治理气候问题的效果，这种行为还是不正义的。

发展中国家在义务论伦理价值取向的引领下，气候谈判的立场主要体现在以下几个方面：一是坚持"历史责任的观点"。发展中国家认为，今天的气候问题是发达国家自工业化革命以来大量地燃烧化石原料、过多地放排温室气体所造成的。大气中有70%～80%的温室气体，都是由发达国家排放的。因此，过去大量排放温室气体的发达国家，当然要承担善后责任。过去的作为已经影响到今天的处境，过去的行为必须体现在今天的责任分配上。进一步来说，如果生活水平和温室气体的排放之间成正比例的关系，那么温室气体排放越多，就越能获得更高的生活水平。每个人都有追求更高生活水平的权利，过度排放的发达国家无疑已经占用了发展中国家的排放空间，限制了发展中国家未来的发展。因此，限制排放的对象应该是发达国家，而不是发展中国家。发达国家欠下了发展中国家一笔

"生态债"（ecological debt）。因此，发展中国家坚持要求发达国家提供资金和技术援助，以偿还欠下的"生态债"。二是坚持有能力者承担原则，提出"减排的责任能力"问题。虽然气候问题是全球性的问题，是全人类的责任，但是并不是人人都有"能力"去承担这个责任。对于广大的发展中国家来说，特别是那些非洲最不发达的国家来说，消除贫困、发展经济是它们最紧迫的任务。如果要让那些温饱问题都解决不了的国家、生存都成问题的国家去承担减排任务，这显然是不正当的，也是不正义的。决定减排责任承担的最好方法，莫过于由最有能力的国家来承担起这个责任。资源拥有者无疑也要承担起这个责任。毫无疑问，发达国家不仅拥有雄厚的资金，还拥有先进的技术，它们应该承担起减排的责任。三是坚持平等参与的权利及程序正义。既然气候变化问题是全球性的问题，那就要实行全球治理，让发展中国家也平等地参与到气候谈判中来。如果发展中国家没有平等参与的权利，就会影响气候协议的正当性和公信力。在哥本哈根会议期间，在发展中国家不知情的情况下，媒体披露了由发达国家拟订的"丹麦文本"可能会成为会议的协议草案，这引起了发展中国家的强烈抗议，坚决抵制"丹麦文本"，因为这侵犯了发展中国家平等参会的权利，也违背了程序正义原则。因此，发展中国家除了在实体上要求排放的权利之外，也要求程序的正义性和结果的公平公正性。①

总的来说，发达国家立足于非历史的成本收益分析，着眼于目标的实现；而发展中国家采取权利本位的立场，用历史责任、补偿原则以及程序正义来诠释气候争议。事实上，在每一次气候谈判中，都隐藏着这两种伦理价值取向的坚守和博弈。

当我们揭示了气候博弈的实质之后，就能够真正理解为什么单一的气候问题会变成日益复杂的政治问题、为什么气候谈判会演变成气候博弈。那么，在人类只有一个地球的事实面前，作为万物之灵的人类如何发挥自己的聪明与智慧去突破气候博弈的困境，解决气候问题呢？这一问题值得我们去思考。

---

①　在写作这部分内容时，笔者受到了黄之栋、黄瑞祺所写论文《全球暖化与气候正义：一项科技与社会的分析——环境正义面面观之二》的启发，在此表示感谢！该论文发表在《鄱阳湖学刊》2010 年第 5 期，第 27 ~ 39 页。

第三章　气候博弈对伦理共识的诉求

面对着国家利益与全球利益、当前利益与长远利益的现实考量，国际社会的气候谈判已经陷入了困境之中，气候大会已经变成了利益的博弈场。是生存还是毁灭？（To be or not to be？）哈姆雷特的这句经典独白已经在拷问着各国的政府首脑们，这是必须要认真对待的问题。倘若人类打算继续生存下去（相信理性的人类也是这样打算的），就必须寻找到突破气候谈判困境的良策。那么，这个良策是什么呢？笔者认为，首先就是要在气候谈判当中达成一种伦理共识。当前气候谈判之所以会陷入困境之中，一个最重要的原因就是谈判各方分歧太大，缺乏伦理共识。没有伦理共识，气候谈判就难以进行下去，解决气候变化问题，就更是一句空话。当前人类面临的气候问题越来越严重，而国际社会的气候谈判迟迟达不成伦理共识，这本身就违背了伦理道德。事实上，气候政治博弈本身就蕴含伦理问题，伦理共识是博弈本身的内在结果。

第一节　伦理共识的图景

气候变化问题威胁人类的生存与发展，理性的人们是不希望看到人类因为气候问题而走向毁灭，所以世界各国在气候谈判中还是能够达成伦理共识。这也是每一次在联合国气候大会谈判即将无果而终的时候，世界各国却总是能够作出让步，签订气候协议，达成伦理共识的原因。

一　伦理共识的底蕴

霍布斯在《利维坦》一书中将共识描述为"一种所有人同所有人订

立的契约……就好比每个人都对另外一个人说：我授权这个人或者某些人并且将我的权利让渡给他们，让他们对我进行统治，条件是你也要将你的权利让渡出去并且对他们的所有行为进行授权"。① 陈真教授在其著作《当代西方规范伦理学》中，把共识称为"契约"，认为"契约"也就是共识。进而，他把西方契约论分为两条不同的线索：一个是从霍布斯到当代哥梯尔的自利契约论，另一个是从卢梭到斯坎伦的非自利契约论。两者之间的区别主要表现在它们对立约者的理性和动机的不同表述上。自利契约论认为制定契约（即道德规则）的各方是自利的理性主义者，这些自利的理性主义者从各自不同的立场出发，以理性自利为基础，通过基于各自利益的谈判，制定契约或达成共识。非自利契约论则认为制定契约的各方是道德上自由、平等的人，他们从某种共同的立场出发，基于某种公平性的理想或合作互惠的原则，达成契约或共识。② 事实上，共识理论在康德的思想中就有所体现。康德从个体层面关注自主理念，并从自主理念中推导出道德。康德认为，自主就是自己给自己立法，当然这个立法不是随意的、无章可循的，而是有标准的。这个标准就在于：自己的一种行为是否合宜，取决于大家是否都愿意这样。到了当代，康德式的自主理念从个体层面上升到了集体层面，这就是共识理论：道德规则不再是从个体的思维活动中引导出来，而是来源于所有社会成员的认同，道德规则体现了所有人的意思表示。康德的共识理论充分体现了自主理念这一核心原则。

那么，何谓伦理共识呢？所谓伦理共识，是指在经济全球化、利益诉求多样化的背景中，人类为了走出气候谈判困境、解决气候问题所寻求的具有普遍有效性的价值精神。这类价值精神以公平正义、平等对话为基本内容。伦理共识既是一种价值追求，又是一种现实活动的价值立场与实践态度。这种伦理共识不是从外部强加给世界各国的，而是世界各国在气候博弈中通过反思，自觉意识到的一种价值要求。按照伦理共识的哲学状态来划分，可将伦理共识划分为应然的伦理共识和实然的伦理共识。应然的伦理共识是指在形而上层面的气候谈判中应当具备的共识，而实然的伦理

① 〔英〕霍布斯：《利维坦》，黎思复、黎廷弼译，北京：商务印书馆，1997，第131页。
② 陈真：《当代西方规范伦理学》，南京：南京师范大学出版社，2006，第154页。

共识则是指在气候谈判中所表现出来的共识。一些人只看到了气候谈判中达成伦理共识的艰巨性，就断然地否定气候谈判中存在伦理共识，这是混淆了"应然"与"实然"的关系，现实的丑恶并不能掩盖理想的美好。作为两个重要的哲学范畴，如果不加区别的话，往往会导致两种错误倾向：一是用应然去否定实然，认为现实世界是一片黑暗，陷入空谈理想而放弃现实的迷茫中；二是用实然去否定应然，认为根本就不存在应然，将现实的不合理性当成应然的合理性，就如同黑格尔的著名判断"现实的都是合理的，合理的都是现实的"[1] 一样。如果人们对未来不抱有任何美好的期待，这也是十分危险的。正如，"真正的政治如果不先向道德宣誓效忠，它就会寸步难行"，[2] 这种宣誓效忠在气候谈判中就表现为：要解决气候危机，首先就必须达成一定的伦理共识。

当然，这种伦理共识不是既有的约定，也不是少数思想家的发明，而是人类历史发展进步的历史必然性的体现。伦理共识的达成并不是凭空产生的，而是有其深厚的文化思想资源。这些文化思想虽然表现各异，但是，"大多数民族都会有共同的风俗和感情"。[3] 可见，在人类不同文明的发展历程中，还是会有共性和相合相融之点。比如，"道德金规"在不同文化传统中就普遍存在。根据基督教伦理的要求，人们习惯上把那些据信为"绝对无疑的"道德原则称为"金规则"。孔汉思和库舍尔都认为，不仅各种文化中有金规则，而且这些在历史中各自独立地自发生成并且以不同方式表达出来的金规则在含义上"都惊人相似"，几乎可以说其逻辑语义是完全一致的。当代著名哲学家和伦理学家查尔斯·泰勒就指出，至少有三种"轴心式的"基本道德价值是每一种文化都具有的，它们是：①尊重他人和对他人的义务；②对生命意义的充分理解；③人的自我尊严。[4] 在传统的金规则当中，最典型的是孔子原则和基督教的伦理规则。孔子的正面说法是："己欲立而立人，己欲达而达人。"其反面说法是：

---

① 参见田文利《国家伦理及其实现机制》，北京：知识产权出版社，2009，第182页。

② 〔德〕康德：《历史理性批判文集》，何兆武译，北京：商务印书馆，1990，第139页。

③ 〔法〕伏尔泰：《风俗论》，谢戊申译，北京：商务印书馆，1995，第28页。

④ Charles Taylor, *Sources of the Self —The Making of the Modern Identity*, Mass. Harvard University Press, 1989, p. 16.

"己所不欲，勿施于人。"基督教伦理规则的正面表述是："你若愿意别人对你这样做，你就应当对别人也这样做。"其反面表述则是："你若不愿意别人对你这样做，你就不应当对别人这样做。"可见，金规则表达的是一种公正的理念，这种公正的理念是对"如何对待他人"这一问题的理性回答。[①] 正如哲学家米尔恩和宗教学家孔汉思所说："每一个人都应当得到人道的待遇。"这是最基本也是最普遍的伦理要求，也是普遍存在的"金规"体现。虽然"金规"从近代以来就有了新的发展，比如：康德从人的自由本质出发，确立了人是目的这一"绝对命令"的最高原则，使"金规"作为道德原则获得了它的最高发展形式，即"绝对命令"便是"理性"版本的"金规"，但是"金规"中所蕴含的宽容精神、平等精神和理性精神没有变。[②] 不同文化中的"金规"都蕴含某些能达成伦理共识的因素，这是世界各民族创造的积极成果，这些积极成果为伦理共识的达成提供了有益的思想资源，提升了伦理共识达成的可能性。

达成伦理共识可能性的提升也进一步增强了人们对伦理共识的可知论信念、克服了共识论的虚无主义，把人们从伦理共识的怀疑论中解放出来，寄托了人类在气候危机面前不至于绝望的希望，增强了人类应对气候变化的信心和决心。

二　伦理共识的实质

其一，这种伦理共识是自主认同的共识。"认同"这一概念首先在社会学领域中使用，并很快在其他学科领域得到发展和应用。从基本含义上来看，认同包括个体层面和社会层面的含义。从个体层面来说，认同是指个人对自我的社会角度或身份的理性确认，是"个体依据个人的经历所反思性地理解到的自我"。[③] 从社会层面来说，认同是社会成员对一定信仰和情感的共有与分享，它是维系社会共同体的内在凝聚力。正如涂尔干

---

① 赵汀阳：《论道德金规则的最佳可能方案》，《中国社会科学》2005 年第 3 期，第 71～73 页。
② 高扬先：《走向普遍伦理——普遍伦理的可能性研究》，南昌：江西人民出版社，2000，第 3 页。
③ 〔英〕安东尼·吉登斯：《现代性与自我认同》，赵旭东、方文译，北京：三联书店，1998，第 275 页。

所说："社会成员平均具有的信仰和感情的总和，构成了他们自身明确的生活体系，我们可以称之为集体意识或共同意识。"[1] 可见，认同对于个体的生命活动及社会共同体的存在和发展都是极为重要的。在全球化的过程中，不管是个体层面的认同还是社会层面的认同，都表现出了两种不同的形式：一是强制性认同。所谓强制性认同，是指西方国家凭借其政治、经济和科技等方面的强大优势将非西方国家强行纳入其价值体系。这一认同形式在近代得到充分的体现，表现为资本主义的全球性扩张和世界性的发展。马克思恩格斯在《共产党宣言》中深刻地揭示了近代以来认同的强制性。"资产阶级，由于一切生产工具的迅速改进，由于交通的极其便利，把一切民族甚至最野蛮的民族都卷到文明中来了。……它迫使一切民族——如果它们不想灭亡的话——采用资产阶级的生产方式；它迫使它们在自己那里推行所谓的文明，即变成资产者。一句话，它按照自己的面貌为自己创造出一个世界。"[2] 如果说在近代全球化的过程中西方国家是通过殖民化的方式来实现对非西方国家的强制认同，那么在当代的全球化过程中它主要是通过市场化的方式来进行。人类生活的一切有用之物都成为市场追逐的对象，当非西方国家被卷入市场化轨道的时候，也就意味着被强制性地纳入了西方资本主义国家的价值体系。二是诱导性的认同。当强制性认同受到阻力的时候，诱导性认同就成为一种重要的认同形式。所谓诱导性认同，是指西方国家在全球化过程中，极力鼓吹它们所谓的民主、自由、人权的价值理念，并向非西方国家渗透，诱导非西方国家接受。应当看到，在和平时代，诱导性认同是西方国家输出其价值理念的一种重要认同形式，是一种"超越遏制战略"。可见，不管是强制性认同还是诱导性认同，都是建立在西方中心论的基础上，都是力图把西方的价值理念普世化，在本质上是强势文化对弱势文化的"同化"或征服，产生的是伦理认同上的单一化和霸权主义。

但是，气候谈判中所达成的伦理共识是以文化差异、利益差异为前提并尊重差异的，是国际社会通过对话、协商达成的，因此是一种自主认同

---

[1] 〔法〕埃米尔·涂尔干：《社会分工论》，渠东译，北京：三联书店，2000，第42页。

[2] 《马克思恩格斯文集》第2卷，北京：人民出版社，2009，第35页。

的伦理共识。这种自主认同的伦理共识是国际社会在应对气候变化过程中共有的价值取向，是维系国际社会和谐有序的伦理基础，并通过共同体成员的观念和行为而成为各个民族和国家伦理认同的内在依据。自主认同反对霸权主义，坚持民族平等，尊重不同民族和国家的利益差异、文化差异。只有尊重差异，才能推动气候谈判向前发展。"（我们）所要扬弃的对象，一是固守传统的狭隘民族主义，二是极端反传统的民族虚无主义。面对全球化的冲击，'越是民族的，越是世界的'的逻辑很可能成为民族主义的一面理论旗帜；而对于传统的过分抽象的理性追究，则是导致民族虚无主义的重要原因。"① 在气候谈判中，只有尊重民族、国家的利益差异和文化差异，才能减少伦理冲突，达成真正意义上的伦理共识。

其二，这种伦理共识是"和而不同"的共识。现代人类处于一个价值差异、价值多样化的时代，是一个"道为天下裂"的时代。正如马克斯·韦伯所说："我们处于一个祛魅后的诸神不和的时代。"② 在这么一个时代里，存在各种"互竞的道德观念"。这些"互竞的道德观念"之间存在如罗尔斯所说的"重叠共识"。③ 这种"重叠共识"关系类似于中国古人所说的"和而不同"的关系。④"和而不同"是我国古人在价值问题上确立起来的智慧理念。"和而不同"的本义，是在区分普遍与特殊的基础上，强调在真正普遍性的层次上，多元主体之间要力求保持建设性和协调性（"和"）；而在其下具体性、特殊性的层次上，则要保持主体自己的独立性与个性（"不同"）；力求使两者之间达到一种自由的和谐。⑤ 事实上，"和而不同"的伦理共识就是差异性的伦理共识。差异性共识在是伦

---

① 樊浩：《应对"全球化"的价值理念及其道德教育难题》，《教育研究》2002年第5期，第31页。
② 转引自何怀宏《哪些差异？何种共识？》，《武汉科技大学学报》（社会科学版）2010年第5期，第1页。
③ 所谓"重叠共识"，是指这种政治的正义观念是为各种理性的然而对立的宗教、哲学和道德学说所支持的，而这些学说自身都拥有众多的拥护者，并且世代相传，生生不息。参见〔美〕罗尔斯《作为公平的正义——正义新论》，姚大志译，上海：上海三联书店，2002，第55页。
④ 高兆明：《关于"普世价值"的几个理论问题》，《浙江社会科学》2009年第5期，第53～58页。
⑤ 李德顺：《怎样看"普世价值"？》，《哲学研究》2011年第1期，第8页。

理共识的存在前提。越是有差异，就越需要共识。共识以差异为前提和基础，没有差异也就无所谓共识。共识是差异的补充、升华而非替代，伦理共识也不意味着对伦理多元的简单否定。不同利益诉求的存在，呈现价值多元、冲突状况，但差异并不意味着分离，而是共享与互利中的协调，本质上是"和而不同"。① 因此，在气候谈判过程中，伦理共识的达成过程是一个"求同存异""和而不同"的对话过程，这就是说在对话中形成的伦理共识并不排斥伦理道德上的分歧。差异也并不只是一种消极的因素，差异是在与同一的对比中显示出来的。正如黑格尔所说，没有差异，就无所谓同一，反之亦然。气候谈判中的伦理共识是在多元互异的谈判政治主张中求"同"，寻求不同政治主张的伦理相容性。

在认识到气候谈判过程中所达成的伦理共识应该是"和而不同"的时候，还要警惕达成伦理共识过程中所出现的"和"与"同"不分的情景：要么"以同代和"，要么"因不同而不和"。例如，在气候谈判中，西方国家凭借其在政治、经济上的优势占据谈判的话语权，处于主导地位，一些人就将西方国家的谈判主张等同于伦理共识，这是"以同代和"的简单化和片面化的思维和立场；另一种态度则是只坚持自身的国家利益，拒绝乃至否定伦理共识的存在，显然，这是走向了气候谈判的"因不同而不和"的简单化和片面化。毋庸置疑，这两种对待伦理共识的极端态度的后果，必定是殊途同归的：不利于气候问题的解决，难以走出气候谈判的困境。现代社会是一个"多"与"一"，"同"与"异"既对立又统一的社会。我们所达成的伦理共识无疑是要站在"一"与"同"的一面，而不是要抹杀"多"与"异"。因此，这种伦理共识不是绝对意义上的普遍赞同，而只是获得了一种大多数意义上的普遍认同，是"求同存异""和而不同"的伦理共识。

其三，这种伦理共识是最低限度的共识。在气候谈判中，所达成的伦理共识作为一种价值学说，并不是谋求单一的世界价值标准的霸权地位，不是排斥各个民族国家利益的强迫性价值体系，也不是某种形式的统一的世界性意识形态。它只是通过平等对话和商谈，由最大多数人共同认可并

---

① 沈湘平：《反思价值共识的前提》，《学术研究》2011 年第 3 期，第 6 页。

接受的一种"基本伦理共识",即"底线伦理共识",也是一种最低限度的伦理共识。气候谈判中所达成的伦理共识要让世界各国普遍接受,就必须是最低限度的。这是因为,一方面,高层次的伦理共识会由于各民族国家的立场不同而存在巨大的利益差异,所以越高的伦理要求就越难达成共识;另一方面,这种最低限度的伦理共识是人类共同承担道德责任、共同解决全球性气候变化问题的道德期待和伦理努力,过高的伦理共识无法实现,反而会造成伪善的负面影响。当然,我们所达成的伦理共识虽然是最低限度的共识,但是并不意味着它就是封闭的、固定不变的,相反,它是一种开放性的伦理共识。正如孔汉思所说:"它不是要反对任何人,而是要邀请所有的人,信教者和不信教者,一起来把这种伦理化为自己的道德,并且按照这种伦理去行动。"① 首先,这种开放性表现为它是在宽容基础上的公共理性化方式,是低限度的普遍化方式,是一种"最起码的最大化方式"(罗尔斯)。这种最起码的普遍化方式既可以反映出世界各国在气候谈判中利益的多元差异性,又可以体现平等对话的伦理精神,反映了对人类共同道德责任的关切和承诺。其次,这种开放性还表现为对更高伦理目标的追求。因此,立足于最起码层面的普遍化的伦理共识并不排除在气候谈判中达成更高伦理共识的可能,不会封闭人类对达成较高伦理共识的价值期待。正如斯威德所说:"我们每一种宗教和伦理传统都不会满足于最低标准,虽然这些标准至关重要;恰恰相反,由于人类在永不休止地超越自身,我们的诸传统还提供了可供努力争取的最高标准。"②

我国著名学者汤一介先生也认为,寻找不同民族文化在伦理观念上的某些"最低限度共识"无疑是很有意义的事情,而且在不同文化传统中一定可以找到某些伦理观念的"共识"。并且,他进一步提出,要在伦理观念上取得某种"共识"就必须克服思想上的两种不良倾向:一是文化上的霸权主义。伦理共识应该以承认和接受多元文化为前提,充分尊重各个民族甚至各个人的多样性和差异性,尊重人类文明的差异性,要反对文

---

① 〔德〕孔汉思、库舍尔:《全球伦理——世界宗教议会宣言》,何光沪译,成都:四川人民出版社,1997,第2页。
② 〔德〕孔汉思、库舍尔:《全球伦理——世界宗教议会宣言》,何光沪译,成都:四川人民出版社,1997,第157页。

化上的霸权主义。二是文化上的相对主义。我们应该可以看到，在不同文明和不同民族文化传统中，事实上存在一些伦理观念的一致性，存在对某些伦理观念解释的一致性。因此，我们必须承认在某些伦理观念上有某种客观标准，为此我们要反对在伦理观念上"公说公有理，婆说婆有理"的文化上的相对主义。①

第二节　达成伦理共识何以必要

德国诗人荷尔德林呼唤："人类，诗意地栖居于这片大地。"但是，现在人类这一美好的愿望正逐渐变得遥不可及。因为在现代化的进程中，人类在功利主义的引领下，以不计后果的方式征服自然，造成了人与自然关系的日趋恶化。现在的人类已经生活在一个充满风险和不确定性的"失控的世界"，遭遇了"危机综合征"。美国学者贾雷德·戴蒙德曾经说过，在人类历史上，当一个社会面对复杂的环境问题而无法作出正确的应对和决策时，往往会走向崩溃。为了安然地面对这么一个"失控的世界"，人类必须首先在伦理道德上达成应对各种危机的共识，否则，人类将毁在自己创造的文明之中。

一　气候谈判彰显伦理共识的价值性

在科学技术迅猛发展的今天，人类面临许多重大挑战，但可能只有两大挑战真正会使人类社会走向历史的终结：一是核武器，二是人类活动自身所造成的环境问题。自工业革命以来，人类社会的发展一路高歌猛进，人类在祛魅自然的过程中，在"主客二分"理念的支配下、在"上帝死了"的叫嚣声中、在"人为自身立法"的鼓动下，挥起了征服自然之剑，走向了征服自然的不归之路，从而陷入了"寂静的春天"。"物质革命带来了惊人的变化，把现代与过去的所有的时代分割开来。由于这些变化，人类确实一下子获得了意想不到的知识和力量。可是，人类陶醉于这种成就，认为这正是万物的中心的证明。……人们还过多地滥用和浪费这种力

---

① 万俊人：《寻求普世伦理》，北京：北京大学出版社，2009，第 2 页。

量和智慧。人类愈是扩大自己的知识和力量，其危险的程度愈大。"① 难怪美国学者不由地感叹道："文明人跨越过地球表面，在他们的足迹所过之处留下一片荒漠。"② 无理性的经济发展换来的是一个"濒临失衡的地球"，各种生态灾难、生态危机层出不穷，其中最为严峻的是气候问题。关于气候危机的严峻性可以参见绪论中第一节的内容，笔者重点阐述了气候变化的现实危情，气候变化造成了人类的生存危机、发展困境和安全风险。气候危机不仅关涉人类的生活环境，而且更深层地危及人类的生存和发展。应该说，解决气候危机问题已经成为全人类的共识，世界各国都认识到解决气候危机问题的重要性和紧迫性，故此，联合国每年都召开气候大会来商谈应对气候变化的对策。但是，在如何去解决气候危机问题方面，国际社会的气候谈判仍然没有达成一个伦理共识。

面对着这么一个全人类的灾难性问题，世界各国只考虑本国利益的小善，而置全人类利益的大善于不顾，气候问题迟迟得不到解决，这本身就是不合理的、是不符合伦理的。伦理的目的是要让人们过上好的生活、善的生活。正如亚里士多德所说，"善"或"好"作为一种根本的价值目标，既是"城邦—国家"的政治追求，也是个人的美德追求，前者体现的是国家作为政治共同体的政治之善，而后者体现的是个人的美德之善。由于"城邦—国家"是每一个"自由民"生存和发展的基础，所以在价值等级秩序上，城邦的大善要优先于个人的美德之善。如果把这一价值等级秩序引申到解决气候问题上来，就是全人类的大善要优先于各个国家的小善，只有实现了全人类的大善，各国的小善才能得以保障，这才合乎伦理道德。但是，现在国际社会气候谈判中所出现的情况却与之相反，世界各国在进行利益考量时，都优先考虑本国利益的小善，本国利益的小善优先于全人类利益的大善。历届气候大会谈判的焦点之所以难以调和，就是因为世界各国只看到了本国利益的小善。所以，气候冲突不断，气候问题一直得不到解决。当然，在这一过程中也要防止某些国家打着"谋求全

---

① 〔日〕池田大作、〔意〕奥锐里欧·贝恰：《二十一世纪的警钟》，卞立强译，北京：中国国际广播出版社，1988，第158页。

② 〔美〕弗农·基尔·卡特、〔美〕汤姆·戴尔：《表土与人类文明》，庄峻、鱼姗玲译，北京：中国环境科学出版社，1987，第1页。

人类利益"的大善的旗帜去侵犯国家利益的小善，不能为了全人类利益的大善而牺牲国家利益的小善。依靠牺牲国家利益的小善去谋求全人类利益的大善，这种做法是不可取的，终究会导致国际社会的冲突。其实，全人类利益的大善与国家利益的小善并不是一种外在或然关系，而是一种内在必然联系。小善应该内在于大善之中，大善的实现是通过一个个具体的小善的实现而得到满足的，当然，大善的实现也必将促进小善的实现。不处理好大善与小善的关系，气候问题就肯定得不到解决，气候危机也会越来越严重，从而导致人类不仅过不上好的生活、善的生活，而且生存都成为问题，这就是对伦理的违背，是不合理的。

　　气候问题一直得不到解决，不仅是因为世界各国把本国的小善和全人类的大善本末倒置了，而且还有另外一个重要原因，就是国际社会在应对气候变化过程中迟迟达不成一定的伦理共识。当前的气候危机已经非常严重，现实的危情迫切要求国际社会达成伦理共识，全世界的人民也都期盼着国际社会达成伦理共识，可政治家们还在讨价还价，争吵不休，迟迟不能达成伦理共识，这本身就是非正义的、是不合乎伦理道德的，这种做法所形成的解决气候问题的政治方案也肯定是缺乏正当合理性的，是不能让世界各国人民满意的。既然解决气候问题的政治方案缺乏正当合理性，那么这种方案就肯定无益于气候问题的解决。所以，国际社会在气候谈判中所形成的任何解决气候问题的政治方案都必须接受伦理道德的考量，考量其正当合理性。也就是说，在形成解决气候问题的政治方案之前，还必须首先达成一定的伦理共识，伦理共识要优先于气候谈判的政治技术方案，伦理共识能够保证谈判结果的合理性。

　　为什么这么说呢？政治的合理性在于其道德的合理性。在气候危机面前，国际社会的伦理共识是大善、是首善，能够担保气候谈判的顺利进行，有利于气候问题的解决。伦理共识关注的是大善，而具体的气候谈判政治技术方案关注的是小善，大善要优先于小善。因此，只有在一定的伦理共识的基础上，才能形成具有正当合理性的解决气候问题的具体政治方案。没有伦理道德上的共识，就无法形成具有政治合理性的谈判结果，也就无益于气候问题的解决。国际社会二十多年曲折、艰辛的气候谈判历程也证实了伦理共识在谈判中的重要性，说明了伦理共识在政治决策中的价值。实际上，这也说明了政治不能疏远道德更不能背离道德。政治不是"价值无涉"，政治不能没有基本的价值立场和道德取向，"无道德的政治"是不可能的。正如柏拉图所说，既然整个世界是一个由"善"的理念所统辖的秩序井然的体系，那么掌握了"善"的知识的人（哲学家）就应该成为国家的领导者，并且智慧、勇敢、节制和正义是理想国中的"四德"，从而把个人的美德转变成政治的美德，实际上体现了理想国是一个政治与伦理道德相结合的国度。其后，康德关于"道德的政治"和"道德的政治家"的学说、黑格尔对"国家的神圣性"的理解、马克思关于国家意识形态的价值学分析等，都坚持了政治与伦理道德相结合的理解路径。① 政治是有道德的，任何政治都存在基本的价值向度问题，都要接受伦理道义的考量，考量其道德合理性。现代社会的政治应该是"有道德的政治"，气候政治也应该是有道德的政治，气候问题的解决不仅需要技术型的政治解决方案，也需要伦理道德的规范协调。可见，伦理共识将是应对气候变化的不可或缺的政治美德，否则应对气候变化的政治方案的正当合法性就成了问题。

事实上，在当前的气候谈判中，国际社会的利益纷争和伦理价值冲突非常激烈，既有发达国家与发展中国家之间的利益纷争和伦理价值冲突，也有发达国家内部甚至发展中国家内部的利益纷争和伦理价值冲突，可以说是陷入了"诸神不和"之中。面对着"诸神不和"的现状，如果没有共识性的伦理道德资源，人类将会生活在冲突、无序、混乱之中。利益的分化和价值的分裂已经威胁着国际社会秩序的稳定，但是维护社会的稳定和有序无疑是人类社会永恒的追求目标。从柏拉图的"理想国"、亚里士多德《政治学》中的理想政体、阿奎那的"上帝之城"到霍布斯的"利维坦"、康德的"道德理想国"、黑格尔的"理想王国"等，都是探求社会稳定有序的先行者。因此，在"利益分化"和伦理价值冲突的气候谈判中，达成一定的伦理共识，无疑将有利于协调各种复杂的利益关系，化解多元价值的冲突，从而维护国际社会的稳定有序，推进气候问题的顺利解决，彰显伦理共识在应对气候危机中的价值。

---

① 万俊人：《政治伦理及其两个基本向度》，《伦理学研究》2005 年第 1 期，第 6 页。

历史经验告诉我们，只有在社会本身的生存遭到威胁的时候，人们才有可能形成一定的伦理共识，采取共同行动。在深沉的反思、道德的启蒙、情感的召唤均不足以改变人类行为方式的时候，"在智慧与政治理解不能起作用的地方，或许恐惧感可以奏效"（约纳斯）。面对气候变化的现实危情，为了避免同归于尽的气候灾难发生，世界各国必须行动起来，首先达成一定的伦理共识。在达成伦理共识的基础上，寻求解决气候问题的政治方案，这是必要的也是必需的。事实上，在气候博弈的过程中，也有走向伦理共识的必然性。

二　博弈走向伦理共识的必然性

在当前的气候谈判当中，世界各国为什么要博弈，博弈的最终目的是什么？显然，世界各国都不愿看到人类因为气候问题而走向毁灭，博弈的最终目的还是希望在解决气候问题上能够达成一定的伦理共识。可以说，伦理共识也就蕴含在博弈当中，博弈必然会达成伦理共识。

所谓博弈论，其英文为"game theory"，又称对策论。在英文中"game"是人们在遵守一定规则的前提下，以"赢"为目的的活动。从理论上来说，博弈论是指一些个体、团体或其他组织，面对一定的环境条件，在一定的规则约束下，依据所掌握的信息，同时或先后，一次或多次，从各自所允许选择的行动或策略中进行选择并加以实施，从中取得相应结果或收益的过程。[①] 博弈的双方或者多方并不是势不两立的敌人，而是互存疑虑和分歧的伙伴。因此，对博弈的双方或者多方来说，寻求一个双赢的结果是他们共同的目标。比如，在气候谈判过程中，温室气体的减排就是一个讨价还价的过程，发达国家与发展中国家之间除了存在利益分歧之外，寻求气候问题的解决、促进人类社会的可持续发展才是其共同利益之所在。正如孙子所说，在国家利益冲突中，最佳的决策并不是一方将另一方消灭，而是求得长治久安，避免两败俱伤的局面。"凡用兵之法，全国为上，破国次之；全军为上，破军次之……是故百战百胜，非善之善

---

① 谢识予：《经济博弈论》，上海：复旦大学出版社，1997，第3页。

者也。不战而屈人之兵，善之善者也。"① 因此，为了人类共同生存下去，国际社会在经过激烈的气候博弈之后，就必然会达成一种伦理共识。接下来，笔者通过具体分析"囚徒困境"来阐释这个问题。

"囚徒困境"是一个非常典型的博弈，其讲述了这么一个故事：警察抓到了甲、乙两名合伙犯罪嫌疑人，然后把他们置于不同的房间里审讯。对于每一个犯罪人，警察给出的是相同的政策。如果两个人都保持沉默（相关术语称互相"合作"），因无法获得他们的犯罪证据，他们就有可能接受较轻的处罚，比如被判入狱 1 年；如果他们当中的一个人坦白（相关术语称"背叛"），那么坦白者就将被释放，而另一个人将面临 10 年的刑罚。如果两个人都坦白（互相"背叛"），那么，两个人都会被判 5 年的刑期（见表 3 - 1）。

表 3 - 1 "囚徒困境"博弈

情形	乙沉默（合作）	乙认罪（背叛）
甲沉默（合作）	甲 1 年；乙 1 年	甲 10 年；乙 0 年
甲认罪（背叛）	甲 0 年；乙 10 年	甲 5 年；乙 5 年

资料来源：何一鸣《国际气候谈判研究》，北京：中国经济出版社，2012，第 63 页。

那么，囚徒会选择哪一种策略来使自己的刑期降到最短呢？如果两个囚徒都保持沉默，也就是合作，他们只会被判 1 年刑期。但是，事实上，这种情况在现实生活几乎不可能存在。因为作为理性的个人，每个囚徒都会选择坦白，也就是背叛，从而希望接受较轻的处罚。如果对方保持沉默，背叛方就可以立即释放，即使双方都背叛了，他也不会被判 10 年刑期，而只是 5 年刑期。显然，博弈双方的最优理性战略都是背叛。但是，如果每个人都选择背叛，出现的就是双方收益最差的纳什均衡结果，也就是各判 5 年刑期。这就是说，每一个人都知道背叛对自己最有利，但是如果每一个人都这样做，反而导致了一种最差的纳什均衡。这就说明，个体的理性不会必然地导致集体理性的出现。

当前国际社会围绕着减排责任分担的气候谈判大会就是一个典型的

---

① 《孙子兵法·谋攻篇》。

"囚徒困境"博弈。谁先减排、谁减得多，谁就吃亏，不减排者反而能够通过"搭便车"获得更多的利益。每一个国家都想让别的国家多承担减排责任，自己承担小部分责任。这样既可以享受全球减排带来的利益，又可以保证本国经济发展的优势。如果每个国家都这么想，都这么做，气候问题肯定解决不了，气候冲突也会不断产生。这就是所谓的谁都想占便宜，但是最终的结果是谁都占不到便宜。事实上，在日益严重的气候危机面前，作为理性的国家、理性的个体，绝对不会作茧自缚，经过持续重复的博弈，讨价还价之后，还是会作出让步，达成一定的伦理共识，为形成解决气候问题的政治技术方案提供道义的支撑，从而突破气候谈判的"囚徒困境"。王小锡教授也指出，"囚徒困境"是建立在信息不对称、竞争中的非合作性和"生人圈"背景这三大假设的基础之上，并认为以集体理性代替功利的计算的个人理性、以合作精神介入理性竞争、坚持道德人与经济人的统一是走出"囚徒困境"的三大路径。[1] 在京都会议上，在发达国家减排目标的初始方案中，俄罗斯和乌克兰的减排指标都是5%，其他东欧国家是8%，这样，这些国家的总体减排量要超过6%。不幸的是，后来俄罗斯代表团接到政府不接受任何减排义务的指示，原因是俄罗斯的经济遭受了1997年亚洲金融危机的严重打击。俄罗斯态度的转变导致了一系列连锁反应，东欧一些国家纷纷放弃原先的减排计划，波兰和匈牙利从8%降到6%，克罗地亚降到5%。幸好其他国家坚持了8%的减排计划。[2] 最后，在讨价还价中，会议通过了《京都议定书》。该议定书规定发达国家在2008~2012年二氧化碳等6种主要温室气体排放量平均要比1990年的水平减少5.2%，其中欧盟减8%，美国减7%，日本和加拿大各减6%，东欧各国减5%~8%，俄罗斯、乌克兰、新西兰维持零增长；发展中国家没有减排义务。由此可见，要达成一个有效的减排协议，寻求部分的退让、妥协是不可避免的。这是因为，从一定意义上讲，谈判就是谈判各方都愿意在作出一定让步的情况下，进行各方利益的让渡与交

[1] 王小锡：《经济道德观视域中的"囚徒困境"博弈论批判》，《江苏社会科学》2009年第1期，第226~231页。

[2] Axel Michaclowa and Tobiaskoch, *Critical Issues in Current Climate Policy*, HWWA-Report, No. 194, 2004.

换。这也说明，在博弈中，总会有退让、有妥协，因为世界各国还要"共同规避困境"，要生存下去，既然是这样，那么在博弈当中就必然会达成一定的伦理共识。

同时，当前气候谈判之所以会出现"囚徒困境"的现象，就是因为在利益面前，世界各国的谈判立场存在差异和冲突。事实上，在现实生活中，越是有冲突，就越需要寻求伦理共识，需要通过伦理共识来化解冲突，以避免共同的灾难。正如何怀宏所说，在当今世界上，愈是承认和尊重差异，也就愈是要寻求共识。差异是事实，而共识也有其存在的客观根据。① 这个客观根据是什么呢？那就是对立统一的规律。

对立统一规律又称矛盾规律，其理论贯穿于哲学思想发展的全过程。古希腊哲学家赫拉克利特认为一切都是经过斗争产生的。中国先秦时期的老子提出了相反的事物相互依存的辩证关系，指出事物都是"有无相生，难易相成，长短相形，高下相倾，音声相和，前后相随"。同时，也指出了矛盾的双方相互转化是一种普遍现象："曲则全，枉则直，洼则盈，敝则新，少则得，多则惑，弱之胜强，柔之胜刚。祸兮，福之所倚；福兮，祸之所伏。"② 儒家经典《易经》用阴和阳两种对立力量的相互作用解释事物的发展变化。康德认为，理性内在地包含矛盾，这种矛盾既不是可以纠正的逻辑错误，也不是来自感觉经验中的假象，而是理性在进行认识活动时必然产生的。黑格尔以"绝对精神"的唯心主义方式系统阐释了对立统一的思想，认为矛盾是支配一切事物和整个宇宙发展的普遍法则。马克思主义批判地改造和汲取了哲学史上特别是黑格尔的合理思想，深入地揭示了对立统一规律，并进行了科学的论述。辩证矛盾是反映事物内部互相对立的方面之间又斗争又同一的关系的哲学范畴。矛盾有两种基本属性，即对立性（斗争性）和统一性（同一性）。矛盾的对立性是矛盾双方或多方相互排斥的性质，即互相反对、互相限制的性质；而矛盾的统一性是指对立面之间相互吸引、相互结合的趋势。矛盾的对立性和统一性是互相联系、不可分离的。对立中有统一，统一中有对立；对立是统一中的对

---

① 何怀宏：《哪些差异？何种共识？》，《武汉科技大学学报》（社会科学版）2010年第5期，第1页。

② 《道德经》。

立，统一是对立中的统一。割裂对立与统一的关系，即仅仅看到对立而否定统一，或者仅仅看到统一而否定对立，都是错误的，都违背了辩证法的基本原理。对立统一的辩证法向人们揭示了，任何事情的存在都有肯定和否定的两个方面，肯定方面是维持事物存在、肯定其自身的根据，否定方面则是促使事物灭亡或转化的力量。肯定和否定是一对矛盾，它们既相互对立、相互排斥，而又不可分割地联系在一起，相互转化，共同构成事物的存在本质。黑格尔说："肯定的一面是一种同一的自身联系，而不是否定的东西，否定的一面，是自为的差别物，而不是肯定的东西。因此每一方之所以各有其自为的存在，只是由于它不是它的对方，同时每一方面都映现在它的对方内，只由于对方存在，它自己才存在。"① 肯定之所以能够自我走向自己的对立面即否定的方面，在黑格尔看来，是因为肯定方面自身就包含否定的方面，或者说肯定的方面潜在的是否定的方面，甚至可以说肯定就是否定。也就是说，从肯定方面走向否定方面是精神自我否定的一个过程，正是这种自我否定的过程构成了事物自身的运动、变化和发展。然而，单纯的否定方面由于与肯定的方面相对立，从而也就证明它自己像肯定的方面一样也是有限的、不全面的，需要再次对它进行否定。在黑格尔看来，"对立"本身就意味着双方都是有限之物，而有限性本身就表达着不合理性和片面性，有限性本身就需要被超越。因此，只有从对立走向双方的统一，才能使不全面达成全面，使不完善走向完善，使有限升华为无限，最终达到精神的至高境界。② 当然，这并不是一蹴而就的过程，而是螺旋式上升的过程，是一个由肤浅到深刻、由不真实到真实、由低级到高级的过程。

对立统一规律是认识世界和改造世界的根本方法，深刻揭示了事物发展的动力和源泉。在当前的气候政治博弈当中，各国谈判立场、伦理价值取向有差异、有矛盾、有对立。但是，在这种矛盾、对立当中，也有统一、有伦理共识。在对立当中，必然有走向统一的趋势。因为没有统一也就没有对立，同样，没有对立也就没有统一。基于此，虽然世界各国在每

---

① 〔德〕黑格尔：《小逻辑》，贺麟译，北京：商务印书馆，1980，第254页。
② 曹孟勤、徐海红：《生态社会的来临》，南京：南京师范大学出版社，2010，第197页。

一次气候大会中都会进行激烈的博弈，立场分歧很大，但是最终还是会达成一定的伦理共识，形成一定的协议。因为，"达成伦理共识"是解决气候冲突的主要方式。事实上，每一次气候大会也总能在最后时刻达成伦理共识，签订气候协议。

由此可见，不管从博弈论本身还是从对立统一规律当中，都可以引申出达成伦理共识的必然性。假如说气候博弈中达不成伦理共识，那么世界各国首脑和政要也就没有必要每年为气候变化问题而召开多次国际会议。事实上，世界各国还是希望通过博弈就解决气候问题达成一定的伦理共识，这也是应对气候变化现实危情的需要，充分说明了在气候博弈中达成伦理共识是非常有必要的。那么，有没有这个可能性呢？

第三节　达成伦理共识何以可能

当地球这一"飞船"即将"沉没"之时，世界各国再也不能只顾争抢自己国家的"座位"和既得利益而不顾共存危机的恶化，国际社会在应对气候变化问题上达成伦理共识，促进共同行动，已经是十分紧迫和必要的任务。当然，在气候博弈中达成伦理共识不仅是必要的，也是可能的。笔者将从现实依据、利益基础和理论依据三个方面对这一问题加以阐述。

一　现实依据：国际关系的向善之道

全球化已经悄然来临，国际关系已经成为与国家、民族乃至个人紧密相关的"生存环境"。但是，由于一些国家只顾眼前利益和自身利益而造成全球性的动乱、灾难和危险，都在威胁着人类的生存与发展。现实迫使人类去反思自身在地球上的所作所为，去审视国际关系伦理这一全球性课题，从而推动了国际关系的向善发展。在国际关系理论的发展历程中，始终伴随着对政治与道德、权力与道德关系的讨论。

政治与道德的关系问题，是人类思想史上亘古不变的话题。在政治学没有诞生以前，探究政治问题与讨论伦理道德问题是一回事。柏拉图在《理想国》中就把个人的正义与国家的正义混在一起讨论，国家无非就是一个"大写的人"。亚里士多德最早把政治问题与伦理问题分开来研究，在其著作《政治学》中提出政治学探究"人群"的善，伦理学则是研究"个人"的善。政治与伦理道德的分离，用施特劳斯的话说，就是政治与政治美德或政治的策略技术与政治的目的性价值的分离。它意味着政治不需要像康德和黑格尔所说的那样"效忠"于道德，意味着政治可以成为一种纯粹技术化、工具化的公共管理技术或治理策略，意味着政治事务和政治家自身无须受任何道德伦理的规范约束。① 政治与道德的分离体现在国际关系伦理领域里，产生了两个影响较大的学术流派：现实主义和理想主义。

现实主义的思想源流可以追溯到修昔底德和马基雅维里时期，近代的契约论者霍布斯、卢梭等对其进行了发展和完善。20 世纪，卡尔、摩根索把现实主义推向了一个发展的黄金期，摩根索更是被称为"现实主义之父"。从现实主义的发展历史来看，出现过以人性本恶为依据，强调道德"虚无性"的马基雅维里的"权力至上说"和霍布斯的"自然状态说"；出现过强调国际道德"相对性"的黑格尔的"国家利益说"、摩根索的"国家权力说"和尼布尔的"国家利己说"。现实主义的基本特征可以用"四论"来概括，即恶的人性论、国际体系无政府论、强权—利益论和"非道德"政治论。前两者是理论前提，后两者则是逻辑结果。② 第一，现实主义认为，政治与人性是不可分割的。霍布斯就把人与人的关系乃至国家间关系视为人性使然下的如同战争时期的"自然状态"；摩根索则认为人性发展有着对国家间关系的超自然性的影响，国家间关系并不是某种给定的东西，相反，它是由人的意志缔造的，因而它同样能够被人的意志所管理和改变；肯尼思·N. 华尔兹也认为，不了解人性，便不会有政治理论；等等。③ 但是，现实主义主要从人性本恶出发来考察政治问题，认为人的天性就是恶的，深负罪孽和贪婪。政治不是"道德"，而是"不道德"，甚至是"罪恶"。路易斯·博洛尔在《政治的罪恶》一书中揭示：政治统治的欲望和权力使政客们变得卑鄙、龌龊、血腥与残暴；政

---

① 万俊人：《政治如何进入哲学》，《中国社会科学》2008 年第 2 期，第 22 页。

② 石斌：《"非道德"政治论的道德诉求：现实主义国际关系伦理思想浅析》，《欧洲》2002 年第 1 期，第 3 页。

③ 余潇枫：《国际关系伦理学》，北京：长征出版社，2002，第 34 页。

治手段对政治目的的顺从使一切责任、义务、道德、理性都变成空话……政治强权的大行其道使得恶劣的政治规约像瘟疫一样传染给人民，于是，公共道德堕落，人民也慢慢习惯于欺诈、残忍和不讲正义。霍布斯和马基雅维里的政治理论也完全摆脱了伦理道德的束缚，人性的"恶"是政治力量的支点。在霍布斯看来，仇恨、淫欲、野心和贪婪等激情是人类和其他一切动物的天性中根深蒂固的弱点，在这种人性支配下，人们彼此离异、互相侵犯，人的生活也变得孤独、贫困、卑污、残忍、短寿。马基雅维里在《君主论》中提出，一个成功君主的人格模式必定是"狮子加狐狸"，君主必须是一只狐狸以便认识陷阱，同时又必须是一头狮子，以便使豺狼惊骇。第二，现实主义认为国际社会处于无政府状态，正如霍布斯所说的"人人相互为战的战争状态"。这样一来，权力是维护自身生存与发展的最根本手段，强权就是公理的"自然道德"，这也是国际社会最强者横行于世的最高准则。第三，现实主义认为，在国家间关系中，被当成目标追求的不是道德，而是权力和利益，国家利益至高无上。为了争夺权力和利益，可以不择手段。现实主义理论的集大成者——摩根索在 1948年出版的《国家间政治：为权力与和平而斗争》一书中，提出了"以权力界定利益""任何准则服从于政治准则——国家权力准则"为核心内容的"现实主义六原则"。第四，现实主义对"非道德"政治论的具体阐述有颇多歧义。最极端的立场认为，国际政治根本没有道德的位置，国家考虑道德义务非但不必要，甚至很危险，这还意味着"不道德"的行为有时也是必要的；更多的人则主张"道德相对论"，怀疑道德原则的普世性；或者虽不赞成道德相对论，但仍然认为具有普世性质的道德原则比国内政治领域更为有限，也缺少约束力。最流行的观点是强调"个人道德"与"国家道德"的区别，认为"国家生存""国家利益"就是一项道德原则，甚至是"最高的道德"。尼布尔就认为，个人道德和群体道德之间存在根本的区别，群体道德要低于个人道德，群体、国家、民族都是自私的；较温和的观点则认为，国家及其政治代理人可以充当有限的道义角色，但必须有利于增进国家利益，或至少不损害国家利益。总之，在现实主义那里，要么把伦理因素完全抛弃，要么使伦理因素屈服在国家利益之下，伦理在国际关系中没有独立的地位。

与现实主义相对应，理想主义也是国际关系领域中的一个重要的学术流派。理想主义有着深厚的思想源流。16 世纪托马斯·莫尔在《乌托邦》中按照他的道德理想，描绘了乌托邦社会主义，后称空想社会主义的"理想国"。17 世纪，荷兰国际法学家格劳秀斯在《战争与和平法》中设想了一种根据各国达成的共识和契约建立的国际秩序。18 世纪，法国启蒙思想家孟德斯鸠提出了人类的自然法思想，德国哲学家康德在《永久和平论》中提出了在自由共和国联盟基础上创立世界公民法等方案。19 世纪，出现了和平主义思潮和团体，它们提出了建立国际联盟、制定国际法和设立国际法庭等一系列建议。[1] 20 世纪，罗尔斯在《万民法》中则直接以"人民"概念取代"民族"和"国家"概念，将社会契约的观念扩展到"人民社会"，并制定了自由社会与非自由社会都将能接受的普遍原则，从而使得理想主义不断得到深华。理想主义的基本特征[2]表现为：一是人性本善论。理想主义从人性是善的角度出发，认为人是有理性的，人的本质是爱好和平的，世界基本上是和谐的。托马斯·莫尔就把人的善意设定为社会发展的最基本前提，以此建构起来的道德理想社会自然是一派和平景象。导致国家间战争和冲突的原因是一些人的良知误入了歧途，只要用道德和正义唤醒他们的良知，就能消除他们之间的误解，世界又可以回归友善的状态。二是国际秩序价值论，注重国际伦理对行为体的约束力，强调可以通过制度和法律道德建设来规范国际社会的无政府状态，强调民主制度的价值。威尔逊就相信，把自由民主的价值推广到欧洲和世界是消除战争和冲突的根本途径，按照人类理性建立起来的国际组织可以使世界不再处于实力统治下的"丛林状态"。[3] 三是全球利益至上论，认为全球化已经把全人类联合在一起了，世界各国必须遵守国际公约，保护人权、保护地球环境，国际社会推崇的准则应该是全球利益置于国家利益之上。梅尔·格托夫在《人类关注的全球政治》一书中全面阐述了全球人道主义，认为全球人道主义以"和平""公正""生态平衡""仁政"为其价值观的基础，指出了冲突和不发达

---

① 张旺：《国际政治的道德基础》，南京：南京大学出版社，2008，第 8 页。

② 刑亚玲：《国际关系伦理浅析》，《阴山学刊》2005 年第 3 期，第 70 页。

③ 姜秀敏：《威尔逊的理想主义评述》，《东北大学学报》2006 年第 1 期，第 49 页。

是人类面临的全球性危机，表达了对和平的极大关切。四是道德政治论，用道德来界定权力，注重道德对行为体的规范作用。理想主义认为，对道德的追求是人之为人的根本，也是人类社会发展的根本。因此，理想主义把政治问题道德化，对美好人性和世界和谐充满了向往。"学者型的美国总统"威尔逊就相信，"道德的力量是了不起的"，强调国际合作的重要性，国家间要遵循道德要求和民主原则，认为健全的国际法和国际公约可以确保世界和平。康德也在《世界公民观点的普遍历史观念》和《永久和平论》中，表达了世界主义道德情怀与理想主义的自由精神。

国际关系伦理的发展史，伴随着的就是现实主义和理想主义这两大流派的交锋和斗争态势。但是，由于它们均有对方无法取代的作用，因此均能独树一帜。现实主义以追求利益、权力为第一目标，认为道德只有在其服务于利益、权力时才能被强调；而理想主义以追求道德为第一目标，认为利益和权力只有在道德约束许可的前提下才有意义。① 因此，这两大学术流派在交锋中，谁也说服不了谁，从而导致了政治与道德分离。事实上，政治与道德是不可分离的。在国际关系中，既需要政治的理论，也需要道德的关怀。随着社会的发展，政治与伦理的结合又成为当今时代的新趋势，而且道德越来越内化于政治之中，任何政治问题、政治决策都要接受伦理道德的考量，同时，道德的理想也被设定为政治的理想，伦理道德在国际关系中也就得以复兴。当然，在国际关系研究与实践中，伦理道德的地位可谓时起时落。1914 年，美国成立了以探究"伦理与国际事务"关系为宗旨的卡耐基委员会，全面讨论全球正义、伦理与世界政治、伦理与冲突和解等国际性问题。第一次世界大战之后，以威尔逊为代表的理想主义学者将洛克的自由主义社会契约论应用到国际事务，致力于和平世界的建设。1928 年签订的《凯洛格—白里安全公约》虔诚地宣称战争为非法。这些都说明了一个事实：伦理与道德规范在国际关系理论与实践中占据着越来越重要的位置。虽然第二次世界大战的爆发击碎了理想主义者倚重伦理道德手段建立和平世界的梦想，但是从 20 世纪 70 年代开始，随着

---

① 余潇枫：《伦理视域中的国际关系》，《世界经济与政治》2005 年第 1 期，第 21 页。

麦克儿·沃尔泽的《正义与非正义战争》、查尔斯·贝兹的《政治理论与国际关系》、肯尼斯·汤姆逊的《国际政治中的伦理、功能主义与权力》和斯坦利·霍夫曼的《超越国界的责任》四本重量级著作的问世，伦理道德在国际关系中的地位逐渐得到了改变。到了 80～90 年代，不但伦理道德在国际关系中得到了复兴，而且有关"普世伦理"的研究和讨论也成为世界上的热门话题。

事实上，伦理道德在国际关系中的复兴有其历史必然性。这个历史必然性就是权力作用的局限性和伦理道德的不可或缺性。首先是权力作用的局限性。在国际关系领域，以"非道德"政治论而著称的现实主义者强调权力是政治活动的核心，一切政治都是追逐权力的斗争：要么是保持权力、要么是增加权力、要么是显示权力，"强权"压倒"公理"。正义就是强者的利益。即便是这样，现实主义者还是看到了权力的局限性。卡尔曾经精辟地指出，只注重权力的现实主义存在四个方面的局限性，即极终目标、感召力、道德判断的权利和行动的依据。他认为："政治行为的基础必须是道德与权力的协调平衡。""在政治中，忽视权力与忽视道德都是致命的。"[1] 任何只讲权力、不问道德的政治都是不存在的；任何只注重权力、忽视道德的政治都是行不通的。不仅卡尔这样的现实主义理论家批判纯粹追求权力的局限性，像摩根索这样的"现实主义之父"也承认权力作用在国际政治中的局限性。他认为："从长远来看，以权力欲望和权利斗争为基石的哲学思想和政治制度，被证明是软弱无力的和自我毁灭的"。[2] 权力作用的局限性客观上为伦理道德的复兴提供了契机，也证实了伦理道德的不可或缺性。其次是伦理道德的不可或缺性。伦理是人类生存的根本价值之所在，也是人类精神的核心取向之所在。国家之间的交往与互动无不体现着伦理道德的因素，国际社会如果没有道德，只遵循弱肉强食的丛林法则，那我们就会陷入霍布斯丛林，而遵循最基本、最具有普适意义的道德原则，恰恰是人类社会不同于动物世界的标志。如果一个国

---

① 〔英〕爱德华·卡尔：《二十年危机》，秦亚青译，北京：世界知识出版社，2005，第96页。

② 〔美〕汉斯·摩根索：《国家间政治》，徐昕等译，北京：中国人民公安大学出版社，1990，第285页。

家总是怀抱霸权的冲动，去征服、去控制、去实现一己之利，那终究是要碰壁的。"学问无良知即是灵魂的毁灭，政治无道德即是社会的毁灭。"①万俊人教授认为，作为一个政治共同体，国家或政治社会不是一个毫无价值目标和道德关切的社会组织。按照近代西方社会契约论的通行解释，人类之所以要建立国家和社会，其基本目的至少有两个：一是安宁或者安全，二是幸福或者福利。可见，国家或人类政治社会共同体的建构有着明确的价值目标。正义或良序与效率或福利是人类脱离"自然（生存）状态"进入"社会（生活）状态"的两个最基本也最重要的价值目的，舍此，人类建立国家和社会的政治行为本身就无法获得充分有效的解释。② 事实上，即便是现实主义，在本质上也不乏道德的关怀。无论是修昔底德、马基雅维里和霍布斯这些早期的现实主义者，还是卡尔和摩根索等当代现实主义者，都没有把伦理道德完全排除在国际关系之外。"现实主义是以道德的语言谈论'非道德'的政治。无论是出于理论建构的需要还是出于自身的道德意识和社会责任感，现实主义者在强调国际政治'非道德'性质的同时，又不得不给自己的理论寻找伦理支点和道德依托，他们以国家为道德诉求的对象，企图用'国家道德'这个盾牌来抵御道义上的非难。"③ 汉斯·摩根索在《国家间政治》一书中虽然强调国际政治就是权力之争，以权力规定国家利益的原则是普遍适用的，但他并没有放弃自己的"理想"与"伦理视野"。摩根索认为，实现世界和平的办法是建立世界共同体，并在此基础上建立世界政府，在世界政府的领导下实现和平。④ 这些都说明了伦理道德在国际关系中的不可或缺性。

　　国际关系领域似乎是一个最不适合谈伦理道德的领域，但同时它的确又是一个最有必要讲伦理道德的领域。20 世纪 90 年代以来，令人惊讶的是伦理道德理念在世界各个领域得以复兴。伦理道德在国际关系中地位的提

---

① 〔法〕路易斯·博洛尔：《政治的罪恶》，蒋庆等译，北京：改革出版社，1999，第320 页。

② 万俊人：《政治如何进入哲学》，《中国社会科学》2008 年第 2 期，第 22 页。

③ 石斌：《"非道德"政治论的道德诉求：现实主义国际关系伦理思想浅析》，《欧洲》2002 年第 1 期，第 1 页。

④ 余潇枫：《国际关系伦理学》，北京：长征出版社，2002，第 9 页。

升，表明了国际关系向善的发展。而国际关系向善的发展，则预示着达成伦理共识的可能性，因为世界各国看到了权力作用的局限性，重视伦理道德在国际交往中的作用。所以，国际关系的向善发展为气候谈判达成伦理共识提供了现实依据，伦理共识的形成又将促进善的国际关系进一步向前发展。

二　利益基础：人类共同利益的存在

随着伦理道德因素在国际交往中地位的提升，国际关系逐步向善的方向发展，这为国际社会气候谈判达成伦理共识提供了良好的外部环境，这是达成伦理共识的外部因素。但是，要真正促使国际社会在气候谈判中达成伦理共识，还必须有达成伦理共识的内在因素、内在基础。那么，有没有达成伦理共识的内在因素、内在基础呢？当然有。这个内在因素、内在基础就是全人类共同利益的存在，这是国际社会气候谈判达成伦理共识可能性的利益基础。

所谓人类共同利益，是指满足整个人类共同生存和发展所需要的基本条件。关于"人类共同利益"的存在，西方哲学家对此进行了详细的阐述。古希腊哲学家对共同利益进行了初始的研究，他们肯定共同利益的现实存在性，把共同利益视为现实的善。比如，德谟克利特在《人应当活着》篇目中提出了"不能让暴力损害公益"，柏拉图在《理想国》中提出了最完美的共同利益就是智慧、勇敢、节制和公正。斯多葛学派则较早使用"共同利益"这个概念并专门研究共同利益问题。奥勒留是其中的代表性人物之一，他从人与自然、人与种的关系中研究共同利益，提出了"人应当服从整体利益"的观点。中世纪的哲学更是把共同利益抽象化、虚幻化，虔诚承诺共同利益的来日实现，维护"虚幻的共同利益"。中世纪神学家在论证神性共同利益的合理性、绝对性的过程中也以"异化"的方式肯定了共同利益的普遍性和实践性。马克思恩格斯在肯定共同利益存在性的同时，着重从现实关系中来研究共同利益。他们认为："这种共同利益不是仅仅作为一种'普遍的东西'存在于观念之中，而首先是作为彼此有了分工的个人之间的相互依存关系存在于现实之中。"① 这就是

---

① 《马克思恩格斯文集》第 1 卷，北京：人民出版社，2009，第 536 页。

说，共同利益不仅一定程度上存在于人们的观念之中，而且首先作为社会实践关系存在于人的现实活动之中。马克思从现实关系中对共同利益的研究，实际上是将共同利益置于唯物史观的理论基础之上，纠正了共同利益理论的唯心发展进程。

理论研究是对现实生活的反映。在哲学家们研究共同利益理论的过程中，事实上，在人类社会发展历程中，人类共同利益也在逐步形成，人类共同利益并不是一种抽象的存在。自从地球上出现人类以后，人类作为一种生命的存在，就有最基本的需求。特别是在生产力落后的情况下，面对来自野兽、疾病的种种威胁，人类为了生存就必须团结起来，获得最基本的生存条件。这样一来，人类的共同利益、共同需求也就诞生了。当然，直到 19 世纪中叶，人类共同利益的意识还比较淡薄。"这是因为在 19 世纪中叶以前，世界上大多数国家和地区基本上各自为政，呈现出一些孤立或近似孤立的社会单元，它们在经济上自给自足，自产自销；在文化上自成一家，自成一系；在政治上闭关自守，分疆对峙。"[1] 由此可见，19 世纪中叶以前的人类相互交往很少，基本上处于隔离的状态。另外，19 世纪中叶以前，生产力落后，经济发展水平低下，对生态环境的破坏也是有限的，即使有一些破坏，也是在生态环境自我恢复的能力之内。所以，在这个时期，人类尚未作为一个整体来求得生存和发展，也没有出现一种对整个人类生存与发展产生威胁的问题，也就不具备形成人类共同利益的现实社会条件。但是，在 19 世纪中叶以后，随着生产力的发展，民族、国家之间的交流越来越频繁。马克思在《德意志意识形态》中就指出："过去那种地方的和民族的自给自足和闭关自守状态，被各民族的各方面的互相往来和各方面的互相依赖所代替了。物质的生产是如此，精神的生产也是如此。各民族的精神产品成了公共的财产。民族的片面性和局限性日益成为不可能，于是由许多种民族的和地方的文学形成了一种世界的文学。"[2] 特别是 20 世纪以后，现代科学技术的发展极大地缩短了世界各国的时空距离，世界逐步走向了全球化。在全球化的过

---

① 刘湘溶：《生态文明论》，长沙：湖南教育出版社，1999，第 189 页。
② 《马克思恩格斯文集》第 2 卷，北京：人民出版社，2009，第 35 页。

程中，"交往的普遍化"推动"地域的存在"朝向"世界历史性的存在"发展，人类的历史也由单元化走向了世界化，国家利益的趋同性不断增强。加拿大学者麦克卢汉在 20 世纪 60 年代就首次提出了"地球村"的概念。"地球村"的出现，意味着人类之间的距离拉近了，人类处于一个"地球共同体"之中。在这个共同体中，人类就像拥挤在一条宇宙飞船中，交往增多、互相依靠、风险共担，彼此之间的命运息息相关，人类共同利益也就不断凸显和形成。房广顺在《全人类共同利益与对外关系的价值定位》一文中，就阐述了共同利益是人类社会的永恒主题。[①] 首先，谋求共同利益是人类生存和发展的客观要求。人类之所以能在矛盾和冲突中共存共处，在于人类之间有共同点和共同特性。任何一个国家的利益也都是在与其他国家的相互联系、相互依存、相互斗争中实现的。其次，维护共同利益是国际社会发展的基本态势。国际社会发展的历史说明，战争与冲突不是国际社会的全部，和平与合作才是国际社会的主流。这也是国际社会发展的必然趋势，在其中起决定性作用的因素就是人类共同利益的存在及其所发挥的制约作用。最后，共同利益是人类社会发展的最高目标。

　　事实上，当前人类面临严重的生态危机，特别是严峻的气候问题。"我们没有多少时间，我们正在迅速接近不会有任何赢家的生态边缘。"（扎巴尔博士）全球 1500 多位科学家在致人类的一封信中郑重地指出："人类与自然正在一条冲突的航线上，人类活动已对环境和处于临界边缘的资源构成了严重，而且通常是无法弥补的破坏……"[②] 在全球性环境问题面前，虽然世界各国之间存在利益的冲突，但是人类在处理人与自然的关系时，共同利益还是要多于分歧，因为全球性的环境问题产生了"全人类共同利益"。全球化发展趋势和国际关系的相互依存性也进一步推动了人类共同利益的形成。经济全球化把人类文明推向了一个新的阶段，标志着人类生存方式的变革，开辟了人类共同利益的新前景。国际关系的相互依存性同样促进了人类共同利益的大发展。人类共同利益是人类赖以生

---

① 房广顺：《全人类共同利益与对外关系的价值定位》，《马克思主义与现实》2004 年第 5 期，第 114 页。

② 金鑫：《世界问题报告》，北京：中国社会科学出版社，2002，第 425 页。

存与发展的主要前提和基本条件。人类共同利益既不是单一国家的利益，也不是国际社会各个国家利益的简单相加，而是特指全人类作为整体的生存和发展所必需的利益。全人类共同利益集中表现为人类生存利益和人类发展利益。[①] 人类共同利益具有普遍性、永恒性、超意识形态性等特点。当然，这里有三个问题需要指出来。第一个问题是，当强调人类共同利益存在的时候，并不是要否定民族利益和国家利益，国家主权仍是当今民族国家最重要的特征和最根本的属性。人类共同利益一方面是对民族利益和国家利益的超越，但是从另外一个方面来说，人类共同利益也是任何一个国家的"国家利益"的重要组成部分。这是因为，人类共同利益"并不是个人的、阶级的、民族的和国家的利益之外的空洞抽象，而是蕴藏在其内的共同的普遍的东西"。[②] 它不仅包括各国共有的利益和全球共享的利益，还包括各国彼此相互依存的利益。第二个问题是，在处理气候变化这么一个全球性危机问题时，笔者所认为的人类共同利益的存在，并不是引发生态环境问题的罪魁祸首。有一种观点认为，一切从人类利益出发的就是人类中心主义，正是它导致了今天的生态危机、环境污染。这里面涉及对人类中心主义的科学认识，学术界对此有不同的理解。就笔者的理解来说，在认识人类中心主义的过程中要把握两点：一是人类中心主义并不是真正以"人类"为中心，而是以某个国家、某个民族、某个集团甚至某个人为中心，是典型的"国家中心论""民族中心论""集团中心论"或"个人中心论"。如果人类中心主义能够真正站在全人类的高度来处理人与自然、人与人、人与社会的关系，那么生态危机就不会发生。二是人类中心主义的价值观与人类共同利益无关，它不是普遍价值论，而是个人主义价值观，割裂了人与自然的和谐关系，把自然当成任意征服的对象，这才是生态危机的根源所在。第三个问题是，我们应该如何理解"环境正义"所说的"人类共同利益不存在"的观点。有一种观点认为，基于强势群体享受了破坏环境的益处而弱势群体却承担了其后果的事实，"环境正义"就提出，在现实生活中并不存在相对于所有人的环境问题，因而

---

① 董漫远：《全人类共同利益与中国的和平发展》，《国际问题研究》2005 年第 5 期，第 15 页。

② 刘湘溶：《生态文明论》，长沙：湖南教育出版社，1999，第 189 页。

也就不存在人类的共同利益。① 对于这种观点，笔者有不同的认识，这是对"环境正义"在这一问题上的理解出现了偏差。"环境正义"之所以会有这么一个认识，实际上是看到了环境利益在强势群体与弱势群体之间分配不公的事实，是为了揭露强势群体打着实现"人类共同利益"的旗帜去谋求自身利益的阴谋。但是，其真正的目的并不是要否定"人类共同利益"的存在，而是要警告人们："人类共同利益"有被强势群体所利用的危险、有被强势群体用来作为挡箭牌以谋求自身利益的危险。事实上，人类共同利益还是存在的，特别是在全球化的今天，在全球性的生态危机面前，更凸显了人类共同利益的存在。刘湘溶教授就认为，人类共同利益不仅存在，而且还是一种客观实在，不是抽象的存在。② 在当今时代，气候问题应该是全人类所面临的环境问题。气候问题不同于任何其他环境问题，无论是从时间、空间还是从对人类的影响程度来说，都是迄今为止人类社会所面临的最重大挑战。气候问题是全球性的，任何一个国家都难以逃脱气候灾难的惩罚，今天发生在发展中国家的气候灾难，明天就会发生在发达国家。所以，气候问题涉及全人类的利益，在气候危机面前，人类有着共同的利益诉求。当前，应对全球气候变化、解决威胁全人类生存与发展的气候问题，是全人类的共同利益之所在。正如卢梭所说，"如果没有任何一个所有利益的交汇点"，那么任何社会都不可能存在。因此，在全球性的气候危机面前，人类有共同的需求，有共同的利益。

利益是道德形成的基础，制约和规定着人们的思想和行为，也是人们实践的最终目的和活动的最高准则。人类共同利益的存在是世界各国广泛合作的价值准则。没有这种共同的价值判断，共识也就不可能达成。"世界正处在这么一个时期，它比以往任何一个时期都更多地由世界性政治、世界性技术、世界性经济、世界性文明所塑造，它也需要一种世界性伦理，对于这一点今天再没有人会加以怀疑了。若无一种伦理方面的基本共

---

① 参见王韬洋《有差异的主体与不一样的环境"想象"——"环境正义"视角中的环境伦理命题分析》，《哲学研究》2003 年第 3 期。

② 参见刘湘溶、曾建平《人类共同利益：生态伦理学必须高扬的旗帜》，《道德与文明》2000 年第 6 期。

识，任何社会迟早都会受到混乱或专制的威胁。"① 人类的"共同生活实践"和在此基础上形成的共同利益从根本上决定着达成伦理共识的可能性。只有有了"共同的生活"，才会有"伦理共识"的需求，也才能使"伦理共识"成为具体可行的"实践理性"。当世界各国认识到解决气候问题是当前人类的共同利益时，在气候谈判中，就能够以人类共同利益为价值取向来处理人与自然的关系、国与国之间的关系，以是否符合人类共同利益作为评判世界各国应对气候变化的对策合理与否、正当与否、正义与否的最高标准。这就是说，在气候谈判中，世界各国需要有更加开阔的眼界，应该站在全人类共同利益的高度，而不是站在国家自身利益的角度去应对气候变化等全球性的环境问题。在事关全人类生存危亡的气候问题面前，要以人类共同利益为最高原则，适度让渡国家利益，避免为一国之利而相互斗争并走向毁灭。只有这样，国际社会在气候谈判中才能在人类共同利益的引领下达成伦理共识。

三　理论依据：普世伦理的复兴

如果说国际关系的向善之道为伦理共识的达成提供了现实依据和创造了良好的外部环境、人类共同利益的定在为伦理共识的达成奠定了内在基础，那么20世纪90年代普世伦理的复兴则为伦理共识的达成提供了理论依据。普世伦理曾经是人类"道德乌托邦"的理论表达形式之一。罗马时期斯多亚派的"世界主义伦理"、基督教伦理的"千年理想世界"、近代空想社会主义者的"道德乌托邦"，以及中国古代思想家的"大同"理想等，都包含一种普世伦理的热望。然而，真正谋划一种普世伦理并赋予其普世化的理性形式，则是由近代以来的西方伦理学家（如康德）以及现代理性主义的信奉者们（如当代的罗尔斯、哈贝马斯等人）来完成的。康德和"启蒙运动"思想家所追求的普遍理性主义伦理，当然是一种西方式的现代性"普世主义"伦理价值观。它无疑是西方现代性社会价值取向和现代性道德的经典表达。② 但是，到了后现代主义时期，一些后现

---

① 〔德〕孔汉思、〔德〕库舍尔编《全球伦理：世界宗教会议宣言》，何光沪译，成都：四川人民出版社，1997，第1页。

② 万俊人：《普世伦理及其方法问题》，《哲学研究》1998年第10期，第44页。

代主义者尽其所能消解普世伦理，解构他们所认为的"虚假的"共识，使人们在认识和感觉多元事实的同时，陷入了相对主义乃至虚无主义的绝望与放纵之中。作为"道德乌托邦"形式之一的普世伦理也日渐受到冷落。90年代以来，人类面临着越来越多的全球性问题的挑战，如生态危机问题、核危机问题等，世界的全球化发展趋势也促进了世界各国意识到携手共建一种普遍道德规范的必要性。在这种现实背景下，伦理学界、哲学界、宗教界、政治学界等都对"普世伦理"加以极大关注，"普世伦理"又日益成为全球性的凸显的伦理学主题。1993年8月，在美国芝加哥展开的世界宗教大会通过了《走向全球伦理宣言》。1995年，由德国前总理勃兰特领导的"全球政治管理委员会"发表了《全球是邻居》的报告，倡议以"全球性的公民伦理"来应对全球性的问题。1996年，由30个前任政府首脑组成的"互动委员会"呼吁制定一套"全球伦理"以应对全球问题的挑战。正是在这种背景下，联合国教科文组织启动了探究"普遍伦理"的研究项目，1997年提出了"普遍伦理计划"，并在同年3月和12月分别召开了国际会议，探讨建立全球性的"普遍伦理"的理论与实践问题。1998年6月，联合国教科文组织又在北京召开了"从中国传统伦理看普遍伦理"的区域性会议。[①] 由此可见，世界各国学者对"普世伦理"的关注日益加强，走向"普世伦理"的运动也是方兴未艾。

　　"普世伦理"英文为"universal ethics"，又译为"全球伦理""世界伦理"或"普遍伦理"。关于"普世伦理"的定义，孔汉思认为："我们所说的全球伦理，并不是指一种全球的意识形态，也不是指超越一切现存宗教的一种单一的统一的宗教，更不是指用一种宗教来支配所有别的宗教。我们所说的全球伦理，指的是对一些有约束性的价值观、一些不可取消的标准和人格态度的一种基本共识。没有这样一种在伦理上的基本共识，社会或迟或早都会受到混乱或独裁的威胁，而个人或迟或早也会感到绝望。"[②] 按照孔汉思的理解，这样一种全球伦理应当是"由所有宗教所肯定的、得到信徒和非信徒支持的，一种最低限度的共同的价值、标准和

---

① 赵景来：《关于"普世伦理"若干问题研究综述》，《中国社会科学》2003年第3期，第98页。

② 〔德〕孔汉思、〔德〕库舍尔编《全球伦理——世界宗教议会宣言》，何光沪译，成都：四川人民出版社，1997，第12页。

态度"。① 万俊人教授将"普世伦理"定义为一种以人类公共理性和共享
的价值秩序为基础，以人类基本道德生活特别是有关人类基本生存和发展
的淑世道德问题为基本主题的整合性伦理理念。他认为，普世伦理包括三
个层面的含义：首先，它是建立在人类社会之公共理性基础之上的普遍伦
理；其次，普世伦理所承诺的主要是人类社会的基本道德问题或日常生活
世界的淑世伦理问题；最后，它应是跨文化、跨地域的人们可以在其特定
生活条件下共同认可和践履的可公度性道德。② 尽管对普世伦理的定义有
不同的理解，但归纳起来，普世伦理最核心的理念就是，虽然世界各国存
在各种矛盾和冲突，在宗教信仰和文化文明方面存在各种差异，利益诉求
也多样化，但是它们之间仍然存在最低限度的伦理共识。这样一种最低限
度的伦理共识，无疑是人类的共同生存所必需的。正如高兆明教授所说，
普世价值就是当今人类在全球化、多样化背景中，为摆脱严重冲突与对
立、构建和谐发展道路所寻求的一类具有普遍有效性的价值精神，这类价
值精神以人道、民主、自由、平等为基本内容。③

当然，在普世伦理复兴的过程中，对于"普世伦理"何以可能的问
题，伦理学界存在不同的声音。一些学者认为，在文明冲突的时代，普世
伦理是无法实现的"乌托邦"，是没有任何意义的虚幻构想，只会让人类
陷入逃避现实世界的空想之中。赵敦华在《也谈"全球伦理"，兼论宗教
比较的方法论——从孔汉思的〈全球责任〉谈起》（该论文发表在《哲学
研究》1997 年第 12 期）一文中就对全球伦理问题持否定的态度。但是，
更多的学者还是从现实出发对普世伦理持肯定的态度，认为在全球化时
代，在全球性问题面前，建立普世伦理是必然的和可能的。万俊人教授
认为，普世伦理的复兴有一个基本的事实判断，那就是：现代社会和现
代人已经陷入了一场深刻的道德危机，这一危机既是整个人类现代性危
机的集中反映，也极大地预示着人类未来的生活前景。其危机之深已使

---

① 〔德〕孔汉思、〔德〕库舍尔编《全球伦理——世界宗教议会宣言》，何光沪译，成都：
四川人民出版社，1997，第 171 页。

② 万俊人：《寻求普世伦理》，北京：北京大学出版社，2009，第 10 页。

③ 高兆明：《关于"普世价值"的几个理论问题》，《浙江社会科学》2009 年第 5 期，第
53 页。

得普遍伦理成为人们必须重新思考的一个时代性课题，因为现实越来越清楚地表明，大量的社会问题和全球问题都在不同程度上、以不同的方式纠缠现代人类的价值判断，而现有的各种伦理观念——无论是西方现代性的还是东方传统的，也无论是宗教的还是世俗的——都无法单独满足现时代的道德文化需要。① 高兆明教授认为，当代人类提出普世价值问题，是要为多元化、全球化的交往实践提供一种"托底"的价值平台，甚至普世价值的提出本身就包含反对霸权主义、强权主义、专制掠夺的实践内容。当代人类提出的普世价值问题，并不是一个抽象的理论问题，而是一个重大的实践问题。不能拱手让西方发达国家占据道义制高点。② 刘旭东从"实然"和"应然"两个层面探讨了普世伦理的复兴不仅是可能的而且是必要的。从实然层面看，建立普世伦理不但是当今国际经济、政治发展的大势所趋，而且全球政治、经济及科技等诸领域的迅猛发展也为普世伦理在全球的建立创造了越来越大的可能性。从应然层面看，人类所具有的工具理性和价值理性确保了人们在生活世界里不仅会追求物质、权力等诸方面的利益，还会有越来越强烈的伦理道德方面的价值诉求；随着社会文明的高度发展，作为集个体性、群体性和类性三重属性于一身的人类，其关注的重点必将会从其自身、群体最终慢慢过渡到整个人类乃至整个宇宙，这是人之为人的终极关怀和必然结果。③ 由此可见，中外许多学者从不同的角度论证了普世伦理的必然性和可能性。当然，我们也要警惕西方国家借助强势话语霸权，把西方资本主义的价值观称为普世伦理。

在学者们在尽其所能论证普世伦理复兴的历史必然性和可能性的时候，事实上，现实世界的发展趋势也促使了普世伦理的复兴。世界已经进入全球化时代，形成了一个彼此距离日益拉近、利益日益接近的"地球村"，任何一个民族和国家都不是孤立存在的，任何一个民族或国家乃至个人的行为都可能对其他国家或个人产生影响。"无论一个民族多么弱

① 万俊人：《普世伦理及其方法问题》，《哲学研究》1998 年第 10 期，第 44 页。
② 高兆明：《关于"普世价值"的几个理论问题》，《浙江社会科学》2009 年第 5 期，第 53 页。
③ 刘旭东：《论国际政治中普世伦理的复兴》，《学术界》2010 年第 11 期，第 13 页。

小，地处多么遥远，没有一个民族能够不受影响而'独立生存'。"① 可以说，当前人类处于一个世界性的时代，世界各国经济、技术的"全球化"加速了普世伦理的兴起，也为人类伦理共识的产生提供了理论基础。普世伦理作为世界各国交往时所应当遵循的共同道德规范，是基于人类的共同利益和所面临的共同问题而形成的道德共识，是对一些有约束性的价值观和道德原则形成的基本共识，其核心理念就是"己所不欲，勿施于人"的道德"金规"。普世伦理倡导人类的普遍义务和责任、世界各国权利的平等性，这是解决生态危机等全球性问题所必须遵循的伦理原则。普世伦理的建构过程，在某种程度上来说，就是达成伦理共识的过程，普世伦理的存在为达成伦理共识提供了理论依据。在普世伦理的引领下，在事关人类生存的气候危机面前，任何国家都能够在气候谈判中寻找到自己的希望之所在，也就为伦理共识的达成提供了可能性。

虽然气候谈判当中的激烈利益冲突会使很多人对国际社会达成伦理共识的可能性产生怀疑，但是全球性的气候危机和全球化的世界趋势又对伦理共识的存在提出了迫切的要求。万俊人教授就从当代人类面临共同的道德问题和解决这些道德问题的共同课题、从人类本身具有相互交流和共享的需要、从人类共享许多基本相同或相似的道德原则和伦理理念出发，论证了人类达成道德共识的可能性。② 张之沧教授也在《新全球伦理观》一文中论证了达成全球伦理道德共识的必然要求。他认为，从唯物辩证法的高度上讲，物质的统一性决定人性的统一性，当然也就决定人类的统一性以及人类必然拥有的伦理道德的统一性。③ 事实也是这样，今天，处于不同国度和文化背景下的人们在全球性的问题上已经达成了不少的共识，这也是人类理性发挥建设性作用的结果。理性是人区别于动物的重要因素。如果我们承认人类具有理性这一事实，那么在共同利益的基础上，在全球性的气候危机面前，人类就能够跨越各自社会独特的利益障碍，去寻求人类共有的伦理共识，这也是解决生存困境的必然要求。

---

① 〔英〕杰弗里·巴勒克拉夫：《当代史导论》，张广勇译，上海：上海社会科学院出版社，1996，第34页。

② 万俊人：《寻求普世伦理》，北京：北京大学出版社，2009，第14~17页。

③ 张之沧：《新全球伦理观》，《吉林大学社会科学学报》2002年第4期，第66页。

在阐述了国际社会气候谈判达成伦理共识的必要性和可能性之后，如何达成伦理共识就成为迫切需要解决的现实问题。

第四节 如何达成伦理共识

人之所以为人，人类社会之所以不同于动物社会，最重要的一点就在于人总是不满足按"实际上如何"去生活，而总是试图去尝试根据"应该如何"去生活。虽然，这其中要面临很大的困难，但正是不断追求改善的动力，使得人类社会从根本上区别于动物社会，也使得人类社会有向前发展的可能。解决气候变化问题的重点就在于建立伦理共识，通过全球合作以减缓全球变暖的趋势。"人类今天面临的基本任务就是需要去促进关于我们相互依存的一种全球性的伦理上的自我意识，以及去缓和妨碍这种共识达成的强硬态度。"① 那么，在错综复杂的气候谈判中，如何达成伦理共识呢？笔者尝试从思维方式的转变、人际交往的构建以及诉诸人类美好德性的伦理精神三个方面来探求达成伦理共识的路径。

一 生态思维路径

气候变化虽然关乎人类的生存与发展，但是在利益面前，国际社会陷入了气候博弈的伦理冲突，其中一个很重要的原因就是受到本体思维范式的影响。从笛卡儿以来，本体性思维范式得以推崇，内蕴不可克服的主体与客体的二元对立，在逻辑上派生了"主体与客体、自我与他者的对立冲突"，导致了"人对自然横征暴敛"，并酿成了人与人的危机、人与社会的危机、人与自然的危机同时共存的现代性危机。从某种意义上来说，人类今天面临的许多灾难，气候危机的存在，无不与本体性思维方式的片面性和局限性有关联。正是基于传统的本体思维范式，发达国家才为自己在碳减排问题上的种种非理性行为找到了所谓的合法性根据。爱因斯坦曾经说过，如果你不能改变现有的思维方式，你就不能改变目前的生活状

---

① 〔美〕保罗·库尔兹：《21世纪的人道主义》，肖峰等译，北京：东方出版社，1998，第480页。

况。人类社会要想走出气候博弈的冲突，达成伦理共识，就必须实现思维范式的根本转变，走向生态思维。作为生态文明中孕生的一种根本不同于本体思维的新的思维范式，生态思维范式揭示了生态系统的整体统一性、丰富多样性和开放循环性，倡导一种全方位的生态关怀，强调人与社会、人与自然和谐相济，为超越气候博弈的伦理冲突提供了重要的理路和方法。

首先，以"人与存在的相与向度"思维超越"人与存在的对立向度"思维。统筹人与自然和谐发展，倡导天人互惠的意识，把人与自然的协同作为规范人与自然关系的价值准则，是生态思维"相与向度"的价值取向。当前的气候变化引发的生存危机要求我们重新反思生命存在的意义，反思人在宇宙中的位置。这就不能不涉及我们如何看待人性以及如何看待科学技术的问题。在启蒙学者看来，人性是一种"趋乐避苦""自我保存"的本能。从这种人性论出发，必然得出利己的道德自我设计。控制自然的价值观念坚持的是人类中心主义，把人看成生命的中心，是一切生命存在的主宰，它把人与自然对立起来，人与存在属于对立的向度。因此，重新思考人性与人的本质，思考人在宇宙中的位置就显得尤为重要。实际上，人是追求无限的有限存在者，人的生命是有限的，相对于自然界的伟大创造力来说，人的能力也是有限的。法国思想家帕斯卡曾说过，人不过是一根苇草，是自然界中最脆弱的东西。人要为其是人而承担责任。与其说人类是自然的主人，不如说人类是自然共同体的一个成员。人类只是自然生态系统中的一分子，人类不能利用技术操纵自然，而要在自然面前有所畏惧。当前，发达国家在温室气体排放方面陷入了纯技术控制论的思维方式之中，技术成为征服自然的工具。海德格尔认为："技术乃是一种解蔽"，[1] 并且是一种诗意的"解蔽"，即技术是"实然"与"应然"的统一。亚里士多德在《尼各马可伦理学》的开篇就指出："一切技术，一切规划以及一切实践和抉择，都以某种善为目标。"[2] 摆脱纯技术控制论的"人与存在对立向度"的思维

---

① 孙周兴选编《海德格尔选集》，上海：上海三联书店，1996，第 932 页。
② 苗力：《亚里士多德全集》第 8 卷，北京：中国人民大学出版社，1992，第 122 页。

方式，并对其进行价值规约，使其达到合目的性与合规律性的统一，走向"人与存在的相与向度"，是减缓气候变化、控制全球气温升高、实现世界和谐的正确选择。

其次，以人类整体主义的伦理道义超越狭隘的国家利益观。气候问题是与各国利益密切联系在一起的，国际社会围绕碳减排的博弈，背后隐藏的是对利益的争夺。在气候谈判过程中，国家之间的利益冲突不仅会加剧社会矛盾，危及社会的稳定和发展，而且有可能触发战争风险，危及世界的和平。从某种意义来看，气候变化对全球稳定的威胁将远远超过恐怖主义。如果气候变化得不到控制，超过了极限，将成为国家冲突的主要驱动器。早在 20 世纪 50 年代美国军方就在一份研究报告中明确提出了"气象控制比原子弹还重要"的观点。因此，在应对气候问题时，必须以新的思维超越狭隘的国家利益观。生态思维作为整体论的思维范式，强调自然界是一个有机联系的整体，每个国家只是自然整体中的一分子，在自然界中与其他组成部分处于平等的地位。同时，生态思维注重系统内部各个要素的相互依存和相互作用的关系，致力于系统结构的稳定，充分发挥系统整体功能。就某些国家和集团而言，二氧化碳排放是"善"的，它可以促进经济的发展，实现自身的国家利益，但是从人类整体主义的道义来看，二氧化碳的大量排放对人类社会构成了威胁，特别是对那些小岛屿国家威胁更大。气候变化没有国界，任何国家都不可能独善其身。因此，对二氧化碳的排放应该提出伦理要求，即必须跨越狭隘的民族主义、国家主义的樊篱，树立人类整体主义的理念，促进人类社会的和谐共进。全球应对气候变化的合作行动，应当促进而不是阻碍各国尤其是发展中国家发展经济和消除贫困，应当有助于缩小而不是扩大各国之间的贫富差距以及技术与贸易鸿沟，应当维护而不是损害国际社会的公平正义和社会和谐。

最后，以和谐共生理念超越孤立片面的价值观。在气候问题关乎人类生存的今天，人类是在冲突中堕落、退化、毁灭，还是探寻拯救之道，和平、和睦、共生？这是摆在全人类面前的重大课题。人类遭遇如此困境，警示着我们应当修正行为，恢复理性，以保证自然的永续和人类的永恒。面对全球气候问题，只能依赖全球人类的共同参与，而要让全人类走到一起来，就必须确立和谐共生理念。和谐共生思维，是陷于困境的本体思维转向生态思维的合理进路，它要求人们根据一种全新的理念追求人与人、人与自然、人与社会以及不同国家、不同文化价值体系之间更加合理的生活和安身立命，摆脱非此即彼的对立型思维，变一味求"同一"为尊重"差异"，变"自我存在"为"自我与他者的共同存在"。其实，"自我"与"他者"不仅不可分离，而且"他者"对"自我"的存在具有绝对性。海德格尔就认为："一个无世界的空洞主体从不最先'存在'，也从不曾给定。同样，无他人的孤立的'我'归根到底也并不最先存在。"①他用独有的"和谐共生"理念表达了"此在"在世是与"他人"同在。拉康则进一步把"他者"置于一种根本性地位，认为："只有当'他者'首先得到认可时，你才能由于它而使自身被认可。而且，对你而言，'他者'得到认可，就是为了让你能使自身被认定。"② 这些论述都从不同的角度阐述了现代人要加强对"他者"的关注、认同。所以，发达国家要关注发展中国家的生存与发展。发展中国家的贫穷、落后是最大的环境污染，是社会动乱的导火线。今天的世界是一个大开放、大融合的世界，所有人的命运息息相关，利益密切相连。气候变化无国界，支持发展中国家应对气候变化，既是发达国家应尽的责任，也符合发达国家的长远利益。因此，在气候博弈中必须确立全球和谐共生的理念，以消解孤立片面的价值观，摒弃为一国私利而不惜损害他国乃至全球利益的不正当行为，才能走出气候危机，实现人类互利共赢的目标。

"如不从速利用我们的批判理性，依然极端自私地迷恋于权力而无视人类必须赖以生存的自然规律，一旦发现我们所执著追求的胜利无异于人类自杀时，恐怕为时已晚。"③ 狄特富尔特的振聋发聩之言警醒全人类，要超越气候博弈的伦理冲突、摆脱气候谈判的"囚徒困境"，就必须摒弃传统的本体思维范式，倡导和谐共生的生态思维范式，只有这样，人类才有可能达成伦理共识，诗意地栖居于地球之上。

---

① Martin Heidegger, *Being and Time*, Basil Blackwell, 1962, p. 152.
② Leseminaire de Jacques lacan, liveiii, *Lespsychodese 1955 – 1956*, *Texteetabli Jacques—Alain Miller*, Editions du Seuil, 1981, p. 62.
③ 〔法〕狄特富尔特：《哲学集——人与自然》，周美琪译，北京：三联书店，1993，第9页。

二　商谈对话路径

在实现思维方式的生态化转变过程中，通过什么技术路径来达成伦理共识呢？人类文明进步的历史经验告诉我们，达成共识有两种路径：一是强制和强权，这是霸权主义的体现；二是商谈对话，即合理的妥协退让。在利益需求多元化的气候谈判当中要达成伦理共识，商谈对话无疑是最理想的技术路径。甘绍平教授也提倡通过商谈程序，即对话形式，尊重每位参与商谈者拥有的道德自主性，"使各种不同的理念在一个共同的客观的道德视点上得到审视，从而为道德观念冲突的解决开辟一条出路"。①

商谈对话的出发点在于现代社会是一个多元化的社会，已经不可能用一个简单的普遍标准去统一人们的认识，人们之间必然会存在冲突。因此，人类要生存下去，就必须在重大问题上获得共识。康德式的单主体性的独断的伦理学已经无法担当这个使命，为此应该通过各个方面的商谈，在妥协、理解、共赢的基础上形成伦理共识，以合理地解决矛盾冲突。对话有多种类型，根据对话双方的不同关系，可以把对话分为以福柯为代表的抗争型对话、以哈贝马斯为代表的沟通型对话和以巴赫金为代表的诗意型对话。然而，在国际关系当中，运用得最多的还是福柯的抗争型对话和哈贝马斯的沟通型对话。毫无疑问，福柯的抗争型对话对于瓦解气候霸权主义起着非常重要的作用。但是，抵抗不是目的，真正的目的还是在于沟通。因此，国际社会的气候谈判需要的是沟通型对话。所谓沟通型对话，就是指对话双方在平等的基础上为解决共同面临的问题而进行相互交流。哈贝马斯认为，在沟通型对话中应该遵守三个话语伦理原则：一是每一个有言语行为能力的主体都应被允许参与对话；二是每一个参与对话的主体都应该被允许在对话中提出疑问和任何主张，并允许其表明态度和要求；三是不允许以任何内在或外在的强迫方式阻止言说者的上述两条所规定的权利。② 实际上，这是反对权力对对话的干涉，权力或者其他外在压力对商谈对话的干涉都会妨碍伦理共识的达成。为了达成共识，商谈对话需要

---

① 甘绍平：《应用伦理学前沿问题研究》，南昌：江西人民出版社，2002，第17页。

② J. Habemas, *Moralbew usstsein and Kommunikatives Handeln*, Frankfurt am Main：Suhrkamp, 1983, p. 68.

公平的程序、"理想的语境"。由此，哈贝马斯在《道德意识与交往行动》一书中进一步阐述了"商谈对话"的三个基本条件：一是"理想的（对话）语言"，它需要凭借语用学的批评才能获取；二是"理想的（对话）语境"，它是使对话成为可理解的必要条件；三是在"交互主体性"基础之上的视境融合，这是人类交往行动得以可能的认知基础，也是其实践目标。

哈贝马斯的商谈对话伦理着重从人们的语言和交往结构中寻求价值共识的规范性基础。为此，他认为，当代哲学必须实现根本的范式转换，那就是实现从"主体哲学"向"主体间哲学"的转换。"主体哲学"把"自我"当成整个世界的唯一实体，没有顾及"主体间性"的维度，因而导致了人们之间交往关系的扭曲，使人们之间只有"独白"，没有"对话"，从而阻塞了"共识"形成的可能途径。因此，要使共识成为可能，就必须摆脱独白性的"主体哲学"而建立"主体间哲学"。哈贝马斯精心设计出一种"理想的交往情境"，认为在这种情景之中，通过自由、平等的对话和交流，人们致力于达成理解，便能够克服"共识分化"的困境，并形成非强迫性的共识。① 综合起来，哈贝马斯商谈对话伦理中的道德共识大致可以从以下几个方面加以理解：一是生活世界是道德共识的存在界域。哈贝马斯在继承和发展胡塞尔生活世界理论的基础上，认为生活世界的一般性结构包括文化、社会和个性三个层次，具有奠基性、现行性和整体性的特征，是以语言为媒介，在语言沟通中实现社会整合和社会团结，最终达成共识。二是交往理性是道德共识的内核。在哈贝马斯看来，谋求道德共识，需要恢复和重建生活世界，生活世界的重建不仅根源于实践，更在于确立新的思维方式，即在现实的世界中，努力培育交往理性。交往理性是一种包容、对话的理性，是一种面向生活世界、通过话语对话来建立共识的理性。三是话语是实现道德共识的沟通中介。哈贝马斯认为，人类的交往离不开话语，交往理性内在于语言之中，充分发挥语言的"交互式"功能，道德共识的实现便获得了一种现实中介。四是可普遍化原则，对话伦理原则是实现道德共识的基本

---

① 贺来：《"道德共识"与现代社会的命运》，《哲学研究》2001 年第 5 期，第 28 页。

保证。① 哈贝马斯认为，"理想话语环境"是话语真正发挥交互式功能所需要的特定环境。构建"理想话语环境"，需要遵守两个基本原则：可普遍化原则和对话伦理原则，这两个原则是谋求道德共识和道德共识有效性的基本保证。

　　哈贝马斯的这一见解无疑具有重要的意义。万俊人教授认为，哈贝马斯的理论模式至少在两个方面优于罗尔斯的理论模式：第一，他避免了从概念出发去寻求普遍（正义）伦理所可能产生的困难和批评。哈贝马斯的"商谈实践"与罗尔斯借"原初状态"和"无知之幕"所实施的"信息强制"形成了鲜明的对照。第二，在承认差异事实的前提下开展文化对话，充分考虑各种文化的异质性事实，强调对话者相互尊重、相互接纳对方的视境和判断，这无疑更切合现代世界的多元文化现实，也更能被人们接受、认可并付诸实践。② 哈贝马斯的商谈对话伦理揭示了一个具有现实意义的问题：在多元文化之间，在差异化时代，可以通过商谈对话来达成伦理上的共识。对话的目的就是寻求某种或某些道德伦理的原则性共识，人类不仅应该而且必须寻找这样的伦理共识，否则，对于生活在同一个星球上的全体人类来说，就无法避免冲突甚至战争。所以，哈贝马斯商谈对话伦理所蕴含的生活世界合理性、主体间性、差异和多元的沟通共融性等思想，为化解气候谈判困境、实现利益多元化背景下伦理共识的达成，提供了重要的借鉴和参照视野。吉登斯也认为，在一个充满各种不确定性和风险的时代，对话民主是非常重要的机制。吉登斯解释说："对话民主是指双方对对方权威的互相认可，准备倾听他们的观点和想法并与之辨认的这样一个过程——是对暴力的唯一替代。"③ 对话民主注重通过对话协商来解决问题，强调平等参与，反对霸权主义。吉登斯进一步强调，对话民主就是要承认他人的存在，倾听他人的声音，并尊重他人，只有在这样的基础上才能开展对话，从而消除彼此的分歧并达成共识。由此可

---

① 于馥颖：《哈贝马斯话语伦理学视界下的道德共识》，《中国矿业大学学报》（社会科学版）2011 年第 1 期，第 38～40 页。
② 万俊人：《寻求普世伦理》，北京：北京大学出版社，2009，第 243 页。
③ 〔英〕安东尼·吉登斯：《为社会学辩护》，周红云等译，北京：社会科学文献出版社，2003，第 61 页。

见，哈贝马斯的商谈对话伦理和吉登斯的"对话民主"理论充分说明了在多元化时代，在事关人类命运的气候变化问题上，通过商谈对话是可能达成伦理共识的。事实上，自从 20 世纪 90 年代启动国际气候谈判以来，国际社会为解决气候变化问题，签订了一系列国际公约或协议，从《联合国气候变化框架公约》到《京都议定书》，从《马拉喀什协定》到《巴厘岛路线图》，从《哥本哈根协议》到《坎昆协议》和德班会议最终通过的四份决议，这些都是国际社会在对话当中达成的共识，对解决气候问题起到了重要的作用。

当然，商谈对话的模式仍然有些缺陷。比如，如何保证真正的平等对话？在错综复杂的气候谈判中，如何创造"理想的话语环境"？什么样的话语环境才是"理想的话语环境"？如何抵制霸权主义在对话中的影响？没有相互宽容和理解，对话如何可能？等等。但是，不管怎样，商谈对话仍然是达成伦理共识的重要技术路径。因为武力冲突是无法解决气候问题的，武力冲突造成的结果就是全人类毁于气候危机之中。因此，要解决当前的气候问题，要达成应对气候变化的伦理共识，只有通过商谈对话才是可行的。

三　宽容精神路径

虽然商谈对话是达成伦理共识的重要路径，但是在商谈对话中离不开宽容，宽容精神在其中发挥着非常重要的作用。如果没有国与国之间、民族与民族之间的宽容，商谈对话就难以进行下去，伦理共识也难以达成。宽容是达成伦理共识的一个非常重要的精神路径。

"宽容"作为一个伦理概念，不是凭空产生的，在中西方历史中都有着非常丰富的文化资源。在中国传统文化中，"宽容"一词最早是分开的，其本义是指衣服宽绰或者屋子大，后引申为度量大、能容众。这两个字组合在一起最早出现于《庄子·天下》："常宽容于物，不削于人，可谓至极。关尹、老聃乎！古之博大真人哉！"从总体上来说，中国传统文化中的宽容是与人的德性相联系的，被作为人的基本美德得到认可。宽容的伦理精神在"百家争鸣"中得到理论上的丰富和现实中的践履，如儒家的"己所不欲，勿施于人"、道家的"道之自然无为"，佛教的"平等、无我、利他"，体现的都是一种宽容精神。此后，宽容精神在中国传统文化中传承至今。盛洪教授在其著作《为万世开太平》中论证了宽容精神是中华民族思想的精华。而在西方，16 世纪就提出了"宽容"问题，主要是因为这个时期，西方宗教教派纷争激烈，战争冲突不断。于是，欧洲的思想家探寻不同宗教的和平共处之道，研究不同宗教、教派之间的宽容问题。"宽容"历来被视为协调和解决宗教冲突、政治冲突乃至文化冲突的普适原则和基本精神，直到今天，在这么一个多元化的社会里，宽容依然是一种值得称颂的伦理精神。

那么，何谓宽容？宽容，源自拉丁文"tolerare"，是一个有着复杂宗教文化渊源的伦理概念，既有"忍受或忍耐"的意思，也有广义上的"养育、承受和保护"的意思。在房龙看来，宽容是指容许别人有行动和判断的自由，是对不同于自己的见解的耐心公正的容忍。① 这主要是从个人美德方面来界定宽容的含义，似乎对宽容的内涵界定范围太窄。美国神学教授科尼尔斯在《长久的休战——容忍是如何为权力和利益制造世界安全》一书中指出，宽容是一种策略，是一种在社会生活中寻求和谐或和平的临时解决办法。② 万俊人教授将宽容界定为一种具有普遍价值向度的道德态度和文化态度：在人格平等与尊重的基础上，以理解宽容的心态和友善和平的方式，来对待容忍、宽恕某种或某些异己观念，乃至异己者本身的道德与文化态度、品质和行为。宽容的基础是人与人或文化与文化之间的相互平等、理解和尊重。其基本前提和方式是，在不背离或不放弃根本原则的情况下，以和平友善的方式，来看待、理解、容忍和宽恕他人的异己言行以及"文化他者"。③ 由此，在理解宽容时，应该明确以下几个问题：一是，宽容的道德基础是平等和相互尊重。不管是人与人之间，还是国与国之间，其人格都是平等的，并且都应该相互尊重，不应该理解为是强者对弱者的仁慈施舍。其实，这里就涉及了宽容的核心问题：如何对待他者的问题。哈贝马斯认为，宽容就是包容"他者"，即包容来自不

---

① 〔美〕亨德里克·房龙：《宽容》，连卫、靳翠微译，北京：三联书店，1985，第 13 页。

② A. J. Conyers, *The Long Truce—How Toleration Made the World Safe for Power and Profit*, Dallas：Spence Publishing Company, 2001, p. 3.

③ 万俊人：《寻求普世伦理》，北京：北京大学出版社，2009，第 295 页。

同共同体的人及其思想和观念，它不是简单地把来自不同共同体的人及其思想和观念收为己有，更不是将其拒之门外，而是以开放的姿态或开明的态度对待那些来自不同共同体且希望在某种程度上保持其陌生性的人。①在哈贝马斯看来，宽容的实质就是尊重他者，平等地对待他人。"对他者的包容，而且是对他者的他性的包容，在包容过程中既不同化他者，也不利用他者。"② 二是，宽容是有限度的。宽容的出发点是与人为善、与国为善，但绝对不是无原则的放纵。不是让你打了左脸，又把右脸伸过去让你打。宽容是有原则的、有限度的。法国哲学教授安德烈·孔特－斯蓬维尔就非常重视宽容的限度，认为宽容在本质上是受限制的。斯佩伯在《我们能宽容到什么程度》一文中，也明确指出："宽容是一种相互性的美德，为了让它得以保持，我们需要为宽容设限。"也就是为宽容设立边界。这正如哈贝马斯所说，我们要分清"不应宽容"与"不可宽容"的界限，确定宽容的范围。三是，从某个层面来说，宽容与理性地运用权利和权力密切相关。在特定的情况下，宽容可以被视为对权利和权力的有限放弃或有原则的让步。这种对权利和权力的有限放弃或有原则的让步就是一种利益的让渡。所谓利益让渡，就是指各个国家为了人类当下和未来的利益，而对自身的一些利益的割舍。当然，在宽容精神引领下的"利益让渡"作为一种全球伦理规约，它的提出不是毫无依据的，而是有其社会经济基础的。正如马克思所说："人们自觉地或不自觉地，归根到底总是从他们阶级地位所依据的实际关系中——从他们进行生产和交换的经济关系中，获得自己的伦理观念。"③ "一切以往的道德论归根到底都是当时的社会经济状况的产物。"④ 当前，利益让渡的基础就是人类共处于"地球村"中，面临着危及人类生存与发展的全球性问题。由此可见，宽容精神对于化解冲突、解决全球性的问题、达成伦理共识具有非常重要的作用。

当前，国际社会为解决气候问题的谈判，已经演变成谈判各方的利

① 〔德〕尤尔根·哈贝马斯：《包容他者》，曹卫东译，上海：上海人民出版社，2002，第2页。

② 〔德〕尤尔根·哈贝马斯：《包容他者》，曹卫东译，上海：上海人民出版社，2002，第43页。

③ 《马克思恩格斯文集》第9卷，北京：人民出版社，2009，第99页。

④ 《马克思恩格斯文集》第9卷，北京：人民出版社，2009，第99页。

益博弈过程，是一个讨价还价的过程。在这种博弈和讨价还价的过程中，谈判各方的宽容将有利于问题的解决。在危及全人类生存与发展的气候问题面前，在宽容精神的引领下，发达国家与发展中国家都能平等地参与气候谈判，平等协商国际气候协议，发达国家能够尊重发展中国家的意见并能够顾及发展中国家的生存需要，这样发达国家就能够对国家利益作出一定的让渡，承担应尽的责任，向发展中国家提供资金技术援助，帮助发展中国家适应和应对全球气候变化，以减轻发展中国家在发展过程所付出的环境代价。这既是一种补偿，也有利于发展中国家参与国际合作。同时，发展中国家在得到发达国家的资金技术支持之后，也能对国家利益作出让渡，积极转变经济发展方式，正确处理经济发展与保护环境的关系，与发达国家一起共同承担起应对气候变化的责任。这样，通过发达国家与发展中国家之间的相互宽容，双方就都能够对国家利益作出一定的让渡，国际社会就很容易就气候变化问题达成伦理共识，从而共同制定应对气候变化的协议。实际上，这种情况在 2011 年德班气候大会上就得到了印证。在经过 14 天的艰苦谈判之后，在谈判各国作出局部利益让渡的情况下，德班会议通过了最终决议：对《京都议定书》第二承诺期作出安排、启动绿色气候基金、建立德班增强行动平台特设工作组。大会主席马沙巴内坦言，虽然这些决议并不完美，但它仍是"历史性的""里程碑式的"，为谋求全球共同利益和人类共同福祉迈出了关键步伐。毫无疑问，在这么一个利益多元化的时代，在涉及切身利益的气候问题面前，国与国之间、民族与民族之间的宽容发挥着越来越重要的作用。它不仅有利于维护参与气候谈判各方，特别是发展中国家的尊严，而且有利于实现人类的共同福祉，是实现人类共同福祉的基本伦理精神之一。

尽管气候谈判的进程异常曲折，达成伦理共识异常艰难，但是以上理论还是为伦理共识的达成提供了可能的路径。现代社会虽然是一个多元的社会，但是在面临全球性问题的时候，人们还是在努力寻找一种中道，一种超越各个自我、各个民族和各种文化的普遍的东西，这些普遍的东西就是在一些基本问题上所达成的伦理共识。在气候谈判过程中，世界各国与其在利益上针锋相对，不如寻求共识以求解决气候问题。没有伦理共识，就永远没有气候问题的解决。正如阿佩尔所言："对某种能约束整个人类社会的伦理学的需要，从来没有像现在……那么迫切。"[①] 伦理共识的提出，既表达了一种美好的愿望，也是现实的需要，反映了人类道德责任意识的觉醒，体现了人们对普遍性伦理责任的期待。那么，这种伦理共识具体包括哪些内容呢？笔者认为，正义原则、责任原则、合作优先于冲突原则和生存权与发展权相统一原则是其应有的内容。

---

① 〔德〕卡尔·奥托·阿佩尔：《哲学的改造》，孙兴周译，上海：上海译文出版社，1997，第257页。

第四章 伦理共识之一：正义原则

"正义"是一个古老的伦理范畴，在东西文化传统中都有所体现，实现正义是人类久远的价值诉求和共同的期盼。康德曾经说过："如果公正和正义沉沦，那么人类就再也不值得在这世界上生活了。"[①] 从某种意义上说，正义问题是关系人类生存与发展的重要问题，非正义或缺少正义是社会冲突的根源。全球气候问题的产生、气候谈判的"囚徒困境"反映的正是正义的缺失和正义的困境，显示了正义的"落寞"。因此，人类为了避免因为气候问题而走向自我毁灭，对气候正义提出了应当之诉求。国际社会在气候谈判中应该首先在这个问题上达成伦理共识。

第一节 从正义到气候正义

在人类思想史上，"正义"这个范畴具有非常悠久的历史，占有非常重要的地位。自从正义观产生以来，不同时期的思想家都对它进行了研究与探索，其内容也处于不断演变当中，展现了不同的形态。正如博登海默所说："正义具有一张普洛透斯似的脸，变幻无常，随时可呈不同的形状，并具有极不相同的面貌。"[②]

一 正义的探寻

正义观念最早产生于古希腊时期，并且是作为一种宇宙论的原则而出现的。据考证，"正义"一词最早来自女神狄刻（Dike）的名字，其基本

[①] 〔德〕康德：《法的形而上学原理》，沈叔平译，北京：商务印书馆，1991，第165页。

[②] 〔美〕博登海默：《法理学——法哲学及其方法》，邓正来译，北京：华夏出版社，1987，第238页。

意思是宇宙的秩序。在这种原始正义观的影响下，前苏格拉底哲学中的正义观基本上是一种宇宙论的正义观。比如，阿那克西曼把事物之间由必然性（命运）所规定的和谐关系视为正义，而把事物超越自己规定地位而造成的对和谐关系的破坏视为不正义或非正义。"万物由之产生的东西，万物又消灭而复归于它，这是命运规定了的。因为万物在时间的秩序中不公正，所以受到惩罚，并且彼此互相补足。"① 赫拉克利特把火视为世界的本源、万物的始基，火永恒不息的运动特性就是宇宙的本质和规律，它通过不断的斗争、冲突引起世界的变化。在赫拉克利特看来，和谐平衡正是由于斗争而形成的，而斗争就是正义的体现。"正义就是斗争。"② 他认为，在斗争中，正义一定能够打败那些作假证和说假话的人，正义必定战胜非正义，从而形成新的秩序、新的和谐。这正是自然规律的体现，是正义的。可以看出，赫拉克利特所理解的正义，就是事物之间由斗争而形成的和谐。毕达哥拉斯把"数"视为世界的始基，认为世界是由"数"构成的。因此，他用"数"来说明正义，把正义理解为"数"（事物）之间的一种和谐稳定关系。巴门尼德把"存在"看成宇宙的本体，认为存在是永恒的、不生不灭的、无始无终的。因此，巴门尼德的宇宙正义思想就体现在他的"存在"学说中。

可以看出，在古希腊前苏格拉底时期，哲学家思考的对象是向外的，是外在于人的自然和宇宙。因此，这个时期的正义被视为由某种超越人类的力量所维持的宇宙万物之间的和谐关系。随着古希腊哲学家思考的重心从自然、宇宙转向人类社会，其正义观也逐步从天道转向了人道。智者派代表人物普罗泰戈拉就提出："人是万物的尺度，是存在的事物存在的尺度，也是不存在的事物不存在的尺度。"③ 在他看来，人就是衡量正义的尺度。这样，正义就由宇宙的法则转变成人的道德观念。苏格拉底进一步把哲学"从天上带回了人间"，他在提出知识就是美德的同时，认为正义

① 北京大学哲学系外国哲学史教研室编译《古希腊罗马哲学》，北京：商务印书馆，1961，第 7 页。
② 北京大学哲学系外国哲学史教研室编译《古希腊罗马哲学》，北京：商务印书馆，1961，第 26 页。
③ 北京大学哲学系外国哲学史教研室编译《古希腊罗马哲学》，北京：商务印书馆，1961，第 138 页。

是一种美德，并且正义作为一种美德是源于知识和智慧的。"既然正义的事和其他美好的事都是道德的行为，很显然，正义的事和其他一切道德的行为，就是智慧。"① 苏格拉底把正义视为富有智慧的德行，一个人应该知道正义，并以正义的精神去做正义的事情，这就是美德。柏拉图发展了苏格拉底的正义思想，他把正义看成与智慧、勇敢、节制并列的"四主德"之一，并认为正义是其他美德实现的最高境界。"正义能给予那些属于国家法制的其他美德——节制、勇敢、智慧，以及那些被统摄在这一普遍的观点之下的德性以存在和继续存在的力量。"② 他把社会成员分为三个等级：统治者、保卫者和劳动者，如果这三个等级能够各守其位、各司其职，不干涉别人的事务，就符合正义的原则。"正义就是只做自己的事而不做别人的事。""正义就是有自己的东西干自己的事情。"③ 亚里士多德则从更广阔的视野对正义进行了考察。他对正义进行了详细的分类，在正义的表现形式上，他把正义分为普遍正义和特殊正义；在正义的具体内容上，他把正义分为相对正义和绝对正义，相对正义是"约定的正义"，绝对正义是"自然的正义"。"自然的正义"是普遍的、永恒不变的，是人们必须要遵守的。同时，亚里士多德强调："正义是德行中最卓越的德行，是德行之首，比星辰更让人崇敬。正义是一切德行的总汇。"④ 从这里可以看出，无论是苏格拉底、柏拉图还是亚里士多德都把正义与人的德行、美德结合起来，这也是这个时期正义观的一个显著特点。伊壁鸠鲁则从快乐主义的立场来考察正义，把正义看成增进人们快乐的互利协定。"自然正义是人们就行为后果所作出的一种相互承诺——不伤害别人，也不受别人的伤害。"⑤ 斯多亚学派则提出了"按照自然生活"的口号，认为按照自然生活就是按照理性生活，按照自然法生活，就是正义。可见，

---

① 〔古希腊〕色诺芬：《回忆苏格拉底》，吴永泉译，北京：商务印书馆，1984，第117页。
② 转引自〔德〕黑格尔《哲学史讲演录》第1卷，贺麟等译，北京：商务印书馆，1960，第255页。
③ 〔古希腊〕柏拉图：《理想国》，郭斌和等译，北京：商务印书馆，1986，第154~155页。
④ 苗力田主编《亚里士多德全集》第8卷，北京：中国人民大学出版社，1992，第96页。
⑤ 〔古希腊〕伊壁鸠鲁：《自然与快乐》，包利民等译，北京：中国社会科学出版社，2004，第41页。

斯多亚学派的正义观是以理性和自然法为基础的。西塞罗也认为，有理性的人能够按照理性给予每个人应有的东西，这就是正义。同时，他系统地阐述了自然法的思想，认为"正义是出自大自然"。① 可以看出，正义观从天道向人道的转变是一次巨大的跨越，这个时期的正义更多地与人性、德性、美德结合在一起了，这是历史的进步。当然，它们之间还是存在内在的逻辑连贯性，不管是天道的正义观还是人道的正义观，都表明宇宙万物要遵守自己的规定地位，不能越位去做别人的事情。

在中世纪，基督教神学在思想文化领域居主导地位，人类的理性之光被上帝的"绝对信仰"所压制，伦理学和其他学科一样，都匍匐在神学的脚下，沦为"神学的奴婢"，正义问题也就被纳入神学的范围之中。在这个时期，上帝是全智全能的，神谕也具有不可置疑、不可争辩的道德的至上性，上帝和神就成了正义的化身，正义听从上帝和神的召唤。基督教伦理中的正义，就是指要"爱人如己"，要像爱自己一样去爱别人，要不加区别地爱所有的人，甚至"要爱你的仇敌"。基督教的两位神学大师奥古斯丁和托马斯·阿奎那都从神学的角度对正义进行了阐述。奥古斯丁用基督教的"信、爱、望"三主德取代了古希腊传统的"智慧、勇敢、节制、正义"四主德。所谓"信、爱、望"，就是指对基督的信仰、对上帝的圣爱以及对来世的希望。这样，奥古斯丁就把正义神学化，认为正义就是服从神的诫命，上帝的正义就成为判断一切存在事物的善恶的标准。托马斯·阿奎那认为，自然法的观念以及自然法所表示的自然秩序与神的秩序之间是和谐一致的，自然法不过是上帝的永恒法的一部分。在他看来，根据自然法，正义在于在各种活动之间规定的一种适当的比例，把各人应得的东西归于各人。同时，根据神学自然法的观点，他把正义区分为自然的正义和实在的正义，并从上帝的统治中推论出君主制的合理性，认为君主制是最能体现正义的政体。可见，中世纪的正义观是一种神道的正义观，但他们思考的问题仍然是人类社会所面临的现实问题，并从神学的角度对这些问题作出了一些有意义的思考。

---

① 〔古罗马〕西塞罗：《国家篇、法律篇》，沈叔平等译，北京：商务印书馆，1999，第160页。

近代以来，随着文艺复兴的出现和资本主义制度的确立，这一时期的思想家们努力构建适应资本主义发展的伦理价值体系，正义观的发展大致经历了三个阶段，大致有三种取向：资产阶级革命之前和革命之初的正义观侧重于对自由、平等、博爱的呼吁，资产阶级革命中后期的正义观侧重于对秩序和权威的建构，而工业革命以后的正义观侧重于对功利和效率的追求。① 文艺复兴时期的人本主义者把正义所关注的重点从神转向了人，并且认为正义就是要促进人们的现实幸福、自由和全面的发展。但丁就说过："人类最高利益是安居乐业，正义则是这一利益主要的和最有力的推动者。"② 卢梭认为，正义就是人民主权、社会契约，是一种公意。霍布斯认为，正义就是守约，其目的是结束"人对人是狼的自然状态"。斯宾诺莎认为，正义是思想自由、行动守法。洛克认为，正义就是对自然法的遵从和对自然权利的肯定，他把正义建立在社会契约论和自然权利说的基础之上，其目的是维护人民的自由权利。康德认为，正义就是善良的意志，正义原则的最终目的就是保护每个人的合法自由不受侵犯，合法的政治权利不受损害。休谟认为，正义是一种尊重财产的人为美德，这种美德有利于增进人类的幸福和社会的利益。爱尔维修认为，正义就是维护公共利益，公共利益是正义的标准。"一个人一切行动都以公益为目标的时候，就是正义的。"③ 由此，这个时期的西方正义观发生了重大的转变：在正义的价值取向上，从对神的信仰转到了对人的尊重；在正义的内容上，从要求人们各守其位转到对自由、平等、博爱的追求；在正义的形式上，从服从上帝的法律转到制定人间的法律；在正义的标准上，从以《圣经》为标准转到以人的理性为标准。④

在现代，随着社会化大生产的发展，社会组织日益庞大，规则和制度在人们的生活中发挥着越来越重要的作用。在这种背景下，伦理学也顺应社会化大生产的要求以规范伦理的理论为其主要的研究重心。然而，规范毕竟是

---

① 沈晓阳：《正义论经纬》，北京：人民出版社，2007，第31页。
② 〔意〕但丁：《论世界帝国》，朱虹译，北京：商务印书馆，1985，第15页。
③ 北京大学外国哲学史教研室编译《18世纪法国哲学》，北京：商务印书馆，1963，第463页。
④ 沈晓阳：《正义论经纬》，北京：人民出版社，2007，第22页。

有限的，还需要关切人的德性。于是，在规范伦理兴起的同时，德性伦理并没用退出伦理学的舞台，始终与之处于对话当中。以罗尔斯为代表的规范伦理从社会结构和社会制度的角度探讨正义问题。罗尔斯认为，正义是社会制度的首要价值。他主要阐述了社会制度的正义问题："正义的主要问题是社会的基本结构，或更准确地说，是社会主要制度分配基本权利和义务，决定由社会合作产生的利益之划分的方式。"① 因此，罗尔斯的正义论也被称为分配正义论。以麦金太尔为代表的德性伦理从德性的角度探讨正义问题。他认为，正义是人的首要德性："无论'正义'还指别的什么，它都是指一种美德；而无论实践推理还要求别的什么，它都要求在那些能展示它的人身上有某些确定的美德。"② 在麦金太尔看来，西方社会丢失了德性传统是一种巨大的损失，这种丢失，扭曲了社会、扭曲了人性、阻碍了现代社会的发展，因此必须还正义以美德。正义的重点不在于外在的规范，而在于内在的美德。"无论是在社会秩序中树立正义，还是在个体身上把正义作为一种美德树立起来，都要求人们实践各种美德，而不是实践正义。"③

　　由此可见，几个世纪以来，正义问题都是人类思想史上一个重要的话题，不同学科领域的思想家们都从不同的角度对正义进行了研究，提出了不同形态的正义观，推动了正义理论的发展。从正义理论的发展历程来看，正义总是涉及个人及社会的关系，所以讨论正义的基点一般都是立足于个人之维和社会之维这两个层面。对于个人而言，正义是一种美德，是人的公正品质。只有具备了这种公正的品质，人才能作出公正的行为。麦金太尔就指出："只有拥有正义美德的人，才可能了解如何去应用正义的法则。"④ 对社会制度来说，正义也是社会制度的首要美德。罗尔斯就说过："正义是社会制度的首要美德，正如真理之于思想体系一样。"⑤ 从柏拉图的《理想国》到罗尔斯的《正义论》，都力图设计正义的社会制度，

---

① 〔美〕罗尔斯：《正义论》，何怀宏等译，北京：中国社会科学出版社，1988，第5页。
② 〔美〕麦金太尔：《谁之正义？何种合理性？》，万俊人等译，北京：当代中国出版社，1996，第35页。
③ 〔美〕麦金太尔：《谁之正义？何种合理性？》，万俊人等译，北京：当代中国出版社，1996，第56页。
④ Alasdair MacIntyre, *After Virtue*, University of Notre Dame Press, 1982, p. 152.
⑤ 〔美〕罗尔斯：《正义论》，何怀宏等译，北京：中国社会科学出版社，1988，第1页。

正义不仅是个人的美德，也是社会制度的美德。现在正义理论的运用也已经超越了道德和伦理的界限，被转化为各个领域中具体的规则和策略。比如，国际社会在应对气候变化的问题上，就需要正义作指导，对气候正义提出了价值追求。

二　气候正义：何以生成

气候变化问题对于全球经济社会的发展造成了深远的影响，与其他全球环境问题相比，气候变化问题更具复杂性和特殊性。一方面，气候资源作为一种公共资源，任何一个国家都不能独自享用，如何去分配这种公共资源就成为一个非常重要的问题；另一方面，任何一个国家都难逃气候变化的影响，都需承担一定的气候责任，特别是发达国家。那么，应该如何去分担这种责任呢？这就使得正义问题成为气候变化问题中的一个争论焦点，气候正义也就日益凸显。那么，气候正义是如何生成的呢？

西方伦理学家大卫·修姆（David Hume）认为，仅当资源成为稀缺的并且发生冲突性诉求的时候，才可能出现正义问题。[①] 休谟从人性的角度对正义的产生作出了经典的描述："正义只是起源于人的自私和有限的慷慨以及自然为满足人类需要所准备的稀少的供应。"[②] 罗尔斯进一步把正义产生的条件设定为：资源相对匮乏的事实、人类有可能和有必要合作的事实、人作为道德存在物的事实。根据大卫·修姆、休谟和罗尔斯对正义产生条件的研究进路，气候正义的生成包括主客观两个方面的原因，大致可以概括为气候资源的稀缺性和人性的自私性。

气候资源貌似是一种取之不尽，用之不竭的资源，任何人、任何国家都可以在不需要支付任何成本的情况下无偿地使用。然而，自工业革命以来，随着西方发达国家无节制地排放温室气体，经过两百多年的累积之后，造成了今天的气候危机。由于气候资源已经被发达国家过度使用，现在温室气体的排放空间十分有限，气候资源正日益成为一种稀缺资源。正如辛格所说，设想我们生活在一个村子里，村里的每个人都把

---

① 转引自王建廷《气候正义的僵局与出路——基于法哲学与经济学的跨学科考察》，《当代亚太》2011 年第 3 期，第 91 页。

② 〔英〕休谟：《人性论》（下册），关文运译，北京：商务印书馆，1980，第 536 页。

垃圾丢进一个巨大的水坑里。当时，在垃圾丢进去后，马上就消失了，也没有产生不利的影响，所以没有人会对此表示担忧。只是一些人丢的垃圾多一些，另一些人丢的垃圾少一些。由于当时的大坑看上去容纳垃圾的能力是无限的，因此也没有人在意这种差别。只要情况依然，就不会有人去干涉他人丢垃圾的事情。直到有一天，有人发现大坑容纳垃圾的能力达到了极限，并且出现了一些令人讨厌的渗漏，这看来是过度使用大坑的结果。此时，渗漏不时地引发一些问题，影响了周围人的生活。在这个时候，村里受人尊敬的人物警告说，大坑是一种有限的资源，除非减少对大坑的使用，否则村里的人都会受到污染。现在我们居住的地球就像一个大坑，我们可以在它里面排放废气。这样一来，一旦我们耗尽了大气吸收废气而不致产生有害后果的能力，那就不再可能通过宣称我们给别人留下了"足够的好东西"而为我们使用这种资源提供正当性证明了。[①] 现在，由于过度地使用气候资源，全球气候发生了变化，威胁到人类的生存。"大自然已经赋予了人类极为丰富的外部便利条件，以至在人类的活动中没有任何不确定的事情，我们不用操心或费力，每个人最贪婪的欲望和奢侈的想象所希冀或期望的一切都能得到充裕的满足。……在这种情形下，正义是完全没有用的，它将是一种多余的摆设。"[②] 正义就被用来指导稀缺资源的分配。事实上，我们只有一个地球，由于发达国家在历史上过度地使用气候资源，现在留下的气候资源十分有限，已经成为稀缺资源。现在如何去公平地分配这种稀缺资源呢？

由于占有气候资源的多少、拥有温室气体排放空间的大小直接影响国家经济的发展，所以在稀缺的气候资源面前，一些人、一些国家为了获得更多的利益，就会不择手段，从而引发气候冲突，人性的弱点和国家的不道德性也就暴露出来了。在古希腊时期，哲学家们就提出人性的自私自利或者人本身的无知是导致冲突的根本原因。普罗塔戈拉就认为，人类社会的冲突是人的本性使然，是由于缺乏必要的德性而导致的。亚里士多德则

---

① 〔美〕彼得·辛格：《一个世界——全球化伦理》，应奇、杨立峰译，北京：东方出版社，2005，第27～29页。
② 〔英〕休谟：《道德原理探究》，王淑芹译，北京：中国社会科学出版社，1999，第13～14页。

更明确地指出："人类倘若由他任性行事，总是难保不施展他内在的恶性"，① 从而引起冲突。到了近代，资产阶级思想家更是把人的自私自利视为社会冲突的根源。霍布斯认为，人们为了实现自己的利益而彼此为敌，人与人之间像狼一样，即所谓"每一个人对每个人的战争状态"。② 正是人性的不完美，人性的私欲和贪欲，才导致了冲突和战争。具体到应对气候变化的情境中，每一个人、每一个国家都是从自身利益出发，去考虑减排目标，都想多占有排放权。但是，气候资源作为一种公共资源是有限的，排放空间也是有限的，这样冲突就不可避免。古典自由主义早就指出，人是自利的"经济人"，为了自己私利的满足会对他者的利益置若罔闻。而由自利的"经济人"组成的国家也同样如此。尼布尔在《道德的人与不道德的社会》一书中就论证了社会的不道德性、民族和国家的不道德性。在尼布尔看来，国家的自私是公认的，是一种较大范围的利己主义，甚至爱国主义也是一种利己主义。也正是由于人性的自私、国家的不道德性，才会有老布什在气候灾难面前所说的："我们不会做任何有损于我们经济的事情，因为至关重要的是生活在美国的人民。""美国人民的生活方式是不能拿来谈判的。"显然，温室气体排放得最多的美国政府仍愿意看到他们奢侈的消费方式所导致的气候灾难，数千万的人成为气候难民流离失所甚至死于非命，也不愿意去改变他们的生活方式。因此，联合国每年召开的应对气候变化的大会都变成了各国利益的博弈场所，发达国家为了争取更多的排放权、占有更多的稀缺气候资源，回避历史责任，置发展中国家的生存于不顾，这样发达国家与发展中国家之间在气候问题上的矛盾、冲突就不可避免。利益分配的失衡和责任承担的不公以及由此而导致的气候冲突，深刻地触及伦理学的核心——正义。正如温茨所说："社会正义和环境保护必须同时受到关注，缺少环境保护，我们的自然环境可能变得不适宜居住，缺少正义，我们的社会环境可能同样变得充满乱意。"③ 因此，应对气候变化需要的不仅仅是技术措施，还需要正义理论

① 〔古希腊〕亚里士多德：《政治学》，吴寿彭译，北京：商务印书馆，2009，第319页。
② 〔英〕霍布斯：《利维坦》，黎思复、黎廷弼译，北京：商务印书馆，1985，第94页。
③ 〔美〕温茨：《环境正义论》，朱丹琼、宋玉波译，上海：上海人民出版社，2007，第2页。

作指导。

不言自明的是，上述主客观条件推动了气候正义的产生，但是，气候正义的产生还与非政府组织和学者的人工"助产"密不可分。20世纪80年代，受到环境污染的美国穷人和有色人种为了反对环境种族主义，反对环境保护中的"环境不公"，掀起了一股"环境正义运动"。所谓环境正义，就是由环境因素引发的社会不公正，特别是强势群体和弱势群体在环境保护中权利与义务不对等的议题。① 以"美国环境正义运动"和"穷人环保主义"② 为代表的"环境正义运动"推动了环境伦理对现实问题的关注，关注环境保护中的现实问题。随着全球气候变暖，气候危机的出现，在世纪之交的环境正义运动的过程中，一些非政府组织开展了针对性更强、目标更明确的气候正义运动。2000年11月，在荷兰海牙召开了首次气候正义峰会，峰会宣言称："我们确定气候变化就是问题所在，它影响着我们的生活、我们的健康、我们的孩子和我们的自然资源。我们要跨越州界和国界建立联盟，抵制会引发气候变化的活动，实现可持续发展。"一些非政府组织在其所关心的具体问题上发表了声明。例如，世界雨林运动就声称："通过资助植树'吸收'二氧化碳而许可燃烧化石燃料会使生态与社会不公平性变得更加糟糕。"③ 有的非政府组织甚至直接用"气候正义"来命名，如"国际气候正义网络"。该组织在2002年提出了共有27项内容的"气候正义巴厘原则"。④ 2009年哥本哈根会议更是吸引了全球数万名非政府组织人士参与，他们以论坛、集会游行、行为艺术等方式表达正义的呼声。在近几年风起云涌的有关气候变化议题的运动中，气候正义运动正日益成为一支非常重要的力量。气候正义运动关注气候谈判所忽视的道德问题，着眼于应对气候变化过程中权利与义务的分配和分担问

① 王韬洋：《"环境正义"——当代环境伦理发展的现实趋势》，《浙江学刊》2002年第5期，第174页。
② 1994年，印度生态主义者古哈（Ram Chandra Gotha）在《激进的美国环境保护主义和荒野保护——来自第三世界的评论》一文中，介绍了印度的环境斗争，强调第三世界同样存在环境保护运动，表达了贫穷国家和落后地区要求实现"环境正义"的呼声。这些就被称为"穷人环保主义"的环境保护运动。
③ 黎勇：《气候正义运动在成长》，《世界环境》2009年第5期，第52页。
④ 黎勇：《气候正义运动在成长》，《世界环境》2009年第5期，第52页。

题。与此同时，学者也发现，在全球化的今天，气候问题绝不是一个简单的生态问题，气候问题的三大特性（影响的非平衡性、时间的滞后性、制造者与受害者的错位性），说明气候问题涉及公平正义问题。如果不解决气候问题中的非正义问题，就不可能解决气候问题；如果气候问题不与正义结合起来，那么气候问题是肯定得不到解决。气候问题与正义的结合就成为历史的必然，这样"气候正义"就日益凸显。

用正义理论来解释气候变化问题并不是"气候正义"的独创。早在20世纪中叶，随着环境问题的日益恶化以及哲学家们对环境伦理问题的关注，原本被"严格限制在人的利益——获得公平、自由、公正和机会的范围内"的正义理论，就已经被用来为大自然和弱势群体的权利进行辩护。[①] 气候正义则使用正义的理论来阐述发展中国家在气候变化问题上所遭受的环境不公，强调在气候权利和气候责任的配置过程中发达国家对发展中国家的不正义及其矫正。可以说，气候正义已经不是未来的期待，而是现实的需要。如果说人类过去对气候正义的追求是潜在的、隐含的，而如今，当气候问题危机四伏、气候灾难无处不在时，当发展中国家环境权益受到不公正对待、生存与发展受到严重威胁时，气候就被寄予了正义的希望，气候正义成为人类治理气候问题的价值追求。

第二节　正义的"落寞"

正义作为个人的美德和社会的首要价值而定在，彰显了正义的重大价值。但是，在当前的气候变化问题上，正义处于"落寞"的状态：要么是正义的缺失，要么是正义的困境，从而产生激烈的气候冲突，导致气候问题迟迟得不到解决。

一　正义的缺失

气候问题是当前生态危机中最严重也是影响最广泛的问题的之一，它

---

① 王韬洋：《"环境正义"——当代环境伦理发展的现实趋势》，《浙江学刊》2002 年第 5 期，第 176 页。

是生态危机的综合性体现，对人类的威胁性也最大。从气候变化问题中，可以清楚地看出正义的缺失。这种缺失表现在两个方面：一是人对自然的非正义，涉及的是对环境权利和环境伦理的关注；二是发达国家对发展中国家的非正义，涉及的是对不同国家群体生存权和发展权的关注。

气候危机的发生以及由此带来的气候灾难，是当今世界一个非常严重的事件。2011 年 8 月，飓风"艾琳"袭击美国，致使美国先后有 10 个州宣布进入紧急状态，数百万居民被紧急疏散。这是美国历史上第一次因自然灾害进行如此大规模的疏散行动，给美国造成的经济损失高达 70 亿美元。这充分说明了极端性灾难天气的危害性，暴露了人与自然关系已经陷入了严重的非正义的状态，这种非正义现在已经直接威胁着人类的生存。其实，在人类早期观念中，人与自然的关系还是和谐的，也不存在人对自然的非正义。无论是中国的儒教、道教和佛教，还是古希腊的哲学自然观，都以各种不同的理解方式将人与自然纳入一个统一的整体之中，人之为人的人性与自然世界之为自然世界的本性在古人那里总是难解难分地纠结在一起。中国儒家的"天人合一"、道家的"道法自然"以及古希腊人的"小宇宙"与"大宇宙"和谐一致的主张，都表达了人与自然本质同一的看法，表达了人与自然和谐正义的关系。① 在古希腊人看来，自然是一个充满活力的有机体，她拥有灵魂和理智，人是自然的一部分。因此，人就应该顺应自然而生活，人要在目的和行动上与自然保持和谐一致的追求，不能僭越自然宇宙的最高神为人安排的必然秩序。正如斯多亚派所说，人要"合乎自然地生活"。在斯多亚派看来，"合乎自然地生活"就是一种德性的生活，一种合乎理性的生活，一种善的生活，一种正义的生活。亚里士多德也认为，合乎理性的生活就是过一种无过无不及的"中道"生活，节俭的生活是善的生活，奢侈的生活则是恶的生活。事实上，古希腊人并不是没有追求奢侈享乐的动力，而是因为用理智控制了情欲，视贪欲为罪恶，认为不经理性审视的生活是不值得过的，也是不符合人性和宇宙正义的。因此，在这个时期，人与自然的关系是正义的，是符合正义原则的。

① 曹孟勤：《人与自然和谐的内在机制》，《南京林业大学学报》（人文社会科学版）2005 年第 3 期，第 11 页。

柏拉图曾经说过，人的理智好像是一位老练的御者，意志如同一匹良驹，而情欲则是一匹劣马。当御者驾驶着一驾由良驹和劣马一起拉动的马车，其成功与否关键决定于御者能否控制好劣马，即理智能否合理地控制情欲。控制得好，便可以达到灵魂的善，就可以过一种正义的生活。显然，在古希腊时期，理智很好地控制了情欲。然而，这种合乎正义的生活被现代人所遗忘了，理智不是控制了情欲，而是被情欲控制了。西方的启蒙运动杀死了上帝，"上帝死了之后"，人就僭越了上帝的位置而成为世界的主宰，人于是成为唯一的主体。当"大写的人"取代了神，"人就是人的上帝"，这就彻底颠覆了古人的自然观，自然世界由此变成了一架没有生气、完全由力学支配、进行机械运动的机器。既然自然世界成了一架机器，那么人类就可以对它进行任意的拆卸和组装，以为人服务。从此以后，人类挥起了征服自然之剑，"控制自然""征服自然"就成为人类的目标，人与自然完全处于对抗的状态，人与自然的关系也就变成非正义的关系。

当人与自然的关系处于一种非正义的状态时，说明人已经从自然世界中脱离出来而成为与自然世界对立的存在。而当人变成了与自然对立的存在时，现代人对人性的谋划也就抛弃了以自然宇宙为背景认识人的本质的基本原则，而收缩到以人自身的"我思""我欲"为认识人性的参照标准。这个时候人也变成了孤独的自我，也就迷失了自我，人性也异化了。曹孟勤教授认为，这种异化的人性主要表现为三种人性观：一是生物人性观，该人性观以"凡人的幸福"为核心，把追求物质生活的舒适富足和感官欲望的充分满足视为人的象征；二是理性人性观，该人性观把服务于人类欲望的满足，把开发自然、掠夺自然、创造丰饶的物质财富以使人能够纵欲无度当成根本目的，人类的理性已经沦为了工具的理性；三是社会人性论，该人性观以反自然为特征，把对自然的统治、做自然的主人视为最有价值的行为。这三种人性观共同的价值追求就是满足人的欲望，只要当下的快乐，不要来世的幸福；占有和征服自然，并赋予人类这种剥夺行为以价值合理性和社会正当性。① 现代资本主义就要求人们以贪婪为荣，

---

① 参见曹孟勤《论人向自然的生成》，《山西师范大学学报》（社会科学版）2007 年第 5 期，第 21 页。

并且善于向能够实现自己贪婪欲望的人学习。"贪婪地谋取、占有和牟利成了工业社会中每一个人神圣的、不可让渡的权利。"① 这样，人性中的贪婪性就被无限制地放大，人也就变成了贪婪的化身、欲望的奴隶，生态危机就不可难免。曹孟勤教授进一步确认，生态危机的实质就是人性危机。所谓人性危机，是指现代人在自然面前迷失了自我，误把人对自然界的掠夺与统治当成人之为人的本质，当成人的"是其所是"。② 正是人类在自然面前迷失了自己的本性，才导致了人对自然的恶、人对自然的非正义。这样人与自然之间就出现了分裂，控制自然、征服自然、掠夺自然就成为异化的人性的价值旨趣。空气污染、温室效应、水土流失、洪水泛滥、生物多样性的减少等，现实自然界的这一切恶结果无不反映了人性之恶，说明了人对自然的恶所造成的恶果，也体现了正义在人与自然之间的缺失。

事实上，当正义在人与自然之间缺失的时候，当人对自然不正义的时候，自然也会对人不正义，甚至会要求人类加倍返还。恩格斯曾经说过："我们不要过分陶醉于人类对自然界的胜利。对于每一次这样的胜利，自然界都对我们进行报复。……美索不达米亚、希腊、小亚细亚以及其他各地的居民，为了得到耕地，毁灭了森林，但是他们做梦也想不到，这些地方今天竟因此而成为不毛之地。"③ 今天，全球气候变化问题的产生，极端灾害天气事件的出现，就是人类，特别是西方发达国家过度排放温室气体所造成的恶果。可见，人类对待自然的任何行为都会被大自然以同样的方式转嫁到人类自身。美国的"现代环境运动之母"蕾切尔·卡逊就警示人类："'控制自然'是一个妄自尊大的想象产物。"④ 人类是不能够征服和控制自然的，要使自然向人类俯首称臣，那只不过是痴心妄想。"当人类向着他所宣言的征服大自然的目标前进时，他已写了一部令人痛心的破坏大自然的纪录，这种破坏不仅仅直接危害了人们所居住的大地，而且

---

① 转引自陈学明《西方马克思主义教程》，北京：高等教育出版社，2001，第406页。
② 曹孟勤、徐海红：《生态社会的来临》，南京：南京师范大学出版社，2010，第231页。
③ 《马克思恩格斯文集》第9卷，北京：人民出版社，2009，第559页。
④ 〔美〕蕾切尔·卡逊：《寂静的春天》，吕瑞兰、李长生译，长春：吉林人民出版社，1997，第263页。

也危害了与人类共享大自然的其他生命"，① 导致的结果就是"寂静的春天"。

当人类滥用自然，对大自然大肆征服、非正义地对待大自然的时候，其隐含的是人对人的控制和征服、人对人的非正义。环境问题背后隐藏的是人际利益冲突。在当前的气候变化问题上，这种利益冲突更加激烈，体现为发达国家对发展中国家的非正义和生态殖民侵略。

西方发达国家在过去两百多年的资本主义经济扩张中，大量地排放温室气体、大量地占用了人类共同拥有的气候资源，造成严重的环境污染和气候变暖，已经危及人类的生存，确切地说，更多的是危及发展中国家的生存。然而，这些制造气候变化问题的"罪魁祸首"——发达国家，不愿意为此承担相应的责任，并企图将其所造成的气候问题的恶果转嫁给发展中国家。这是发达国家对发展中国家的伤害，是非正义的。一方面，发达国家大量排放温室气体，挤占了发展中国家的温室气体排放空间。自工业革命以来到2004年，发达国家的累计排放量占全球累计排放量的75%，而2004年其人口只占全球人口的20%。温室气体排放空间是人类社会发展历程中所必需的自然资源，也是一种紧缺资源，挤占了发展中国家的排放空间，也就压制了发展中国家的发展，这就严重背离了公平正义的原则。另一方面，发达国家在大量排放中享受了工业文明的成果，却不愿承担由此带来的责任，而要让发展中国家来承担，并且这些排放所产生的成本也不成比例地降临在发展中国家，这就是气候问题中的非正义，是排放与结果的不公正。"无论是有毒物的倾倒，还是可耕地的减少，抑或是全球的气候变化，往往是世界上那些贫穷的和被边缘化的人在污染和资源退化面前首当其冲，这仅仅是因为他们更为脆弱和更少选择性。而特权阶层却可以通过购买防护品的消费行为和砍伐他国森林进行贸易行为等机制将其与环境问题隔离。"②

发达国家不仅不承担生态责任，还转嫁生态污染，对发展中国家进行

---

① 〔美〕蕾切尔·卡逊：《寂静的春天》，吕瑞兰、李长生译，长春：吉林人民出版社，1997，第263页。

② Polio, *Laura Environmentalism and Economic Justice*, Tucson: University of Arezone Press, 1996, pp. 105 – 106.

生态殖民侵略。发达国家的企业为逃避本国高额的环保支出，将技术含量低的高污染企业转移到对环境保护要求低的发展中国家。据报道，20世纪70~80年代，美国有害环境的工业部门的国外投资39%在第三世界；日本"最肮脏的"的产业部门的国外投资有2/3~4/5在东南亚和拉丁美洲；联邦德国的化学工业的投资有27%在第三世界。更有一些发达国家将有毒垃圾倾倒在落后的发展中国家，造成落后的发展中国家环境污染、生态恶化。也有一些发达国家的企业在环境保护问题上采取双重标准，在其本国能够遵守相关环境保护法规，而在他国就做不到。一些在华的跨国公司在对待环境问题上就是这种态度。2008年1月9日，国家环保总局就通报批评了三家跨国企业，包括欧诺法装饰材料（上海）有限公司、上海中远川崎重工钢结构有限公司及今麦郎食品（成都）有限公司。2009年8月，北京市发改委把12家国际和当地企业列入"重点水污染企业名单"，其中包括可口可乐北京公司和百事可乐北京公司。① 美国作家保罗·德里森在其著作《生态帝国主义：绿色权力，黑色死亡》中就批判了发达国家将西方环保主义观点强加给发展中国家，转嫁环境污染而无视发展中国家人民生活贫困的蛮横做法，并指出这是一种"生态帝国主义"② 现象。事实上，这就是发达国家对发展中国家的非正义。

二　正义的困境

在气候变化问题上，一方面显示了正义的缺失，另一方面即使存在一些所谓的正义，也处于困境当中、处于背离的状态。发达国家和发展中国家都各自从自身的利益出发，在不同伦理价值取向的引导下提出了自认为体现了正义的温室气体减排伦理原则，从而引发了关于正义的争论，陷入了正义的困境。发达国家在目的论伦理价值取向的引领下主要坚守"祖父原则"③ 和

---

① 张纯厚：《环境正义与生态帝国主义：基于美国利益集团政治和全球南北对立的分析》，《当代亚太》2011年第3期，第78页。

② 张纯厚：《环境正义与生态帝国主义：基于美国利益集团政治和全球南北对立的分析》，《当代亚太》2011年第3期，第73页。

③ "祖父原则"最初可追溯到第二次世界大战结束后，战胜国和后来的发达国家在重新设置国际制度时已经考虑将以"祖父原则"为基础，以制度规范认可发达国家和发展中国家在各个领域的权利差异。

功利主义原则，而发展中国家在义务论伦理价值取向引领下主要坚守历史责任原则和平等主义原则。下面具体分析这四条原则。

发达国家坚守的减排伦理原则是"祖父原则"和功利主义原则。所谓"祖父原则"，是指以某个基准年的现实排放总量为参考来确定一个国家温室气体排放的数量。自从 20 世纪 90 年代以来，国际气候谈判就一直按照"祖父原则"分配减排责任。这种原则在《京都议定书》附录中的一类国家（部分发达国家）的减排要求中得以体现。在该议定书中，各缔约国同意将 1990 年作为基准年，要求发达国家 2008～2012 年将二氧化碳等六种温室气体的排放量在 1990 年的基础上平均减少 5.2%。当时，国际气候谈判之所以会接受"祖父原则"，是出于"实用主义的考虑"，因为不认同历史排放，并把它作为分配减排份额的基础，排放大国就不接受。因此，为了保证排放大国主动减排，就把历史基数作为排放的出发点。显然，"祖父原则"默认了现实排放差异的合理性，认同了发达国家占用大量排放空间完成工业化进程后向低碳经济回归的做法。对仍处于工业化发展阶段的发展中国家来说，"祖父原则"意味着其排放水平永远不可能超越全球人均排放趋同目标。在排放空间受到限制的情况下，发展中国家要完成工业化进程的目标，必将付出更大的代价、更长的时间，同时也被剥夺了享受发达国家已经拥有的高水平生活方式的权利，这对发展中国家是不公平的。同时，发达国家在"祖父原则"之下，不仅不会因为其历史排放过多而受到处罚，反而会得到奖励。"祖父原则"既忽视了排放大国的历史责任，也是在鼓励排放大国多排放，这显然是不正义的。另外，发达国家还援引功利主义原则作为其温室气体减排的规则。功利主义追求的是功利总量的最大化，效用的最大化。因此，依据这个标准，温室气体排放量分配的最终目标就是要使人们获得最大限度的"净幸福"（net happiness）。净幸福就是在得到的所有快乐中扣除所遭受的痛苦后余下的东西。[①] 古典功利主义认为幸福就是快乐，而现代功利主义则把幸福理解为偏好的满足。功利主义原则看似具有合理性，事实上，在实际运用过程

---

① 〔美〕彼得·辛格：《一个世界——全球化伦理》，应奇、杨立峰译，北京：东方出版社，2005，第 39 页。

中，往往存在不公正之处。一是功利主义只关心偏好的满足，却不关心偏好本身是否合理。所以，在温室气体减排过程中，一些富国就容易把自己的偏好看得很重，提出过分的要求：由于其富裕的居民已经习惯于自己开车旅行，在闷热的天气下保持室内凉爽，要让他们放弃高耗能的生活方式，比起那些从来没有机会享受此等舒适的穷人来，会遭受更多的痛苦。① 在他们看来，大幅度地减少温室气体排放，会影响其奢侈的生活方式，其奢侈的生活方式是不允许用来谈判的，也是不容改变的，这就是富国不大幅减排的借口，显然这对发展中国家不公平。二是功利主义只关心福利总量的增加，却不关心福利合理性的分配。在发达国家霸权之下，发展中国家往往得不到合理的分配结果。所以，发达国家凭借强势话语权制定的减排准则——"祖父原则"和功利主义原则，难以获得伦理上的辩护，也是非正义的。罗尔斯曾经说过："根据威胁优势来分配的观念并不是一种正义观。"② 英国学者巴里也指出："正义行为不能归结为对自我利益的精致的和间接的追求。……正义不应当是为剥削铺平道路的一种设计，不应当是确保具有较强谈判优势的人把其优势自动转化为有利结果的途径。"③

针对发达国家在强势话语权的语境下提出的减排伦理原则，发展中国家也提出了符合自身需求的减排伦理原则，主要有历史责任原则和平等主义原则。历史责任原则也被称为"谁破坏，谁修理"的原则、"污染者付费原则"，也就是要求发达国家要为其自工业化以来大量排放温室气体污染大气层承担修复责任。这就是要追究发达国家的历史责任，发达国家不能把这个责任转嫁到发展中国家。正如辛格所说："如果在上个世纪，发达国家的人均排放量一直保持在发展中国家的水平上，那么，我们今天就不会面对由人类行为造成的气候变化问题，而且我们会在废气排放达到很严重的程度之前，拥有更多的选择余地来采取措施。因此，用小孩子都能

---

① 〔美〕彼得·辛格：《一个世界——全球化伦理》，应奇、杨立峰译，北京：东方出版社，2005，第41页。

② 〔美〕罗尔斯：《正义论》，何怀宏等译，北京：中国社会科学出版社，2009，第103页。

③ 参见杨通进《全球正义：分配温室气体排放权的伦理原则》，《中国人民大学学报》2010年第2期，第3页。

理解的话来说就是：当人们关注到大气时，发达国家已破坏了它。如果我们认为，人们应该按照与他们的责任相称的比例来出力修复他们弄坏的东西，那么，发达国家对于其他国家负有解决大气问题的义务。"① 历史责任原则虽然在国际社会上已经被人们广泛接受，在《联合国气候变化框架公约》和《京都议定书》中也得到了充分的认同，但是发达国家对此有不同的看法：一是，为什么要当下发达国家的人们去承担祖辈欠下的债务呢？对于那些从排放低的国家转移到美国的移民是否也要承担美国人在历史上欠下的债务呢？事实上，我们可以用"获益者补偿"的理论来回应这一质疑：不管是当下的发达国家的人们还是移居到发达国家的人们都要承担历史责任，这是因为他们从先辈的温室气体排放中受益了，因此，他们就要承担其先辈欠下的债务。这就类似于奴隶赔款的讨论：有人认为，今天的美国人从 150 年前的奴隶劳作中获益。从某种程度上说，当前的人从过去的人所做的坏事中获益，以至于被要求赔偿或弥补受到伤害的人，这是情理之中的事。② 二是，让人们承担他们所不能预知事情的责任，这是否正当呢？辛格就提出，这可能对发达国家造成不公，因为其毕竟在过去并不知道排放废气与地球气候变暖之间存在一定的因果联系，因而也就不知道自己行为的后果。假如你去瓷器店不小心打破了一件名贵的花瓶，店老板肯定会理直气壮地要求你赔偿。你难道说我是无意的，店老板就不会追究你的责任吗？显然，这是不可能的。如果说历史上没有人知道温室气体会导致气候变化那就更有失公允，早在 19 世纪瑞典科学家斯万特·阿伦尼乌斯就预测燃煤可能会导致气候变化。退一步来说，自从 20 世纪 90 年代启动气候谈判以来，几乎所有的国家都知道温室气体的排放会导致气候变化。但是，数据显示，自 90 年代以来，温室气体的排放量还是在逐年增加。以美国为例，1990～2003 年，温室气体的排放量增加了 20%。这说明，最起码从 90 年代以来，美国要为其历史行为承担责任。另外，发展中国家在分配温室气体排放权上还主张平等主义原则。平

---

① 〔美〕彼得·辛格：《一个世界——全球化伦理》，应奇、杨立峰译，北京：东方出版社，2005，第 33 页。

② 〔美〕埃里克·波斯纳、〔美〕戴维·韦斯巴赫：《气候变化的正义》，李智、张键译，北京：社会科学文献出版社，2011，第 133 页。

等主义原则属于当下的原则，它忽略了过去和历史，以"当前的一份"为基础，主张每一个人不管国籍、性别、能力等如何，都有权获得同等数量的排放份额，强调排放权和免于气候损害权都属于人人平等享有的基本的权利。平等主义原则基于各国人均排放权利均等的原则，要求各国将自己的人均碳排放水平统一限定在某个未来目标年份。建立在"平等人权论"基础之上的这一减排原则得到了许多学者的赞同。印度学者阿贾韦尔和纳瑞恩就认为，地球吸纳温室气体的能力属于全球公共财富，这种公共财富应以人头为基础来平等地加以分配。① 由于平等主义原则简单易行，又符合"平等人权论"的要求，所以它被作为分配碳排放权的重要依据。但是，在实践中也遭遇到发达国家的反对：一是会产生人口效应，基于国家人口数来分配排放份额会刺激各国想方设法增加人口。这样就会造成过度的排放，加剧气候变化。事实上，这个问题很好解决。正如辛格所说，我们可以协议规定把某一年的人口作为分配排放份额的基础。但是，由于不同的国家会有不同比例的年轻人达到生育年龄，因此比起拥有较多老年人口的国家来说，这个提议会给拥有较多年轻人口的国家造成更大的困难。为了克服这一困难，就需要对这个国家在某个特定的未来时间的人口进行预测，人均限额就要以这个预测为基础。如果一些国家比预测的人口增长慢，并因此而使得人均排放限额增加，那么这些国家就将由此而受到奖励；反之，则要受到惩罚。② 这样一来，人口增多的问题就容易解决了。二是这个原则似乎对生活在寒冷地区的人们不公平。比如加拿大冬天寒冷，大部分时间无法利用太阳能，只能靠化石燃料来取暖。如果加拿大的人均份额和澳大利亚的人均份额一样，就不公平了。对这一问题的回应是，生活在寒冷地区的人们不能因为其居住地的特殊性而享受优惠政策。当然，平等主义原则有一个很大的缺陷就是忽视了发达国家的历史责任，将发达国家欠下的债务一笔勾销，违背了历史责任原则。

从上面的分析可以看出，发达国家与发展中国家在责任分担、权利分

---

① Anil Agawam, Suita Narin, *Global Warming in an Unequal World: A Case of Environmental Colonialism*, New Delhi: Center for Science and Environment, 1991, p. 13.

② 〔美〕彼得·辛格:《一个世界——全球化伦理》，应奇、杨立峰译，北京:东方出版社，2005，第35页。

配方面存在的分歧，反映的是对正义原则的不同理解。发达国家对正义原则的理解建立在成本收益原则的基础之上，而发展中国家对正义原则的理解则建立在权利和机会平等的基础之上。所以，每一个单一的减排伦理原则都具有比较鲜明的政治立场和利益取向，既各有其合理性，又各有其局限性，受到学理上的质疑和现实中的抵触。因此，在气候博弈中所达成的正义伦理共识，必须是弥合发展中国家与发达国家之间的伦理分歧、求同存异的正义共识。

第三节　达成共识性的正义原则

在气候变化领域，正义问题是备受关注的焦点。发达国家与发展中国家都各自从自己的利益出发提出了所谓正义的减排伦理原则，引发了正义的困境，陷入了正义的争论之中。当然，也正是在这种争论当中，国际社会才有可能逐步达成应对气候变化的共识性正义原则。这种共识性正义原则主要体现为"平等而又差别"的正义原则、自然正义与社会正义统一原则、实体正义和程序正义统一原则。

一　"平等而又差别"的正义原则

事实上，发达国家和发展中国家所提出的减排伦理原则之所以会引发冲突，在很大程度上是由于缺乏正义原则的指导所造成的。正义作为社会制度的首要美德，作为评价社会制度的道德标准，必将在气候治理中发挥重要的作用。罗尔斯的正义论可以为气候治理提供许多有益的借鉴，以罗尔斯正义论为基础的正义原则也将是气候治理的正义原则的理论来源。

罗尔斯无疑是现代最具影响力的政治哲学家，尤其是他所提出的两条正义原则影响深远，反映了人们对权利与平等的价值追求。罗尔斯从缔结社会契约的人的原始状态出发，推论出在"无知之幕"之下，人们在对"基本的社会善"的分配过程中将选择两条最基本的正义原则：第一个原则是，每个人对与其他人所拥有的最广泛的基本自由体系相容的类似自由体系都应有一种平等的权利。第二个原则是，社会的和经济的不平等应这

样安排，使它们被合理地期望适合于每一个人的利益；并且依系于地位和
职务向所有人开放。这两个原则将社会的基本结构分为了两个不同领域，
每一个原则适用一个领域。① 第一个正义原则所处理的是公民的基本自
由，比如政治自由、言论自由和结社自由等，对于这些自由，每一个人都
是平等的。所以，第一个正义原则可以称为平等自由原则。第二个正义原
则大致适用于收入和财富的分配，以及各种机构在设计不同权利和义务之
分配的依据，根据这个原则，所得和财富的分配不一定要每一个人都一
样，但是不论是何种不平等分配，其结果必须对每一个人都有利，同时各
种主管阶层和职务必须是每一个人都有均等的机会去争取。所以，第二个
正义原则当中包含了差别原则和机会均等原则。为了使这些原则协调起
来，罗尔斯又提出了两个"优先性原则"：①第一原则优先于第二原则，
也就是说，如果一个制度为了得到较大的社会或经济利益，而违反平等自
由权原则，则这是一个不正义的制度。换句话说，任何自由权利的牺牲，
不能以社会或经济上的利益作为补偿，罗尔斯称之为自由的优先性。②在
第二原则中，机会均等原则优先于差别原则，即对社会最少受惠者的补偿
必须以保证社会全体成员公平的机会为前提。② 应该说，罗尔斯的正义论
较好地平衡了当代人相互之间、当代人与后代人之间、自由与平等之间、
社会利益与个人利益之间的关系，具有深远的历史意义。虽然罗尔斯的正
义理论是在国家内部建构的，但是正如他本人所说，一旦在一个国家内部
构建了有关的社会制度的正义理论，借助它，就可以比较容易地处理其他
有关正义的问题。正义作为一种善的精神和合理的秩序要求，在国际社会
中依然具有重要的价值地位。因此，在某种意义上，罗尔斯的正义理论可
以为理解其他一些正义问题提供钥匙。

　　当前的气候谈判主要涉及温室气体排放权的分配和温室气体减排责
任的分担问题，这是一个问题的两个方面，是气候谈判的焦点问题。温
室气体的排放在一个国家的发展中有着非常重要的作用，任何一个国家
在发展经济的过程中，都要经历一个温室气体排放的高峰期，这是不可

---

① 〔美〕约翰·罗尔斯：《正义论》，何怀宏等译，北京：中国社会科学出版社，1988，第
60~61页。
② 林火旺：《伦理学入门》，上海：上海古籍出版社，2005，第281~282页。

逾越的阶段，更不要说经济技术条件比较落后的发展中国家。因此，温室气体的排放权是一项非常重要的权利，也是现代社会公民的基本权利和自由。我们可以把温室气体的排放权理解为罗尔斯所说的"基本的社会善"之一。那么，如何去分配温室气体排放权这个"基本的社会善"呢？我们可以设计类似于罗尔斯的"无知之幕"，让世界各国在不知道其具体的国际地位的状态下选择气候治理的正义原则。在罗尔斯的"无知之幕"中，所有的参与者都处于原初的状态，他们不知道自己的社会地位、阶级或社会身份，不知道自己的自然资质、禀赋、能力和体力，也不知道自己社会的政治、经济和文化形势，甚至不知道自己是属于哪一个时代。因此，所有的参与者就只能根据自己的理性进行平等协商，作出最终的选择。我们假设在类似于"无知之幕"的背后，世界各国作为责任主体，都具有人类共有的理性，只了解自己国家的经济技术发展状况和温室气体排放等信息，对自己国家在国际社会的中的位置、优势一无所知，对其他国家的经济技术发展情况和温室气体排放等信息也不知道。在这种情况下，世界各国都会深刻地感知到气候危机的存在，如果任由其发展，导致的一定是人类的毁灭，因此都希望尽早解决气候问题，这样就很容易达成各国都能接受的气候治理正义原则。① 由此，根据罗尔斯的正义原则，在"无知之幕"之下，在如何分配温室气体排放权和如何分担温室气体减排责任问题上就可以达成共识性的正义原则，即"平等而又差别"的正义原则。

　　一个正义的社会，必须赋予每一个公民相同的基本权利和自由；一个正义的制度，必须把每一个人都当成一个平等、尊严的存在者。气候作为全球的公共资源，并且是稀缺的公共资源，在初次分配过程中，要着眼于分配的公正性。那么，怎样分配才是符合正义的呢？道理很简单，一个正义的分配方案应该是为国际社会普遍认同和接受的方案。显然，在初次分配过程中，温室气体排放权应当体现权利平等的原则，要以人均为基础进行平等分配。大气是人类的共有资源，地球上的每一个人都应享有同样的

---

① 刘激扬、周谨平：《气候治理正义与发展中国家策略》，《湖南社会科学》2010 年第 5 期，第 24～25 页。

使用权。每一个人，不论其国籍、种族、性别、身份如何，都是道德关怀的终极目标，都享有最低限度的温室气体排放份额。所谓最低限度，指的是满足人们基本生存及合理发展所需的温室气体排放量。最低限度具有优先性，国际社会没有理由让那些连生存都难以维持的人去承担减排责任，更不能要求他们去为那些享受奢侈生活的人买单。对这种最低限度的排放权的分享是人作为人所享有的基本权利，对于这种权利必须在全球范围内平等地加以分配。正如辛格所说："对于大气，每个人都应拥有同等的份额。这种平等看起来具有自明的公平性。……在没有别的明确标准可用来分配份额的情况下，它可以成为一种理想的妥协方案，它可以使问题得到和平的解决，而不是持续的斗争。还可以进一步论证的是，它也为'一人一票'的民主原则进行辩护提供了最好的基础。"① 国际环境伦理学会前任主席杰姆森也指出："在我看来，最合理的分配原则是这样一条原则，它直接主张，每一个人都拥有权利排放与其他人同样多的温室气体。我们很难找到理由来证明，为什么作为一个美国人或澳大利亚人就有权排放更多的温室气体，而作为一个巴西人或中国人就只能获得较少的排放权利。"② 气候正义的权利平等原则体现了起点的平等性、机会的平等性，落实了"给平等者以平等"的理念，满足了发展中国家特别是最不发达国家的生存需要。因为发展中国家往往是人口大国，按照此原则可以拥有更多的排放份额，就可以满足其基本需求的排放要求，也就让发展中国家有了较大的排放空间，从而有利于发展中国家的发展。我国大多数学者也主张以这一正义原则作为分配温室气体排放权的重要依据。比如，潘家华提出了基于人均累积的温室气体排放方法。③ 何建坤等也提出在未来温室气体排放权的分配方案上，应该坚持"一个标准、两个趋同"的原则。"一个标准"是指温室气体排放权分配的公平原则应以各国"人均排放量

---

① 〔美〕彼得·辛格：《一个世界——全球化伦理》，应奇、杨立峰译，北京：东方出版社，2005，第34页。

② Dale Jamieson, "Adaption, Mitigation and Justice", in Watler Sinnot-Armstrong, Richard B. Howarth（eds.）, *Perspective on Climate Change: Science, Economics, Politics and Ethics*, Amsterdam: Elsevier, 2005.

③ 潘家华：《基于人际公平的碳排放概念及其理论含义》，《世界政治》2009 年第 10 期，第 6~16 页。

相等"作为标准。"两个趋同"是指，到目标年（如 2100 年），各国人均温室气体排放量趋于相等，而在从基准年到目标年的过渡期内（如 1991～2100 年），人均排放量也要趋于相同。[①] 气候正义的权利平等原则实际上就是给予每个人以同等的待遇，它并不关注气候变化和成本减少带来的分配效果差异，也没有考虑责任主体历史排放的差异性。因此，在治理气候的过程中，除了要坚持权利平等原则，还要兼顾差别原则，也就是"给不平等者以不平等"。世界各国在减排能力、减排责任和排放需求方面存在不同，特别是一些发展中国家经受着经济风险和气候变化的"双重危害"，应对和适应气候变化的能力不足。因此，在分配温室气体的排放权时，应当适当向发展中国家，特别是向那些最不发达的国家倾斜，实行差别对待。阿玛蒂亚·森就认为，国际适应资金机制设计在程序上应当遵循全体参与原则，在资金来源上应当考虑造成气候变化的责任，在资金分配上应当考虑社会脆弱性和能力差异，优先保障人类安全和最脆弱群体的利益。[②] 其实，这也体现了罗尔斯的境遇最差者优先的原则即"最小值最大化原则"。只有让境遇最差者获益的不平等的安排才是允许的，社会不平等的安排应该使社会中境遇最差者的利益最大化。辛格就认为，不管处境最差者的贫困是由于环境造成的还是其他原因造成的，都应该寻求改善处境最差者的生活前景。这在一定程度上就是要求富国承担地球气候变化的全部责任，以更加严厉的税收等政策来降低废气排放量，并以所得的钱来支持穷国居民。我国学者潘家华也认为，由于发达国家已经完成了工业化进程，而广大的发展中国家正在进行工业化进程，鉴于排放空间的有限性，在分配排放空间时，应该首先满足发展中国家在生活必需品和公共基础设施建设等方面的基本发展需求。[③] 其实，这里已经涉及了对不同类型排放的思考。在温室气体减排过程中，遵循差别原则就是要考虑不同类型的排放，进行差别对待。在国际社会的排放中，存在三种不同类型的排

---

① 何建坤、刘滨、陈文颖：《有关全球气候变化问题上的公平性分析》，《中国人口·资源与环境》2004 年第 6 期，第 12～15 页。

② Marco Grasso, "An Ethical Approach to Climate Adaptation Finance", *Global Environmental Change*, Vol. 20, No. 1, 2010, pp. 74–81.

③ 潘家华：《人文发展分析的概念构架与经验数据——以对碳排放空间的需要为例》，《中国社会科学》2002 年第 6 期，第 35～48 页。

放：一是生存性排放，这类温室气体的排放主要是用来生产衣食住行等方面的必需品，这关系人的生存问题，一些最不发达国家的排放就属于这一类；二是发展性排放，这类排放主要关涉人们生活质量的改善、生活水平的提高问题，"基础四国"的排放就属于这一类；三是奢侈性排放，这类排放主要是迎合人无限欲望的需求，满足人的奢侈生活的需要，一些发达国家的排放就属于这一类。因此，国际社会在设定减排目标时，要进行不平等的安排，差别对待，优先照顾"生存性排放"和"发展性排放"，限制"奢侈性排放"。这种安排能使境遇最差者的利益最大化，符合人道主义的要求，是正义的安排。2002年世界基督教大会就发布了一条重要的声明："和气候变化的受害者团结在一起。"在紧急情况之下，要看护好最弱者。

在差别原则当中，还要考虑对高于最低必需标准的温室气体排放份额，可以在一定范围内，惠顾境遇最差者，进行动态的不平等分配。杨通进研究员认为，这种不平等分配应该满足以下几个条件：一是，这种不平等分配不构成贫穷国家发展其经济或保护其环境的结构性和制度性障碍；二是，这种不平等分配符合最不发达国家及其人民的最大利益；三是，这种不平等分配必须遵循知情同意的原则，即这种不平等分配是其他国家及其人民自愿接受的；四是，历史上的排放大国应当承担一定的补偿责任。[①] 2007年，联合国政府间气候变化专门委员会在第四次报告中提出地球温度上升不超过2℃是人类可以适应的极限水平。如果这一结论是正确的，那么就相当于到2050年全球二氧化碳的排放总量应控制在200亿吨。我们可以把200亿吨的排放量作为全球分配的"基本的社会善"，并把2050年的90亿人口作为参与分配的人口基数，把人均2吨的排放权作为基本的权利[②]平等地分配给每一个人。目前，全球实际人口为70亿人，我们以这个人口基数去分配200亿吨排放量。这样，在满足人均2吨的前提下，全球还剩余60亿吨的排放权。对于这60亿吨的排放权，则可以根

---

① 杨通进：《全球正义：分配温室气体排放权的伦理原则》，《中国人民大学学报》2010年第2期，第6页。

② 2008年4月，斯特恩在《打破气候变化僵局：低碳未来的全球协议》一文中根据全球排放空间的限制，提出了到2050年人均碳排放目标应该限制在2吨。

据差别原则来进行分配，对发展中国家进行适当的补偿。那些人均排放较低的发展中国家可以通过排放量交易机制，出售其剩余的份额而获得必要的资金，发达国家则可以通过购买发展中国家的排放份额满足其排放需求。[①] 这种差别原则与《联合国气候变化框架公约》所规定的"共同但有区别的责任"原则是相一致的。事实上，差别原则在《联合国气候变化框架公约》中就有所体现："发展中国家缔约方能在多大程度上有效履行其在本公约下的承诺，将取决于发达国家缔约方对其在本公约下所承担的有关资金和技术转让承诺的有效履行，并将充分考虑到经济和社会发展及消除贫困是发展中国家缔约方的首要和压倒一切的优先事项。"

解决全球气候变化问题，无法回避正义问题。从目前国际气候谈判的进程来看，任何单一的正义原则都无法推动气候谈判的深入，必须要有融合各种主流的正义原则才能发挥作用。"平等而又差别"的正义原则正是兼顾各方利益、求同存异的正义原则，是国际社会在各种正义观的交锋中应该逐步达成的伦理共识。

二 自然正义和社会正义统一原则

"平等而又差别"的正义原则是共识性正义原则的总纲，在此基础上还应该进一步达成气候正义的基本原则，气候正义的理论向度表现为自然正义与社会正义的统一，实践向度表现为实体正义与程序正义的统一。

自然正义作为人类社会古老而又普遍的正义观念，起源于自然法。在古希腊人看来，体现城邦生活的完善、和谐，就是自然正义，自然正义是相对于约定正义来说的。在古希腊时期，自然正义也是一种宇宙论的正义原则，这种正义不是人为的，而是"自然"的，自然意味着永恒的秩序和不朽，宇宙万物都遵循着由高至低、追求至善的目的，这是不以人的意志为转移的必然规律。自然正义作为一种不以人的意志为转移的必然规律、作为一种自然法则，是不可违背的。如果违背了这种自然法则，就必然造成相对于人类生存而言的生态危机。由此可见，自然正义涉及了人与

---

① 这部分内容的写作，受到了杨通进研究员发表在《中国人民大学学报》2010 年第 2 期上的论文《全球正义：分配温室气体排放权的伦理原则》的启发，在此表示感谢！

自然之间的关系，说明人要对自然讲正义，人要保护和维护自然的权利，正义也适用于人与自然之间。但是，关于人与自然之间是否存在正义，是环境伦理学当中备受争议的话题。传统的伦理观认为，正义总是建立在"相互性"的基础上，"你怎样对待我，我就怎样对待你"，其本质是交换正义，正义双方都能够理智地相互公平地交换其权利和义务。这就是说明了正义具有限制性的条件：正义只能发生在拥有自我意识的人与人之间，不可能发生在人与自然之间。因为自然没有自我意识，自然也不会主张和捍卫自己的权利。这就是为什么正义不存在人与自然之间的缘由。事实上，情况并不是这样。人与自然之间看似没有"相互性"，其实存在紧密的"相互性"。"自然界，就它自身不是人的身体而言，是人的无机的身体。人靠自然界生活。这就是说，自然界是人为了不致死亡而必须与之处于持续不断的交互过程的、人的身体。"① 人直接是自然存在物，人类的生活要依靠自然，脱离自然的生活是无法想象的，自然界是人类生存的基础。人影响自然，自然也会影响人。人类以什么方式对待自然，自然也会以什么方式对待人类。当人类把自然当成敌人时，自然也会把人类当成敌人；当人类把自然当成朋友时，自然也会把人类当成朋友。自然以独特的方式在向人类表达自己的诉求和权利，这就意味着人与自然之间也存在"相互性"，说明了正义可以适用于人与自然之间。曹孟勤教授在《环境正义：在人与自然之间展开》一文中就专门论证了人与自然之间环境正义的可能性，并确认了人与自然之间的正义包括两个方面的内容：一是承认人与自然之间拥有平等地位的正义，从而确认人对自然的尊重；二是人与自然之间权利义务公正交换的正义，以保证人类改造自然界实际活动的道德合理性。②

　　事实上，人对自然的正义还有其理论的依据，那就是马克思的"物质变换"理论。在马克思看来，当人类从自然界获取自己所需的物质以养育自身时，又把人类的生产和生活废弃物排放到自然界，如果自然界能够消化容纳这些废弃物，就实现了物质变换；如果自然界不能够消化容纳

---

① 《马克思恩格斯文集》第 1 卷，北京：人民出版社，2009，第 161 页。
② 参见曹孟勤《环境正义：在人与自然之间展开》，《烟台大学学报》（哲学社会科学版）2010 年第 3 期，第 1～5 页。

这些废弃物或者说这些废弃物没有回到自然界，物质变换就出现了断裂。按照马克思的理解，如果人从土地中消费掉的东西不能再回到土地中去，就会使得人与自然之间的物质变换出现断裂。气候危机也正是人与大气之间出现物质变换断裂的结果。为什么这么说呢？如果人类向大气中所排放的温室气体能够被大气所吸收和容纳，人与大气之间就能进行正常的物质变换。但是，当人类向大气排放大量的温室气体，突破了大气的容纳量和吸收能力时，就造成了大气的污染，打破了人与大气之间的平衡，这样气候危机就随之而出现。这是人与自然关系破裂的恶果，是人奴役自然、过度使用大气资源的恶果，最终也必然遭到自然的报复。因此，人类作为地球中的一员，没有任何理由和权利去伤害自然界中的任何生物乃至大气。人类要善待大气，对大气讲正义，要用正义的原则来处理好人与大气的关系。正如罗尔斯顿所说，"一个人应公平地对待同等的事物，公正地对待不同等的事物"，① 即要按照自然事物之所是来对待自然万物。因此，面对日益严峻的气候危机，人类必须以正义的态度来对待大气，必须对大气承担责任和义务。

那么，如何去安排人类对大气的责任和义务呢？这就涉及社会正义。事实上，气候问题从表面上看体现的是人与自然的关系，实际上隐藏着的是人与人、国与国的社会关系，涉及社会正义问题。社会正义主要体现为代内正义和代际正义。代内正义即当代人之间的正义问题，包括国内正义和国际正义。但是，由于气候问题是全球性的问题，需要世界各国共同参与，所以社会正义的代内正义更多的是一种国际正义，表现为发达国家与发展中国家、富国与穷国、强势群体与弱势群体之间的正义问题，具体来说就是对排放权和减排责任的分配和分担问题。不管是发达国家还是发展中国家都应该平等地享用气候资源，合理地承担气候责任，合适地取得利益补偿。在应对气候变化的过程中，之所以要呼唤代内正义就是因为在气候变化问题上存在极大的代内不公正，这种不公正的情况成为当代人解决气候问题的最大障碍。一方面，占全球人口少数的发达国家消耗了过多的

---

① 〔美〕霍尔姆斯·罗尔斯顿：《环境伦理学》，杨通进译，北京：中国社会科学出版社，2000，第87页。

气候资源，并造成全球气候变暖。占世界人口 4% 的美国，其碳排放量却占全球排放量的 20% 之多。而 136 个发展中国家的排放总额也只占全球总量的 24%。世界上最富裕的 20% 的人口的排放量占到了当前世界排放总量的 60%，如果将其历史排放考虑在内，将超过 80%。然而，发达国家在享受以牺牲环境为代价的物质成果的同时，却极力推卸应承担的责任。美国退出《京都议定书》，就表明了发达国家只管享受气候权利而不愿承担气候责任的畸形心态。另一方面，发展中国家，特别是最不发达国家承受着巨大的气候灾难。穷人往往遭受气候变化带来的大部分伤害，气候变化的受害者总是那些经济技术落后的发展中国家。不仅如此，发达国家还对发展中国家进行"生态殖民"，转嫁环境污染，造成发展中国家面临更大的生存危机。亚里士多德曾经说过，一个人有了过多的利益，人的行为是不正义的，一个人拥有的权益太少，他受到了不公正的对待。① 在气候变化问题上，这句话得到了充分的体现。发达国家拥有过多的利益，而发展中国家受到不公正的对待，成为气候危机的受害者。所以，气候正义中的代内正义要求以时间同一性、空间差异性为向度保持发达国家与发展中国家公正地分享气候利益和承担气候责任，共同保护气候资源，共同应对全球气候变化。

气候问题不仅引发了关于代内正义的思考，而且还引发了关于代际正义的思考。如果说代内正义关注的是现实生活着的人的气候利益与责任问题，那么代际正义则关注的是现实的人与未来的人之间的气候利益与责任问题。它强调不能因为未来人、后代人没有到场，就剥夺他们享用气候资源的权利，合理的状态就是：在使用气候资源的过程中，既满足当代人的合理需要，又不对后代人的合理需要构成威胁。在过去，人们一直误认为气候资源是无限的，于是，在功利主义观念和征服自然理念的支配下，人类大肆掠夺气候资源，缺乏对后代人利益的考量，造成了代际不平等。"由于当代人的无节制消费，在过去 20 年中，世界的能源消耗增长了 50% ~ 100%。显然，长此以往，人类的后代赖以生存和发展的自然资源

---

① 参见张登巧《环境正义——一种新的正义观》，《吉首大学学报》2006 年第 4 期，第 43 页。

和生态资源将会不复存在。"① 人类只要还想继续生存，就必须意识到下一代的存在并乐意为了自身的利益而为后代谋福利。如果每一代人只追求自己的最大利益，人类必将毁灭。② 事实上，我们只有一个地球，"我们并没有从父辈那里继承地球，只是从后辈那里借用了它"。③ 这就意味着地球并不是上一代，也不是我们这一代的私有财产，它是属于我们子孙万代的，我们无权任意处置它。世界只有一个地球，意味着世界各国公民都是"地球公民"，都应该为维护地球的环境承担责任。正如日内瓦全球伦理网常务董事克里斯托弗·司徒博所说，人类在地球上要像客人一样。既然是地球上的客人就应该清醒地认识到：地球是一个公共的客宅，它被给予所有生物，以便其能有尊严地生活于其上；客人被邀请享有客宅中的赋赠并要小心使用；客人要尊重客宅中的法律和义务；客人应该以这种方式离开客宅：使下一批客人（将来的世世代代）能够享用相同或相似的赋赠；客人只是租用（出租）客宅，客人不是所有者。④ 罗尔斯也运用"无知之幕"的理论证明了代际正义的存在。他认为："不同时代的人和同时代的人一样相互之间有种种义务和责任。现时代的人不能随心所欲地行动，而是受制于原初状态中将选择的用以确定不同时代的人们之间的正义的原则。"⑤ 因此，当代人在开发利用气候资源时，应该考虑后代人的利益，后代人也拥有与当代人一样的生存和发展的权利。

气候正义从理论向度上来说，涉及人与自然、当代人与当代人、当代人与后代人之间关系的调整。这三者之间的关系是密不可分的，并且调整当代人之间的关系是尤为重要的。如果说，在应对气候变化的过程中，当代人（具体来说是发达国家与发展中国家之间）缺乏正义，那么人与自然之间的正义、代际正义就无从谈起。只有满足了当代人的基本需求并纠

---

① 转引自何建华《环境伦理视阈中的分配正义原则》，《道德与文明》2010 年第 2 期，第 111 页。

② 〔美〕米哈伊拉罗·米萨诺维克、〔德〕爱德华·帕斯托尔：《人类处在转折点》，刘长毅等译，北京：中国和平出版社，1987，第 136 页。

③ 〔法〕埃德加·莫兰：《地球·祖国》，马胜利译，北京：三联书店，1997，第 127 页。

④ 〔瑞士〕克里斯托弗·司徒博：《为何故、为了谁我们去看护？——环境伦理、责任和气候正义》，《复旦学报》（社会科学版）2009 年第 1 期，第 69 页。

⑤ 〔美〕约翰·罗尔斯：《正义论》，何怀宏等译，北京：中国社会科学出版社，1988，第 293 页。

正了发达国家对发展中国家的不公正，才有可能使人与自然之间的正义、代际正义得以实现。所以，从理论上来说，气候正义主要是一种社会正义，强调的是代内正义，而这种代内正义更多地表现为国与国之间的正义，是一种国际正义。以国家为单位的气候正义不同于以个人为单位的国内正义，它是一个国家对另一个国家的责任，这种责任不同于一国之内的个人对其他人的责任。这些责任不仅包括不侵略，遵守条约，还包括援助"那些生活在不利条件下的人民，这些不利条件使他们无法获得一个正义或正当的政治和制度"。① 这就涉及了气候正义的实践向度。

三　实体正义和程序正义统一原则

气候正义的实践向度涉及两个维度，即实体正义和程序正义。实体正义又可分为两个维度：分配正义和矫正正义。分配正义指的是在社会成员之间或国家之间公正地进行权利和责任的配置。正如罗尔斯所说："所有的社会基本善——自由与机会、收入与财富及自尊的基础——都应被平等地分配，除非对一些或所有社会基本善的一种不平等有利于最不利者。"② 矫正正义是对分配正义的一种补充，特别是当某些人在实现自己利益的过程中对他人利益造成了损害，那么就要承担补偿的义务，这就是"谁受益谁补偿"。因此，矫正正义是一种溯及既往的主张，注重过去发生的错误行为，涉及对受害者的补偿问题。事实上，早在古希腊时期，亚里士多德就将正义分为分配正义和矫正正义。在亚里士多德看来，分配正义就是对不同的人给予不同对待，对相同的人给予相同对待，涉及对财富、权利等有价值的东西的分配。矫正正义就是要求伤害者补偿受害者，受害者应当从伤害者处得到补偿，涉及的是对受害者财富、权利的恢复和补偿。

在应对气候变化的过程中，分配正义和矫正正义可以很好地解决温室气体排放权的配置和对发达国家温室气体排放的历史责任追究问题。从分

---

① John Rawls, *The Law of Peoples*, Cambridge, Mass.: Harvard University Press, 1999, p. 37.

② John Rawls, *The Law of Peoples*, Cambridge, Mass.: Harvard University Press, 1999, p. 62.

配正义的角度看，存在分配不公的情况：发达国家通过不合理的国际分工，转嫁环境污染，使本国的环境得到了很好的保护，却使发展中国家的环境持续恶化。"经济增长的好处是通过资源消耗和污染的巨大代价换来的。但是，这些代价和利益却没有在各国人民中平等地分摊。虽然第三世界国家只能非常有限地分享这些好处，但却付出了不成比例的代价。"①因此，在后京都时代，国际社会应该遵循分配正义的原则来分配温室气体排放权，体现气候资源和气候责任在国家之间、代与代之间的公平分配。而对于发达国家欠下的气候债务应该按照矫正正义的原则，要求发达国家对发展中国家进行经济赔偿或补偿。当然，也可以在分配温室气体排放权的时候体现矫正正义，即鉴于发达国家的历史责任，扣除发达国家正常排放的一些指标，并将这些指标分配给遭受气候变化危害的发展中国家。其实，这也是气候正义的一个最基本要求，一个人不能为了自己的利益而去伤害别人的利益，当已经对他人造成了伤害时，则需要对他人给予补偿，这也是合情合理的，这就是矫正正义。罗尔斯也认为："未来平等地对待所有人，提供真正同等的机会，社会必须更多地注意那些天赋较低和出生于较不利的社会地位的人。这个观念就是要按平等的方向补偿由偶然因素造成的倾斜。遵循这一原则，较大的资源可能要花费在智力较差而非较高的人们身上。"②也就是说，正义的一个重要功能就是矫正个体造成的不正义，而补偿则是矫正的一个重要途径。在气候变化问题上，富国已经对穷国造成了伤害，并且这个伤害很大，现在穷国没有能力减缓和适应气候变化而富国又能相对容易提供援助时，富国就应该对遭受伤害的穷国给予帮助和补偿。因此，矫正正义就是要求温室气体排放大国对那些受害国进行赔偿并按比例减少它们的排放。亨利·苏也指出，由于在工业化的过程中，西方发达国家从发展中国家那里获得了大量不义之财，因此，根据诺齐克的"校正的正义原则"，我们应重新分配发达国家与发展中国家的财富。"如果一方在过去的岁月里，未经对方同意就把某些成本强加给对

---

① M. Miller, *The Third World in Global Environmental Politics*, Boulder, Colorado: Lynne Reinner Publishers, 1995, p. 3.

② 〔美〕约翰·罗尔斯：《正义论》，何怀宏等译，北京：中国社会科学出版社，1988，第96页。

方，从而不公平地获得了某些好处，那么，被单方面地置于不利地位的一方就有资格要求，为了恢复平等，在未来的岁月里，占了便宜的一方应承担某些不对等的、至少与他们以往获得的好处相当的责任。"因此，发达国家对发展中国家不仅负有以仁慈为基础的援助义务，更负有以正义为基础的补偿义务。①

当然，要使实体正义得以实现，还需要程序正义来保证。程序正义是指谈判双方或多方都平等地参与到谈判中来，不断增强决策制定的透明度。程序正义的基本要求：①环境决策必须以相互尊重和对所有人的正义为基础；②要使少数族群和低收入阶层更好地参与到决策过程中来；③所有民族在政治、经济、文化和环境方面都拥有基本的自决权利；④所有各方都拥有权利平等而公正地参与各种层面的决策；⑤任何一方都不能宣称自己比其他各方更有智慧而在决策方面享有特权。参与和承认是程序正义的两个重要方面。从参与正义的角度来看，环境不公的一个重要原因和表现就是，社会的弱势群体未能充分有效地参与到环境决策的制定中来，也缺乏弱势群体的代言人，使得弱势群体所关注的问题没有成为决策者优先考虑的问题。② 具体到气候谈判问题上，就是不管是发达国家还是发展中国家都应该平等地参与气候谈判，任何气候协议的制定都应该征求发展中国家特别是一些小国的意见，尊重和承认发展中国家的知情权。现在，一些发达国家尤其是一些大国，往往无视发展中国家平等参与气候谈判的权利，认为只要能够解决气候问题，程序问题就不那么重要。如果是这样，气候问题肯定得不到公平正义的解决。发达国家凭借经济技术上的优势占据气候谈判的话语权，忽视发展中国家生存与发展的需要，是得不到发展中国家支持的，也不利于气候问题的解决。在哥本哈根会议初期，发达国家在发展中国家不知情的情况下炮制了一个"丹麦文本"，企图让发展中国家也一起承担具体的减排任务，这当然会遭到来自发展中国家的强烈抗议，这是对发展中国家平等协商权利的漠视，违背了程序正义的原则，加剧了发达国家与发展中国家之间的不信任。在气候谈判中，如果程序正义

①　转引自杨通进《全球环境正义及其可能性》，《天津社会科学》2008年第5期，第25页。
②　参见杨通进《环境伦理：全球话语中国视野》，重庆：重庆出版社，2007，第378页。

得不到保障，那么，分配正义和矫正正义就难以实现。因此，程序正义和实体正义是相互促进的。

　　正义是至善，是国际气候制度的首要美德。要解决气候问题，首先要在正义问题上达成共识，共识性的正义是应对气候变化的先决条件。如果没有在这个问题上达成共识，气候谈判就很难取得突破性的进展。因此，在气候谈判过程中，在"平等而又差别"的正义原则指导下，谈判各方要坚持自然正义与社会正义的统一、实体正义与程序正义的统一。

第五章　伦理共识之二：责任原则

责任，是一个历史而常新的话题，中外许多哲学家都对此进行了研究。今天的气候谈判在某种程度上就是世界各国分担责任的谈判，气候谈判之所以难以取得突破性进展，就是因为在责任的分担上存在分歧、缺乏共识。在气候危机面前，需要的是为人类当前和未来的责任担当，责任伦理也就成为这一时期的核心伦理，体现人类在气候危机面前所应有的一种精神需求。因此，在气候谈判过程中，世界各国应以责任伦理为指导，达成共识性的责任原则，担当起各自的责任，在担当责任的过程中解决气候问题，实现人类的新生。

第一节　气候危机与责任伦理

在气候危机时代，责任是一个无处不在、无时不有的话题，是一个面向全人类、面向未来的话题。没有责任的担当，就没有气候问题的解决。面对威胁人类生存的气候问题，国际社会需要以责任伦理为指导分担气候责任，共同应对人类之灾难。

一　西方责任理论的演进

"责任"是西方伦理学中一个重要的伦理范畴，具有非常丰富的内涵。责任源自拉丁文"respondo"，是答复的意思。作为一个概念，责任最早在法律领域使用。比如，在古罗马法律中，如果法官不满意被告在法庭上为自己的行为作合法性辩护时，那就有可能对被告定罪，这样他就要为自己的行为"负责"，这就是一种责任。伦克认为，"责任"包含五项基本要素：某人/为了某事/在某一主管面前/根据某项标准/在某一行为范围内负责。某人是指责任主体；为了某事是指行为对象（人或物或事件或任务）及行为后果；在某一主管面前是指在为责任主体履行责任提供有效保障的监督机制面前；根据某项标准是指行为主体所处的具体情境；在某一行为范围内是指相应的行为与责任领域。[①] 美国学者艾伯特·福劳斯和黛博拉·G.约翰逊在《团体责任与职业角色》一文中认为责任应该包含四层含义：一是被期望扮演角色所履行的义务，二是尽责的、可信赖的品质，三是负责和结果处于一种因果关系之中，四是在该责任或有罪的意义上使用。这种"有责任"的意义暗含着错误。[②] 由此可见责任的含义丰富而复杂，但是不管如何，可以从两个层面来定义责任：一是指分内应做的事，如岗位责任、职责等；二是指由于没有做好本职工作，而应该承担由此带来的不利后果或强制性义务或处罚。在责任含义的演变过程中，西方学者也提出了各具特色的责任理论。

早在古希腊时期，哲学家们就在关注责任问题。苏格拉底把责任视为自身完善的品德，自己要对自己负责，把责任看成"善良公民"服务于国家和人民的本领。柏拉图在设计理想国时，把人分成三个等级，即统治者、保卫者和劳动者，这三个等级都各有不同的责任，统治者治理国家，保卫者以勇敢来保卫国家，劳动者遵守节制而勤奋工作，当他们各自履行自己的责任时，就是一种正义。显然，柏拉图把责任与人的社会角色联系在一起。亚里士多德从知识和意愿性的角度来研究责任问题。他认为一个人应该对自己的行为负责："除非被迫而作恶，或以无知而作恶，否则都要惩罚。因为由于被迫和无知而作恶，没有责任。"[③] "但是，如果我们认为作恶者对于他的无知应当负责任时，则这种无知本身是受法律惩罚的。"[④] 亚里士多德用醉酒肇事者的事例来说明这个问题，他认为要加倍处罚醉酒肇事者，因为肇事的始因在他自身："他无知的原因是他喝酒，

---

① 参见甘绍平《应用伦理学前沿问题研究》，南昌：江西人民出版社，2002，第120~123页。
② 转引自郭金鸿《道德责任论》，北京：人民出版社，2008，第40页。
③ 周辅成：《西方伦理学名著选辑》（上卷），北京：商务印书馆，1996，第306页。
④ 周辅成：《西方伦理学名著选辑》（上卷），北京：商务印书馆，1996，第551页。

而他本可以不喝醉。"① 所以，每个人都要对自己的行为负责，包括一些
无知的行为。斯多葛学派从"自然"的角度来解释责任，认为责任就是
对自然秩序的恪守，就是服从"逻各斯"，这就是一种善、一种美德。在
古罗马时期，西塞罗和奥古斯丁对责任进行过阐述。政治家西塞罗以书信
体的方式写了一部重要的伦理学著作，他看到了责任在日常生活中的重要
性，认为"生活中一切有德之事均由履行这种责任而出，而一切无德之
事皆因忽视这种责任所致"。② 西塞罗把道德责任分成两种：一种是普通
的责任，这是每个人都要承担的责任；另外一种是"完满、绝对的"责
任，只有具备完满智慧的人才能履行这种责任，这是一种理想化的责任。
基督教神学家奥古斯丁在《论自由意志》一书中论证了自由意志和责任
的关系，他认为上帝赋予了人自由意志，人必须对自己在自由意志当中选
择的行为负责，承担其后果。此后，他还提出了罪责说，这也是基督教的
经典教条。由于在这一时期德性伦理居主导地位，思想家们都从德性的角
度来研究责任，把责任看成每个人所应该具备的一种美德，是个人安身立
命的基本品格。

　　到了近代，随着伦理学逐渐从哲学的母体中分离出来，越来越多的思
想家关注责任理论，研究内容也不断深入。康德就非常注重对责任问题的
研究，把责任置于伦理学的中心位置。他认为，责任是一切道德价值的源
泉，是善良意志的体现，为了实现终极的善，即善良意志，人们必须尽一
切责任，甚至要"为了责任而责任"。只有这样，才能实现人的自由、提
升人的尊严。每一个在道德上有价值的人，都要有所承担，没有任何承
担、不负任何责任的东西，不是人而是物件。③ 为了准确把握责任在道德
生活中的功能，康德把它归纳为三个"命题"。第一个命题是：行为的道
德价值不取决于行为是否合乎责任，而在于它是否出于责任；第二个命题
是：一个出于责任的行为，其道德价值不取决于它所要实现的意图，而取

---

① 〔古希腊〕亚里士多德：《尼各马可伦理学》，廖申白译，北京：商务印书馆，2003，第
　73 页。
② 〔古罗马〕西塞罗：《西塞罗三论：论老年　论友谊　论责任》，徐奕春译，北京：商务
　印书馆，1998，第 91 页。
③ 〔德〕康德：《道德形而上学原理》，苗力田译，上海：上海人民出版社，2002，第 6 页。

决于它所被规定的准则；第三个命题是以上两个命题的结论：责任就是由于尊重规律而产生的行为必要性。[1] 可见，要全面把握康德的责任命题，就要从责任的动机命题、形式命题和尊重命题来加以理解。除了提出责任的命题之外，康德还依据两个标准对责任进行了分类：按照责任对象的不同将责任划分为对自己的责任和对他人的责任；按照责任约束程度的不同，将责任划分为完全的责任和不完全的责任。由此产生四种责任形式：第一，对自己的完全责任，就是每个人对自己的生命所担负的责任；第二，对他人的完全责任，也就是对他人要信守承诺；第三，对自己的不完全责任，也就是要发展自己的才能；第四，对他人的不完全责任，也就是要济困扶危，帮助别人。康德还论证了责任与理性、自由的关系，认为责任只有通过理性的途径才能实现，自由是责任的最终追求。为了使人能够自觉履行责任，把善良意志转换成一种无上的命令，康德提出了三大绝对命令。第一个绝对命令是普遍法则："要只按照你同时能够愿意它成为一个普遍法则的那个准则去行动。"[2] 第二个绝对命令是人是目的："你要如此行动，即无论是你的人格中的人性，还是其他任何一个人的人格中的人性，你在任何时候都同时当做目的，绝不仅仅当做手段来使用。"[3] 第三个绝对命令是意志自律："每一个理性存在者的意志能够通过其准则同时把自己视为普遍立法者。"[4] 康德非常重视责任在伦理学中的地位，并进行了充分的阐述，提出了许多重要的理论，以至于后人把他的思想称为责任论（义务论）的伦理学。虽然康德构建了缜密的责任理论，但是也存在一些缺陷，后人试图加以解决。黑格尔在赞同康德责任标准的合理性的同时，也批判了康德责任理论的空洞性。黑格尔认为，康德纯粹从意志中引导出责任，这是空洞的，是"为了责任而责任"，应该从自由观念中推导出责任的内容。这种自由不仅是人的自由，而且是宇宙的理念。叔本华

---

[1] 〔德〕康德：《道德形而上学原理》，苗力田译，上海：上海人民出版社，2002，第8页。

[2] 〔德〕康德：《道德形而上学的奠基》，李秋零译，北京：中国人民大学出版社，2005，第428页。

[3] 〔德〕康德：《道德形而上学的奠基》，李秋零译，北京：中国人民大学出版社，2005，第433页。

[4] 〔德〕康德：《道德形而上学的奠基》，李秋零译，北京：中国人民大学出版社，2005，第442页。

也批判了康德责任理论的形式化，认为康德的责任理论是空洞和荒谬的。叔本华提出，同情才是伦理学的核心，没有同情的能力就不可能存在伦理学。一切责任的观念和意义纯粹完全来自它威胁性的惩罚和允诺的奖赏的关系。① 在这一时期，哲学家们对责任理论的研究有了一个大的跨越，把责任与意志、自由等问题结合在一起了。

在现代，存在主义拓宽了责任的维度，提出应该把对自己的责任和对他人的责任结合起来。萨特认为，责任与自由相伴而生，责任来自自由。一个人在面对责任时，都不应该有任何托词。"不论我做什么，我都不能在哪怕是短暂的一刻脱离这种责任。"② 当然，对自己负责"并不是指他仅仅对自己的个性负责，而是对所有的人负责"。③ 这是因为"人在为自己作出选择时，也为所有的人作出选择"。④ 此时，萨特把责任无限地扩大，扩大到对全人类的责任。萨特通过抽象的自由达到个体责任与社会责任的统一，是对自由与责任的更高层次要求。法国哲学家列维纳斯也倡导对他人、对社会的责任，并且倡导的是一种极端的、以他人为导向的责任意识。当我与有帮助之需求的人相遇时，责任便自动降临到我面前。并不是我选择了责任，而是我由于别人之需求而成了"人质"，在责任面前我无法脱身，虽然这有可能违背我的意愿。然而，列维纳斯认为，也正是这种为他人的责任构成了我之独特性的一个理由，也是我之为我的理由。我负责，所以我就存在。我之存在意味着不能逃避责任。显然，列维纳斯关于对他人的责任理论是积极向上的，但是相当片面和极端，因此也受到了很多批评。伦克就认为他的理论"无行为导向性"。在伦克看来，应当将自我责任与社会责任有机地结合在一起，既要看到责任的自我联系，又要看到责任的社会联系。⑤

---

① 〔德〕叔本华：《伦理学的两个基本问题》，任立、孟庆时译，北京：商务印书馆，1996，第146页。
② 〔法〕萨特：《存在与虚无》，陈宣良译，上海：上海译文出版社，1987，第708页。
③ 〔法〕萨特：《存在主义是一种人道主义》，周煦良、汤永宽译，上海：上海译文出版社，1988，第8页。
④ 〔法〕萨特：《存在主义是一种人道主义》，周煦良、汤永宽译，上海：上海译文出版社，1988，第9页。
⑤ 参见甘绍平《应用伦理学前沿问题研究》，南昌：江西人民出版社，2002，第124页。

从西方责任理论演进的历程可以看出，责任理论的演进大致经历了三个阶段：第一个阶段注重的是自我的责任，认为责任首先应该指向个人、指向自我，自我负责是自由意志的必然要求。只有对自我负责了，才有可能对社会、对国家负责。第二个阶段由注重自我责任转向注重社会责任，认为一个人只注重自我责任还是不够的，还要注重社会责任，即对他人的责任。一个人只有从他人那里才能达到其自身。第三个阶段是自我责任和社会责任相统一。一个人既要对自我负责，也要对社会负责。

现代以来，随着科学技术的发展，科技在给人类带来文明的同时，也造成了巨大的灾难。人类如何才能避免和克服这些灾难呢？越来越多的学者把目光投向了责任伦理，责任伦理日益成为时代伦理的主题。

二　责任伦理的理论向度

关于责任伦理，可以追溯到 1919 年马克斯·韦伯的演讲《作为职业的政治》。在这个演讲当中，马克斯·韦伯提出了"责任伦理"的概念，并区分了信念伦理与责任伦理之间的差别。但是，韦伯对责任伦理的研究并没有留给后人太多的启示。正如约纳斯所说，韦伯对责任伦理与信念伦理的区分仍然没有脱离信念伦理的框架，只不过是"激进和温和的政治家，只知追求一个目标和知道在众多目标之间求得平衡的人，或者孤注一掷和转移风险者之间的区别"。[1] 责任伦理得到突破性发展是在 20 世纪下半期，在这个时期，随着科学技术的发展，人类在享受高科技带来的文明成果的同时，也遭受了由此造成的一系列社会和生态危机。正如甘绍平教授所说，对于培根而言，知识是达到幸福的手段，但自近代以来，知识在人类的滥用中已逐渐变成了祸根。面对着科学技术发展所造成的严重后果，学术界都在积极寻找应对措施。在应用伦理学领域，许多哲学家则把目光投向了责任伦理，思考人类的责任问题，倡导新的责任意识，提出道

---

① 参见方秋明《为天地立心，为万世开太平——汉斯·约纳斯责任伦理学研究》，北京：光明日报出版社，2009，第 62 页。

德行为的根本任务并不在于实践一种最高的善，而在于阻止一种最大的恶；道德行为的根本任务并不在于实现人类的幸福、完美与正义，而在于保护、拯救受害者。甘绍平教授综合西方责任伦理研究的历程，认为责任伦理最早是由德国学者伦克提出来的，但是，约纳斯对责任伦理所作出的贡献最大，主要体现在他的著作《责任之原则——工业技术文明之伦理的一种尝试》之中。当然，匹西特的《真理、理性与责任》、舒尔茨的《变化了的哲学中的哲学》、比恩巴赫尔的《对后代的责任》、帕斯莫尔的《人类对责任的责任》等著作也都以各自的方式对责任伦理的建构作出了自己的贡献。① 责任伦理提出以后，在学术界引起了巨大的反响，推动了伦理学界对现实社会问题的思考。

那么，这种责任伦理是何种伦理呢？用甘绍平教授的话来说，责任伦理是科技时代的伦理。责任伦理最核心的原则就是责任，是面向未来、面向自然的责任。可以从以下几个方面去概括责任伦理的理论向度。

第一，责任伦理所表现出来的责任概念不同于传统的责任概念。传统的责任概念是一种担保责任或过失责任，以追究过失者的责任为导向，属于一种法律责任。这种责任形式过于狭隘，无法适应现在复杂的社会运行系统，特别是适应不了复杂社会系统运行下所隐藏的社会风险。因此，在风险时代，必须要发展一种新的责任意识，一种以未来的行为为导向的，具有预防性、前瞻性的责任，这就是责任伦理所要求的责任。这种新、旧责任的区别在于：旧的责任模式以个体行为为导向，是聚合性的；新的责任模式以许多行为者参与的合作活动为导向，是发散性的。旧的责任模式专注于已经发生的事情，是一种消极性的责任追究，代表着一种事后责任；新的责任模式以未来要做的事情为导向，是一种积极性的行为指导，代表着事先责任。② 当然，尽管新、旧责任模式存在这些差别，但并不是要用新的责任模式去取代旧的责任模式，而是把新的责任模式看成旧的责任模式的一种补充，只有经过补充和完善的责任模式才能为人类度

① 甘绍平：《应用伦理学前沿问题研究》，南昌：江西人民出版社，2002，第99页。
② 参见甘绍平《应用伦理学前沿问题研究》，南昌：江西人民出版社，2002，第113页。

过风险和对危机提供指导。应对气候变化需要的就是新的责任模式，因为气候问题属于全球性的问题，单靠个别国家是解决不了的，需要世界各国共同合作努力。另外，全球气候变化具有滞后性，也就是说，气候变化是一个长期积累的过程，但是，一旦气候危机显现出来了，那造成的灾难必定是毁灭性的，这就是气候问题上的"吉登斯悖论"。所以，在气候变化问题上，要强调的是预防性责任、事先责任。世界各国要积极预防全球气候变暖，而不是等全球气候变暖再去采取补救措施，到那时就为时已晚了。

第二，责任伦理不同于传统伦理，是对传统伦理的延伸与发展。在传统社会中，人们习惯于将伦理问题归结为一种规范、一种信念，如"对人要忠诚""不能撒谎"等。传统伦理主要是建立在权威与信念基础上的道义性的纲常理念，真正的自由意志基础上的"责任"没有得到应有的关注，责任往往被信念化，简化为一种道德要求。传统伦理的最基本理论形态之一就是规范伦理，虽然其中也有对德性的探讨，但最终这种德性也成为规范人们行为的规范。正如陈真教授所说，直至元伦理学在 20 世纪出现以前，规范伦理学一直都是西方伦理学的基本理论形式。"规范伦理学是研究人们正确的道德行为规范，或行为的应然性的理性反思活动。它试图回答究竟什么东西使得一个行为或规则成为道德的行为或规则，它努力发现各种道德行为和规则背后的根本的或最高的道德原则，它企图找到隐含在各种行为背后的共同的道德属性。"① 其目的在于说明人们应该遵从何种道德标准才能成为道德上的至善。责任伦理作为科技时代的伦理，是人们在揖别神灵、告别盲目信仰之后，产生的新的伦理形态，它与传统伦理还是有区别的：一是依靠的力量不同，传统伦理规范往往是借助神的惩罚或某种宗教信仰来让人产生敬畏，从而遵从；责任伦理是在"上帝死了"、信仰失落以后的世俗社会里产生的伦理，它依靠的是人类共同生存和发展的需要来落实责任的担当，责任是每个人生存和发展的保证。二是伦理视野不同，传统伦理的伦理视野只局限于与自己有关系的人当中，离自己越近伦理意识越强，随着与自己关系的疏远，伦

---

① 陈真：《当代西方规范伦理学》，南京：南京师范大学出版社，2006，第 6 ~ 7 页。

理意识就逐渐变弱，所以传统伦理也被称为私人伦理。另外，传统伦理几乎不关注自然存在物和人类的后代；而责任伦理关注得更多的是社会、组织和未来，把关注个人与关注社会结合起来，并且关注非人存在物即自然存在物以及未来后代，所以责任伦理属于社会伦理。另外，责任伦理还不同于传统社会中的信念伦理。马克斯·韦伯对信念伦理与责任伦理的不同进行了区分，信念伦理和责任伦理是支配人们进行伦理取向的两种准则，这两种准则有着本质的不同："恪守信念伦理的行为，即宗教意义上的'基督行公正，让上帝管结果'，同遵循责任伦理的行为，即必须顾及自己行为的可能后果，这两者之间却有着极其深刻的对立。"① 显然，信念伦理建立在宗教信仰基础之上，上帝对行为体的行为的善恶负责；而责任伦理均由行为体自己对自己的行为后果负责。我国学者苏国勋在其专著中也分析了信念伦理与责任伦理的区别。他指出："信念伦理主张，一个行为的伦理价值在于行动者的心情、意向、信念的价值，它使行动者有理由拒绝对后果负责，而将责任推诿于上帝或上帝所容许的邪恶。责任伦理则认为，一个行为的伦理价值只能在于行为的后果，它要求行动者义无反顾地对后果承担责任，并以后果的善补偿或抵消为达成此后果所使用手段的不善或可能产生的副作用。信念伦理属于主观的价值认定，行动者只把保持信念的纯洁性视为责任；责任伦理则要求对客观世界及其规律性的认识，行动者要审时度势作出选择，因为它要对行为后果负责。"② 可见，信念伦理只是单纯地追求目标的实现，只要意图、动机和信念崇高即可，不管付出多大的代价都要去尝试；而责任伦理在追求目标实现的过程中，则要考虑结果、代价等问题，要顾及后果。责任伦理考虑的后果不仅是行为者自己的后果，而且还包括他人的后果，甚至是全人类的后果。因此，这是一种事先顾及的后果，表现出来的就是一种责任。

第三，责任伦理具有新的特征。责任伦理所体现出来的新的特征也

---

① 〔德〕马克斯·韦伯：《学术与政治：韦伯的两篇演说》，冯克利译，北京：三联书店，1998，第107页。
② 苏国勋：《理性化及其限制——韦伯思想引论》，上海：上海人民出版社，1988，第75页。

就是责任伦理作为一种新的伦理形态所表现出来的新的内容。甘绍平教授将责任伦理的新的特征归结为两个方面：一是责任伦理是远距离的伦理。由于传统社会生产力不发达，人与人之间的交往很少，人与外在世界的交流也少，由此而产生的传统伦理主要涉及的是人与人之间的关系，具体来说是当代人之间的关系，并且是在同一种族内的当代人之间的关系。所以，传统伦理不管从时间还是从空间的角度来说，都是一种近距离的伦理。以前没有一种伦理学考虑过人类的未来，更不要说物种的生存。随着科学技术的发展，人的交往对象、交往空间不断扩大，整个世界都变成了一个地球村。新的形势要求新的伦理规则。作为科技时代的责任伦理，不仅要对他人承担责任，还要对人类承担责任，并且要对未来承担责任，这样就拓宽了伦理的时间与空间，成为一种远距离的伦理。这种远距离伦理体现为：从时间上看，不仅目前活着的人是道德关怀的对象，而且那些还没有出生当然也不可能提出出生之要求的未来的人也是道德关怀的对象。从空间上看，人不再仅仅对人有义务，对人类以外的大自然、作为整体的生物圈也有保护的义务，并且这种保护不仅仅是为了我们人类自身，也是为了自然本身。因此，责任伦理体现了两个以前未曾论及的新的维度：未来人身上的时间和大自然身上的空间。当然，责任伦理作为一种"远距离伦理"，并不是"远距离的乌托邦"。在约纳斯看来，"远距离伦理"是从现在的人对"已经存在"的自然和"未来"的生命的责任出发的，是一种直面已经存在的人的生存境况的本体论。责任伦理要求人类充分考虑技术权力所带来的大量的不可预知的破坏性后果，是顾及后果的伦理。二是责任伦理是整体性伦理。[①] 传统伦理涉及更多的是与个人的行为和生活相关的道德规则，如勇敢、节俭、智慧、至善等，这些伦理范畴都是与个体相关的，是个人的美德问题。现代社会变得越来越复杂，是一个巨大的系统，当代社会出现的许多重大问题，只从个体性的伦理角度出发是无法把握的，要强调伦理的整体性，"我"将被"我们"所代替，决策与行为将成为集体

---

① 参见甘绍平《应用伦理学前沿问题研究》，南昌：江西人民出版社，2002，第114～115页。

政治的事情。约纳斯借用霍布斯的"利维坦"来形容这一整体行为者，利维坦是当今时代最重要的责任承担者。正是在这个意义上，责任在后工业化时代应理解为机制伦理，即整体性的伦理。因此，正如约纳斯所说，责任原则试图揭示的义务种类，是并非作为个体而是作为我们政治社会整体的那种行为的责任。责任伦理的整体性体现了人类社会是一个综合性的整体，任何一个人都不是孤立的存在者，都处于相互依存之中。只有当人们自觉地保护地球这么一个整体利益的时候，我们才能克服自我毁灭的危险。

责任伦理除了具有上述两个特征以外，还可以延伸出另外两个特征。一是责任伦理是一种连续性的伦理。约纳斯用父母对子女的责任类型论证了责任伦理的连续性，他认为父母对子女的责任是不会间断的，父母哺育子女，为其提供教育，直至成人，要承担方方面面的责任。父母处于一种历史的链条之中，父母关爱子女，从某种意义上讲是对自己父母所付出关爱的一种回报。从这个角度来看，父母通过对其子女承担责任，而回报了自己父母对自己的责任。这种责任是不会间断的，因为责任对象的生命是持续不断的，并且还不断会有新的要求。就比如司机载客，途中有乘客上上下下，他不会去关心乘客是何许人也，也不会关心乘客是干什么的，他只专心做一件事情，就是把每一个乘客安全地送到目的地，这就是他的责任，并且是不会间断的。也正是因为责任伦理注重责任的连续性，所以才能够把过去、现在和未来连接起来，使得责任主体不仅对过去和现在所做的事情负责，而且还要对未来负责。因此，责任伦理也可以说是一种全程伦理。[①] 二是责任伦理还是一种实践性伦理。传统伦理在很长的时间里，都远离了人们的生活实践和人类的生产境况，成为纯粹书斋里的反思。无论是康德伦理学形式化的模式，还是元伦理学对伦理语言的探讨，都使伦理学这门"实践性"很强的学科远离了它的出发点。随着应用伦理的兴起，伦理学又找回了它应有的角色，成为真正意义上的"实践哲

---

① 方秋明：《为天地立心，为万世开太平——汉斯·约纳斯责任伦理学研究》，北京：光明日报出版社，2009，第 79 页。

学"。从实践层面来说，责任伦理是对科学进步结果的哲学反思，对经济发展后果的伦理回顾，对社会变迁结构的道德追问，对人类未来趋势的忧患求索。① 因此，责任伦理是直面现实问题的伦理，凸显了伦理的"实践维度"。

责任伦理的提出，完全是为了应对科技发展的后果对人类的持续生存所形成的巨大威胁，它试图借助于责任原则，唤醒作为一个整体的行为主体的危机意识，从而为防止人类共同灾难的出现寻求一条出路。② 责任伦理体现了人类在科技发展所带来的挑战面前所应有的一种精神需求，适合了时代的需要。气候问题作为当前人类所面临的最严峻的挑战之一，正在威胁全人类的生存与发展，责任伦理的兴起为解决气候问题提供了重要的伦理支撑。世界各国理应以大局为重，在正义原则的引领下，以责任伦理为指导，承担各自应尽的责任并把这种责任落到实处。只有这样，人类社会才能走出当前的气候危机。但是，现在的实际情况是，每个国家都希望从解决气候问题当中寻求利益的最大化，对承担的责任相互推诿，特别是西方发达国家逃避历史责任，引发了责任的冲突，使得当前的气候谈判举步维艰，陷入了应对气候变化的责任困境之中。

第二节　"共同但有区别的责任"原则的审视

气候变化属于全球性的问题，在气候危机面前，任何一个国家都无法独善其身。因此，每一个国家都有责任去应对全球气候变化。但是，面对全人类生存与发展这个"大利益"的时候，每个国家只顾及本国的"小利益"，在分担气候责任的问题上争论不休，陷入冲突之中。

国际社会一直都是依据"共同但有区别的责任"原则来分配气候责任，主要涉及三个问题：谁的责任？谁受到影响？以及谁应该担负善后责任（见表 5 - 1）。

① 毛羽：《凸显"责任"的西方应用伦理学》，《哲学动态》2003 年第 9 期，第 24 页。
② 甘绍平：《应用伦理学前沿问题研究》，南昌：江西人民出版社，2002，第 136 页。

表 5 - 1   《联合国气候变化框架公约》中"共同但有区别的责任"
原则所体现的道德意蕴

体现的道德原则	呼应该公约的条文
责任分配的原则 （谁的责任？）	全部国家都有其"共同"但有"区别"之责任 （第三条之一）各缔约方应当在公平的基础上，并根据它们共同但有区别的责任和各自的能力，为人类当代和后代的利益保护气候系统
受影响的分配原则 （谁受到影响？）	暗示发展中国家所受到的影响最深 （第三条之二）应当充分考虑到发展中国家缔约方尤其是特别易受气候变化不利影响的那些发展中国家缔约方的具体需要和特殊情况，也应当充分考虑到那些按本公约必须承担不成比例或不正常负担的缔约方特别是发展中国家缔约方的具体需要和特殊情况
责任承担的原则 （谁应担负善后责任？）	已开发国家率先以最经济的方式承担责任（有能力者承担） （第三条之一）各缔约方应当在公平的基础上，并根据它们共同但有区别的责任和各自的能力，为人类当代和后代的利益保护气候系统。因此，发达国家缔约方应当率先对付气候变化及其不利影响 （第三条之三）各缔约方应当采取预防措施，预测、防止或尽量减少引起气候变化的原因，并缓解其不利影响。……同时，这种政策和措施应当考虑到不同的社会经济情况

资料来源：参见黄之栋、黄瑞祺《全球暖化与气候正义：一项科技与社会的分析——环境正义面面观之二》，《鄱阳湖学刊》2010 年第 5 期，第 33 页。笔者对此进行了局部修改。

    "共同但有区别的责任"原则发端于 20 世纪 70 年代初。1972 年斯德哥尔摩人类环境会议呼吁保护环境是全人类的"共同责任"，但同时要求发达国家要为保护环境作出更大的贡献，要给予发展中国家特别的待遇，这就是"共同但有区别的责任"原则的雏形。从此以后，"共同但有区别的责任"原则逐渐成为国际气候谈判中的一项规范用语。1992 年，在里约热内卢召开的联合国环境与发展大会上，发达国家要求世界上所有的国家都承担保护环境的任务，而发展中国家则强调发展经济、消除贫困是其主要任务，并谴责发达国家才是导致气候问题的罪魁祸首，发达国家理应承担主要责任。最后，大会通过的《联合国气候变化框架公约》反映了这一争论现实，并把它作为一项基本原则确定下来，即"共同但有区别的责任"原则，从而奠定了全球气候治理的基本原则。"共同但有区别的责任"原则包括两个方面的含义："共同"的责任和"有区别"的责任。"共同"的责任，源于人类活动是造成全球气候变化的主要原因，气候变化的不利影响也是全球性的，任何一个国家都无法逃避。因此，气候变化问题应该是全人类共同关切的事项，世界各国都要承担起这个责任。"有区别"的责任，即缔约方分担的责任应该与造成气候变化的责任成正比。发达国家要对其历史排放和现阶段高人均排放承担责任，而发展中国家的重心是消除贫困、发展经济。共同责任是基础，区别责任是共同责任基础上的区别。尽管《联合国气候变化框架公约》对"共同但有区别的责任"原则有详细的规定，但是这些规定都不具备法律约束力，属于"软义务"，缺乏执行力，1997 年达成的《京都议定书》改变了这一现状。《京都议定书》以法律的形式明确了"共同但有区别的责任"原则，使得"共同但有区别的责任"原则具有法律效力，明确规定发达国家要承担强制性的、具体的减排任务，发展中国家则属于自愿性减排。

"共同但有区别的责任"原则作为解决气候问题的一项重要国际法原则，对世界各国应对气候变化、采取共同行动发挥了重要的作用。但是，自从"共同但有区别的责任"原则产生以来，关于它的争论也就没有停止过，随着气候谈判的深入发展，各国利益呈现碎片化，"共同但有区别的责任"原则更是面临许多困境，各国在承担气候责任问题上也是相互推诿，陷入了责任的冲突与困境之中。

一　"共同但有区别的责任"原则的现实困境

任何一项国际法原则在适用过程中都不可能在短暂的时间里被世界各国普遍接受，都会遇到许多阻力，也会出现不适用的地方。何况，"共同但有区别的责任"原则要面对适用于错综复杂的气候问题。"共同但有区别的责任"原则涉及的是对现实责任和未来利益的调整问题，这就必然会受到既得利益集团和不愿承担责任者的干涉和阻挠。哥本哈根会议反映的现实情况就是最好的例证，虽然大会最终在形式上坚持了该原则，但是在强化"共同责任"的同时弱化了"区别责任"。

根据《联合国气候变化框架公约》和《京都议定书》的相关规定，依据"共同但有区别的责任"原则，发达国家应该率先减排，并向发展中国家提供资金支持和技术转让。鉴于发达国家过去的"错误"，这些都是发达国家应尽的责任，也是"共同但有区别的责任"原则存在的基础。

但是，在落实这些责任的过程中，发达国家相互推诿，纠缠于共同责任，避而不谈区别责任。根据联合国政府间气候变化专门委员会的测算，发达国家 2012～2020 年的中期减排目标应该是在 1990 年的基础上至少减排 25%～40%。但是，发达国家的减排承诺与这一要求相差甚远：欧盟的减排目标是到 2020 年温室气体排放比 1990 年下降 20%；美国宣布到 2020 年在 2005 年的基础上减排 17%，实际上，这只相当于在 1990 年的基础上减排 4%；日本承诺 2020 年在 1990 年的基础上减排 25%；澳大利亚单方面宣布削减幅度从 5% 提高到 15%。根据各工业化国家所作出的减排承诺，到 2020 年工业化国家整体相对于 1990 年排放水平将减排 5%～17%，距离联合国政府间气候变化专门委员会报告要求到 2020 年在 1990 年的水平上至少减排 25%～40% 的目标有相当大的差距，不足以保证全球气温上升控制在工业革命前 2℃ 以内。即便是这样，发达国家的第一期承诺的减排目标也是难以实现的。据相关资料显示，从 1990 年到最近，附件一缔约方的整体减排量只有 3.9%，这还要归功于经济转型国家因经济衰退导致温室气体减排了 37%。进入 21 世纪以后，经济转型国家逐渐走出衰退，附件一国家的温室气体排放呈现出整体性增长的态势，2000～2007 年经济转型国家和工业化国家的排放量分别增加了 7.8% 和 2.0%。一些主要工业化国家不但没有完成议定书设定的减排目标，而且相比 1990 年还有较大幅度的增加，如美国增长了 16.8%、日本增长了 8.2%、加拿大增长了 26.3%。[①] 根据这个趋势，发达国家所承诺的减排目标是难以实现的，这严重背离了"共同但有区别的责任"原则。发达国家完成不了所承诺的减排目标，却还要求发展中国家承担减排任务，强化了共同责任。美国将其减排承诺与发展中大国的减缓行动结合起来，要求中国和印度等发展中大国的减缓行动要与发达国家的减排承诺具有"可比性"，其实质就是要求发展中国家也承担减排责任。《哥本哈根协议》就体现了这个方面的内容，在附件二中列举了发展中国家"适合本国的减缓行动"。其实，这也是有限地接受了澳大利亚的"时间表方法"（schedules

---

① 转引自朱克勤、温浩鹏《气候变化领域共同但有区别的责任原则——困境、挑战与发展》，《山东科技大学学报》2010 年第 2 期，第 34 页。

approach）。根据澳大利亚的"时间表方法"，每一个缔约国，不论是发达国家还是发展中国家都要在一个国家时间表登记减排承诺。鉴于发达国家对发展中国家减缓行动的"可比性"要求和"时间表方法"，可以明显地看出弱化了区别责任，而强化了共同责任。

根据"共同但有区别的责任"原则，发达国家应当向发展中国家提供适应和减缓气候变化的资金支持，这也是发达国家对过去"错误"的一种补偿，也是发达国家应尽的责任和义务。但是，发达国家认为提供资金是一种自愿性的捐助义务，而不是强制性的补偿义务。所以，这就导致发达国家的援助资金离发展中国家的要求有较大的差距，只不过是杯水车薪而已。即使有一些援助资金，在具体的落实方面也有很多程序方面的问题。在《哥本哈根协议》中，虽然发达国家承诺到 2012 年每年向发展中国家提供 300 亿美元的启动资金，到 2020 年每年援助 1000 亿美元。但是，这些资金与《联合国气候变化框架公约》所规定的"议定全部增加成本"相差甚远，并且这 300 亿美元和 1000 亿美元还用于适应气候变化和减缓气候变化，所以说发达国家在资金承诺上是大大减少了。即便是这样，也没有明确由谁来承担这笔援助，如何去分配这些援助责任。所以，直到坎昆会议开幕前，这笔援助资金仍没有到位。在提供有限的资金援助的过程中，发达国家还以发展中国家要接受"三可"检查为条件，其实这是对发展中国家内政的干涉。因为"巴厘岛路线图"明确规定，发展中国家只有得到国际资金、技术和能力建设的支持，才接受"三可"评审，否则是可以不接受的。

气候变化问题的解决最终还有赖于技术的进步。除了资金支持方面以外，《联合国气候变化框架公约》和《京都议定书》还规定发达国家应该向发展中国家转让有利于环保的技术和提供技术援助，因为这样可以减少发展中国家的温室气体排放量，也有利于发展中国家转变经济发展方式，走一条与发达国家以牺牲环境为代价的不一样的发展道路。但是，这项工作也没有取得实质性进展。究其原因，就是发达国家以各种借口不履行承诺，推卸责任。一是发达国家认为技术转让要通过市场来进行，把技术转让与技术贸易混为一谈，从而违背了其所作出的技术承诺。二是由于发达国家的资金援助不到位，影响了发展中国家获取气候友好技术的能力。因此，时至今日，要求发达国家切实履行义务，向发展中国家转让先进的气候友好技术，仍然是发展中国家的诉求。

减排目标、资金和技术在应对气候变化过程中所遭遇的困境说明了"共同但有区别的责任"原则没有得到很好的落实，发达国家在推卸责任的同时又威逼发展中国家一起承担责任，从而强化了"共同责任"，弱化了"区别责任"。郭清香在《环境正义遭遇困局》一文中从另外一个角度分析了"共同但有区别的责任"原则的适用现状，认为在当前应对气候变化过程中，脆弱共识弱化了"共同责任"，利益多元化碎片化了"有区别的责任"。[①]

不管"共同责任"是强化了还是弱化了，"区别责任"总是被碎片化了、被弱化了，"共同但有区别的责任"原则面临着现实的困境。"共同但有区别的责任"原则为什么会遭遇困境，成为一张华丽的空头支票呢？原因大致来自两个方面：一是发达国家只顾追求本国利益的最大化，而忽视全人类这个更大的利益；二是"共同但有区别的责任"原则在适用过程中本身存在一些局限性。

二　"共同但有区别的责任"原则陷入困境的原因

自从《联合国气候变化框架公约》制定"共同但有区别的责任"原则以来，它就逐渐成为应对气候变化的一条重要原则，发达国家与发展中国家也围绕着该原则展开了激烈的博弈。在博弈过程中，暴露出了该原则面临许多困境，从这些困境中可以找到其原因之所在。

第一，缺乏具体的制度来保障该原则的落实。"共同但有区别的责任"原则虽然是应对气候变化的重要原则，却没有具体有效的制度来保证其实施。比如，美国以各种借口退出了《京都议定书》，尽管国际社会对其进行了谴责，却无法对其进行处罚，使其承担责任。该原则也没有强制规定发达国家要向发展中国家提供资金支持和技术援助，也没有制定资金援助方面的具体程序，所以才会导致发达国家资金援助不到位的情况，从而降低了发展中国家应对气候变化的能力。也正是因为该原则缺乏具体

---

① 郭清香：《环境正义遭遇困局》，《中国教育报》2010年1月25日，第4版。

的制度来保障其实施，所以，一些发达国家总认为该原则是一种道德原则而不是法律原则，这样就很有可能使得"共同但有区别的责任"原则弱化为发达国家对发展中国家的优惠待遇。这种优惠待遇与"共同但有区别的责任"原则有着本质的不同：前者被称为"待遇"，体现的是一种强者对弱者的"特别关照"，是发达国家主动给予的，在性质上属于道德义务；后者作为一项法律原则，它揭示了全球变暖问题的主要肇因是发达国家的累积排放，发达国家要承担主要责任，是对其自身过错的补偿而不是对发展中国家的善行或施舍，"有区别的责任"不是道义责任而是法律责任。[①] 纵观哥本哈根气候变化会议前后的形势，对发展中国家最不利的局面就是，虽然形式上保留了"共同但有区别的责任"原则，但实质上已经等同于发达国家对发展中国家的优惠待遇，这无疑使得"共同但有区别的责任"原则失去了应有的作用。

第二，"共同但有区别的责任"原则的适用具有局限性。[②] 丹佛大学霍尔沃森博士认为，"共同但有区别的责任"原则的适用有两个方面的局限性：一是该原则只能在一段有限的时间内适用，以允许发展中国家大致与发达国家保持同样的经济增长水平（并且同时处理环境问题）；二是该原则的适用不应与条约的目标和目的相抵触。"将大气中温室气体的浓度稳定在防止气候系统受到危险的人为干扰的水平之上"是《联合国气候变化框架公约》的最终目标，发达国家一直以这个最终目标为由限制"共同但有区别的责任"原则的适用，却忽视了《联合国气候变化框架公约》的另一个目标，即生态空间的再分配。王小钢在《"共同但有区别的责任"原则的适用及其限制——〈哥本哈根协议〉和中国气候变化法律与政策》一文中就提出，如果将《联合国气候变化框架公约》这两个目标作为一个整体进行解释时，就会发现该公约的目标既支持又限制了"共同但有区别的责任"原则。在支持"共同但有区别的责任"原则适用方面，该公约要求发达国家必须率先大幅度减排，并向发展中国家提供资

---

① 朱克勤、温浩鹏：《气候变化领域共同但有区别的责任原则——困境、挑战与发展》，《山东科技大学学报》2010年第2期，第35页。

② 参见王小钢《"共同但有区别的责任"原则的适用及其限制——〈哥本哈根协议〉和中国气候变化法律与政策》，《社会科学》2010年第7期，第86页。

金和技术支持。在限制"共同但有区别的责任"原则适用方面，表现为
如果发达国家履行了该公约的要求，但是仍然实现不了该公约的最终目
标："防止气候系统受到危险的人为干扰。"那么，就很有可能要重新确
定发达国家与发展中国家的责任分担问题。发达国家在哥本哈根会议上千
方百计推诿责任，企图抛弃"共同但有区别的责任"原则，使得该原则
陷入困境之中。

第三，划分责任的依据，特别是划分区别责任的依据不完善。在全球
责任的分担上，发展中国家普遍认为，气候责任的划分要依据造成全球气
候变化的压力轻重、应对气候变化的经济和技术能力这两个标准来确定。
但是，这两个标准在应用的时候可能会出现两类国家，并且可能会出现不
一致的情况，即对气候变化产生很大压力的国家并不一定是有经济和技术
能力的国家；相反，有经济和技术能力的国家也不一定对气候变化造成了
巨大的压力。这就使得责任的划分依据缺乏科学性。另外，责任因何而有
区别呢？现在发展中国家的普遍观点是，发达国家要为其过去"错误"
的行为承担责任。如果说发达国家应为过去的污染行为负责，那么发展中
国家是否也应该为现在的或将来的污染行为负责呢？发展中国家拥有世界
上 4/5 的人口，大都是尚未工业化的国家和地区，它们引起环境损害的潜
力是巨大的。据估计，在 1990~2020 年全世界排放的温室气体中，发展
中国家占 75%。① 如果责任仅仅因为"过去的过错"而异是"有区别的
责任"的支撑，则发达国家和发展中国家是很难达成共识的。因为从基
础上说，这一差异与责任的关联性，在法律上不具有很强的说服力。

"共同但有区别的责任"原则既体现了发达国家对全球气候变化应负
的历史责任，又照顾了发展中国家发展经济的诉求，对平衡不同国家的利
益与责任发挥了重要的作用。但是，该原则在适用时存在一定的局限性，
面临许多现实的困境，特别是在哥本哈根会议中遭遇了严峻的挑战，发达
国家企图把其强制减排目标与发展中国家的自愿减排行动挂钩，强化了
"共同责任"，弱化了"区别责任"，从而使得国际社会在应对气候变化的

---

① 转引自边永民《论共同但有区别的责任原则在国际环境法中的地位》，《暨南学报》（哲
学社会科学版）2007 年第 4 期，第 11 页。

过程中陷入了责任的冲突与困境之中。"各种角色之间发生冲突，将扮演者置于尴尬、矛盾之中，最后扮演者必须采取某种行动才能最终和解这场冲突。"① 那么，在当前的气候责任冲突中，国际社会在气候谈判中，应该采取什么行动呢？这个行动就是要达成分担责任的共识，形成共识性的责任原则。

第三节　达成共识性的责任原则

在全球化的今天，面对全球性的问题，责任与每一个国家息息相关，有对本国的责任，有对他国的责任，也有对全人类的责任。可以说，责任既是国家存在的方式，也可以保证国家的存在。在日趋严重的气候危机面前，国际社会必须在气候谈判中达成伦理共识，否则人类社会就会因此而走向毁灭。所以，在气候谈判中达成伦理共识，这本身就是世界各国的一种责任，并且世界各国都必须承担起这种责任。如果没有这种最基本的责任承担，等待人类社会的必将是无尽的灾难，乃至人类的毁灭。那么，在气候谈判中，国际社会应该达成何种共识性的责任原则呢？具体来说，应该达成三个共识性的责任原则："区别而又共同"的责任原则、"为后代而在"的责任原则和"为他者和自者而在"的责任原则。

一　"区别而又共同"的责任原则

气候问题是全球性的问题，世界各国都知道应该去应对气候变化，这是全人类的责任，在这一问题上已经基本上达成了共识。但是，对于"区别"责任，世界各国有着不同的看法，争论不休。特别是在气候谈判利益多元化的时期，"区别"责任更是气候谈判不可逾越的屏障。因此，国际社会在进行气候谈判的过程中，首先要重视这个问题的解决，要把"区别"责任置于优先于"共同"责任的基础之上，达成"区别而又共同"的责任原则共识。将"共同但有区别的责任"原则改为"区别而又

---

① 〔美〕库珀：《行政伦理学：实现行政责任的途径》，张秀琴译，北京：中国人民大学出版社，2001，第85页。

共同"的责任原则，虽然只是"共同"与"区别"之间次序的颠倒，但是，其中的意义却完全不一样。

自从《联合国气候变化框架公约》提出"共同但有区别的责任"原则以来，该原则就成为国际社会解决气候问题的一个重要原则，也发挥过重要的作用。但是，随着时间的推移，越来越多的发达国家片面地强调"共同"责任，而忽视了"区别"责任。一些发达国家甚至打着"共同"责任的招牌，要求发展中国家也承担与发达国家同样多的减排责任，特别是要求"基础四国"承担大量的减排责任，此时，"共同"责任已经成为发达国家逃避"区别"责任的挡箭牌。这当然会引起发展中国家的强烈抗议，从而导致气候冲突不断。显然，此时的"共同但有区别的责任"原则在适用过程中已经面临许多困境。现在，国际社会所面临的问题，不是要强调"共同"责任的问题，而是要强调"区别"责任的问题。因为世界各国都已经认识到要承担气候责任，但是具体到"区别"责任时，就出现了分歧。所以，"区别"责任制约着当前气候问题的解决。不解决好"区别"责任的问题，气候问题就很难得到解决。因此，首先要强调的是"区别"责任，"区别"责任要优先于"共同"责任的履行，"区别而又共同"的责任原则就应该成为指导气候问题解决的重要责任原则。

没有区别，就体现不了每个国家对气候变化影响的差异性，也就体现不了公平原则。应对气候变化之所以要强调"区别"责任，是基于两个依据：一是哲学依据，二是事实依据。"区别"责任的哲学依据来源于公平原则，这也是区别责任的逻辑基础。所谓公平原则是指，如果一方过去在没有获得他方同意的情形下给他方强加了一定的成本从而不公平地侵害了他方，那么未经同意的被侵害方应有资格在将来要求侵害方至少承担与此前不公平侵害程度相等的不平等负担以恢复平等。发达国家在工业化过程中，排放了大量的温室气体，并造成了全球气候变化问题的出现。在大气累积的二氧化碳中，80%都是由发达国家所排放的。发达国家的工业化历史，就是一部污染环境、破坏大气平衡的历史。在全球排放空间十分有限的情况下，发达国家在过量地排放温室气体的过程中也就占据了过多的排放空间，占用了发展中国家的排放空间，也就是遏制了发展中国家的发展。不仅如此，发达国家还把环境污染转嫁到发展中国家，把发展中国家当成污染的避难所。① 这更加剧了发展中国家的贫穷与落后。根据有关资料显示，全球生活在最底层的 10 亿人口造成的环境退化超过了发展中国家其他 30 亿人口造成的环境退化的总和。② 对于那些生存都很难维持的最不发达国家来说，最重要的是"今天的晚餐"如何解决，而不是去想"明天的世界"如何。所以，要求这些国家像发达国家一样来承担减排责任，那是一种苛求，也是不人道的。因此，发达国家必须承担其应对气候变化的主要责任并对发展中国家的损失给予补偿，造成污染多的发达国家应该多承担责任。这就体现了"差别待遇合乎比例地体现了既有事实性差异"。③ 因此，我们可以基于"给不平等者以不平等"的公平原则来论证发达国家应该承担更多气候责任的正当性。"区别"责任的提出除了具有公平原则的哲学依据以外，还有它的事实依据。这个事实依据就是基于解决气候问题的能力与影响的区别。拉万亚·那加马尼和菲利普·库里特（Philippe Cullet）认为，责任的区别应"基于对环境退化所起作用的差别"与"基于采取救济措施的能力的差别"。④ 在现实世界中，各国经济发展状况不一样，人民生活水平不一样，国与国之间存在很大的贫富差距。发达国家已经完成了工业化历程，具有很强的经济实力和技术能力，而广大发展中国家还处于工业化初始阶段，经济基础薄弱，生产力水平低下，特别是一些最不发达的国家维持生存都是一个很大的问题。在这种情况下，各国应对气候变化的能力就完全不同。对于富裕的发达国家来说，拿出一定资金用来解决气候问题，保护自然环境，并不是很困难的事情；而这对于一些发展中国家来说将是一个沉重的负担，可能会影响其生存。如果不顾及发达国家与发展中国家应对气候变化能力的差距，笼统地要求世界各国承担同等的责任，那么，这对发展中国家是非常不公平的，也不

---

① 沃尔特（Walter）较早提出"污染避难所假设"，他通过考察 1970～1978 年西欧、日本以及美国的对外直接投资趋势，发现这些国家将大部分污染密集型产业转移到海外。通过沃尔特的"污染避难所假设"可以看出高污染产业转移的内在原因。

② 〔美〕诺曼·迈尔斯：《最终的安全》，王正平、金辉译，上海：上海译文出版社，2001，第 22 页。

③ Lavonia Raja Mani, *Differentia Treatment in International Environmental Law*, Oxford University Press, 2006, pp. 150–155.

④ 龚向前：《解开气候制度之结——"共同但有区别的责任"探微》，《江西社会科学》2009 年第 11 期，第 135 页。

利于气候问题的解决。因此，世界各国在分担气候责任的过程中，就存在一个责任的限度问题，即可承受的责任与不可承受的责任问题。当前发达国家承担一定的气候责任，虽然有可能降低其现有生活水平，但是，这是发达国家可承受的；而要让一些发展中国家去承受一定的气候责任，这种责任可能会影响其生存，这就是不可承受的。所以，一个国家所承受的责任要与它的承担能力相适应，如果让一个没有承担责任能力的国家去过多承担应对气候变化的责任，终究也是虚幻的。正如马克思所说："一个人只有在他以完全自由的意志去行动时，他才能对他的这些行动负完全的责任。"[1] 可见，个人的责任是有限度的。而国家的责任又何尝不是这样呢？

所以，基于理论与现实的依据，发达国家都应该对气候变化问题承担主要责任，说明了"区别"责任存在的正当性。事实上，我们还可以通过"权利与义务的统一性、对等性"来引申出"区别"责任存在的正当性。在黑格尔看来，一个正义的社会、一个自由的社会，应当是权利与义务统一的社会。权利与义务不统一的社会，就不是一个自由的社会，也不具有正义性，也就没有存在的理由。"一个人负有多少义务，就享有多少权利；他享有多少权利，也就负有多少义务。"[2] 马克思也深刻地指出，在这个世界上，"没有无义务的权利，也没有无权利的义务"[3]。发达国家在工业革命的过程中已经享受了大量排放温室气体的权利，由此也享受了工业文明的成果，根据权利与义务的对等性要求，现在发达国家承担更多的减排责任也是合乎法律、合乎伦理道义的。黑格尔就笃信："如果一切权利都在一边，一切义务都在另一边，那么整体就要瓦解。"只有权利与义务的统一才是"所应坚持的基础"。[4] 那么，如何才能使得发达国家真正承担起这个"区别"责任呢？我们还可以运用约纳斯的"忧惧启迪法"。[5]气候问题是全球性的问题，如果现在不去承担这个责任，

---

① 《马克思恩格斯文集》第 4 卷，北京：人民出版社，2009，第 93 页。
② 〔德〕黑格尔：《法哲学原理》，范扬、张企泰译，北京：商务印书馆，1961，第 172 ~ 173 页。
③ 《马克思恩格斯全集》第 25 卷，北京：人民出版社，2001，第 642 页。
④ 〔德〕黑格尔：《法哲学原理》，范扬、张企泰译，北京：商务印书馆，1961，第 172 页。
⑤ 所谓忧惧启迪法，就是优先预测不幸，激发对未来灾难画面的想象，以便有效地预防可能出现的灾难。

终究会影响到发达国家的发展，今天发展中国家所遭受的气候灾难，也许明天就可能出现在发达国家，事实上，这种情况已经产生了。因此，在全球化时代，面对全球性的气候问题，只顾及本国利益的做法不仅无法达到自己想要的目标，而且还可能导致本国利益遭受损害，社会总体利益受损。所以，在当前应对气候变化过程中，发达国家承担气候变化的主要责任，终究还是有利于自身的。当然，不能把"区别"责任就等同于发达国家的责任，发展中国家就可以袖手旁观，在应对气候变化的过程中"搭便车"。因为这样既不利于发展中国家环境治理能力的提高，也不利于发展中国家经济的发展，这就涉及应对气候变化的共同责任问题。

在强调"区别"责任的基础上，还要倡导"共同"责任。"共同"责任来源于"人类共同关切事项"，因为气候资源是人类生存的基础，我们只有一个地球。《联合国气候变化框架公约》也明确提出："地球气候的变化及其不利影响是人类共同关切的问题。"这也说明了气候问题是全球性的问题，不是哪一个国家、哪一个地区的问题，其造成的灾难也是全球性的，任何一个国家都逃脱不了。正如坦桑尼亚圣公会大主教唐纳德·姆特勒梅纳所说："西方世界应该明白，问题不仅仅出现在非洲，而且出现在整个世界上。上帝赐予了西方以领导世界的能力，但这个能力并不仅仅属于西方，它们的能力属于整个世界。今天，非洲被各种问题困扰着，但明天就可能会是欧洲。"① 气候问题作为一个全球性的问题，单凭一个国家的实力是难以应对的，势必要求世界各国共同行动起来，承担起保护环境、解决气候问题的道德责任。当然，在强调"共同"责任的过程中，要警惕"搭便车"的激励。由于气候资源是全球最大的公共物品，具有消费的非竞争性和非排他性，即使某一个国家不参加集体行动，不承担集体行动的成本，它也可以和其他国家一样享受集体行动产生的利益。所以，在应对气候变化的过程中，总有一些国家担心承担削减温室气体排放的成本会影响本国经济的发展，因此希望其他国家去承担这个责任，自身

---

① 参见唐纳德·姆特勒梅纳大主教于 2005 年 7 月 8 日在八国集团会议地球动态论坛上的主题发言。

不愿承担，但同样可以避免气候变化的风险和损失。可见，气候的公共物品属性和由此衍生的"搭便车"激励，为气候责任的共同承担带来了障碍。但是，如果每一个国家都抱着"搭便车"的心态，都不去承担责任，等待人类的一定是更严重的气候灾难，甚至是人类的毁灭。所以，所有的人类活动都不应该局限于个人利益的实现，而应该着眼于人类的整体利益，为人类整体谋福祉，这不是一个或几个国家可以独立完成的，而是需要国际社会的共同努力。

当然，要真正履行"区别而又共同"的责任原则，还要落实两个问题。一是需要对国家进行细分。目前，《联合国气候变化框架公约》将缔约方国家主要分为两大类：附件一国家（工业化国家）和非附件一国家（发展中国家），随着各国经济发展状况的不平衡以及各国对生态利益关切的多元化，应该在这个基础上，对缔约方国家进行重新划分，设立附件一国家、附件三国家（温室气体排放较大的发展中国家）、非附件一和非附件三国家（其他发展中国家）。附件一国家是包括美国在内的所有发达国家，继续完成后期减排义务；附件三国家，即新兴经济体国家（"基础四国"）以及其他具有较高排放潜力的发展中国家，鉴于它们排放总量的不断增大，应该适当地承担减排义务；而非附件一和非附件三国家，不承担减排义务。同时在保证原有适应基金不变的基础上，为附件三国家建立相应的减缓基金，以便它们完成减排义务。[①]对国家的重新分类，是对全球温室气体排放现状的反映，既然新兴经济体国家在经济快速发展过程中，排放量也在增加，就需要承担与其能力相适应的减排义务。事实上，包括中国、印度在内的发展中国家都在积极应对气候变化，并且开始付诸行动。中国在哥本哈根会议上就承诺，到 2020 年单位国内生产总值二氧化碳排放量比 2005 年降低 40% ~ 45%；印度也提出在 2020 年实现在 2005 年温室气体排放量的基础上减少 20% ~ 25% 的目标。巴西则承诺主要通过减少毁林的方式到 2020 年将其温室气体排放降低 40%。南非表示到 2020 年要削减 34% 的预期排放增加量。面对日益严峻的气候问题，绝

---

① 吕江：《"共同但有区别的责任"原则的制度设计》，《山西大学学报》2011 年第 5 期，第 118 页。

大部分发展中国家都作出了减缓温室气体排放的承诺，承担着与自身能力相适应的责任。二是要明确"区别而又共同"的责任原则与"对发展中国家的优惠待遇"之间的本质区别。"对发展中国家的优惠待遇"是发达国家基于人道主义的考虑，而不是基于自身的过错向发展中国家提供援助，这是一种高高在上的仁慈和施舍。"区别而又共同"的责任原则是基于历史责任、污染者付费原则、公平正义原则而构建的一项法律原则，其内在动因就是任何一个人、任何一个国家都要对自己的行为负责。因此，资金、技术和能力建设支持的主导权不应掌握在发达国家手中，更不能附加任何条件。发达国家承担主要责任是对其自身过错的弥补而不是对发展中国家的善行或施舍。① 所以，要警惕发达国家把"区别而又共同"的责任原则等同于"对发展中国家的优惠待遇"，揭露和批判发达国家弱化"区别责任"、分化发展中国家的阴谋。

爱丽丝和恩里卡就指出，任何一个有意义的气候协议，都必须解决两个层面的问题：首先就是必须认可"区别"的责任，这体现的是公平的意旨；其次，少数国家的参与将无法达到减缓气候变化的目标，这体现的是环境效益和经济效率的目标。② 这充分说明了国际社会在分配气候责任时，要重视"区别责任"的解决，要兼顾"区别责任"与"共同责任"，坚持"区别而又共同"的责任原则。

二　"为后代而在"的责任原则

如果说，在气候谈判中达成伦理共识的第一个责任原则（"区别而又共同"的责任原则）属于代内责任，是一种事后责任，那么第二个共识性责任原则（"为后代而在"的责任原则）就是代际责任，是一种事前责任。在人类社会早期，由于生产力落后，人们对自然的开发利用远没有超过自然的承载能力，人们也就不用担心自己的行为会破坏后代的生存基础，所以在那个时候也就不需要对后代进行伦理关怀。然而，工业革命完

---

① 朱克勤、温浩鹏：《气候变化领域共同但有区别的责任原则——困境、挑战与发展》，《山东科技大学学报》2010年第2期，第35页。

② 李威：《论共同但有区别责任的转型》，《南通大学学报》（社会科学版）2010年第9期，第39页。

全改变了这种人类代际图景。生产力的发展既带来了无限的创造力，也造成了前所未有的破坏力。气候危机的出现就是这个前所未有的破坏力的一个最严重的体现。气候危机正在威胁全人类的生存，可以毫不夸张地说，人类的明天就取决于今天人们所作出的选择。所有这一切，集中体现为一个重大的社会课题：在气候谈判中世界各国必须达成"为后代而在"的责任共识，世界各国必须面向未来，对未来负责，履行"为后代而在"的责任。

"为后代而在"的责任体现的是代际道德要求和伦理义务，环境伦理学对此非常重视。著名的环境伦理学家罗宾·安特菲尔德就指出："环境伦理所涉及的代际关系不仅仅指那些处于同时代的不同年龄人们之间的关系，如祖父、父亲和孩子之间的联系；而是，更为特定地指向那些生活于不同时期，包括未来人群之间的相互关联。那些未来人群的人口规模、生活质量都在很大程度上取决于我们现行的政策和所做的决策。"[1] 显然，未来人与我们是有联系的，我们的行为将会影响未来人的生活，现代人对未来人、后代人负有道德责任。尽管如此，学术界关于当代人对后代人应该有道德责任的问题，仍然存在质疑。比如，时间距离的遥远、后代人偏好的不确定性、未来后代人数的不可预测性等，都使得我们很难具体地确定我们究竟应当为后代人做些什么、如何做、做多少。特别是，关于后代人身份的非同一性问题，更是使得代际伦理陷入了二律背反的困境。[2] 周谨平把这种质疑的声音归纳为四个方面：一是未来人价值的递减否定。按照传统经济学家的分析，一个事物的价值会随着时间的间隔而流失。因此，对于那些在时间上与我们相隔甚远的未来人来说，他们的价值根本就不值得我们去考虑。二是未来人观念的不可预期。这主要包括两个方面的内容：未来人生活状态的不可预见和生活观念的不可预见。三是未来人利益的不可返还性。责任总是相互的、双向的，不存在单方面的义务。况且

---

[1]　Robin Artfield, *Environmental Ethics*, Blackwell Publishing Ltd. , 2003, pp. 96, 101 - 102. 转引自周谨平《论代际道德责任的可能性基础》，《江海学刊》2008 年第 3 期，第 53 页。

[2]　关于这一问题，参见杨通进《环境伦理：全球话语中国视野》，重庆：重庆出版社，2007，第 299 ~ 316 页。

近代以来的伦理体系，特别是霍布斯、洛克、康德的伦理体系都是建立在社会契约论的基础之上的，都是以权利和义务的"相互性"为特征的。但是，这种"相互性"从理论上就排除了人对未来后代的责任，因为在代与代之间是难以实现责任的"相互性"。四是未来人与现代人无交涉。责任的界定需要双方参与协商，但是，现代人是无法与未来人就责任问题进行对话协商的。①

　　难道基于以上理论对代际责任的质疑，我们就真的认为未来后代与我们没有任何伦理上的联系吗？我们就真的可以肆意挥霍自然资源、随心所欲地破坏环境、无限制地排放温室气体吗？显然，任何有理性的个人都会回答"不"。那么，如何去从理论上论证我们对后代负有责任，"为后代而在"的责任是可行的呢？约纳斯和夫列切特对这一问题进行了研究。②约纳斯在《责任的原理——对科学技术文明的一种伦理学尝试》一书中，批评了基于"相互性"的传统伦理学，提议要建立一个包括"人和自然之间的关系"和"现在的人类和未来后代之间的关系"在内的新伦理学，这就是他的责任伦理，其核心就是把人的道德责任推广到自然以及未来后代的身上去。在约纳斯看来，人类的责任或义务观念，并不是起源于社会契约论的"相互性"原理，而是来源于父母关爱子女的自然事实，这是责任观念产生的原型。在这一原型中，父母养育子女的责任并不是出于自我利益的"相互性"，而是基于生殖行为这一自然事实。既然未经后代同意就生下了后代，那么父母就必须承担相应责任，因为父母是子女诞生的"创始人"。这也是现代责任原理的存在论基础。约纳斯认为，我们对未来后代的责任包括两个方面的内容：第一，我们对未来人类的生存有义务，这一义务与在未来人类中是否存在我们的嫡系子孙无关；第二，我们对未来人类的生存方式有义务。第一个义务包含了生殖的义务，人类有义务延续人这一物种的存在，这是人类的无条件的责任。第二个义务是指我们有责任为未来后代留下一个良好的生存环境，如新鲜的空气、干净的水和足够用的资源。这就是约纳斯关于"人类对未来后代有责任"的理论

---

① 周谨平：《论代际道德责任的可能性基础》，《江海学刊》2008 年第 3 期，第 53～54 页。
② 参见韩立新《环境价值论——环境伦理：一场真正的道德革命》，昆明：云南人民出版社，2005，第 195～200 页。

论证。需要强调的是，约纳斯的论证不是建立在社会契约论的基础上，而是打破了权利和义务的"相互性"原理。与约纳斯拒绝用社会契约论来论证"人类对未来后代有责任"的做法相反，夫列切特则援引社会契约论，从理论上来论证"人类对未来后代有责任"。在夫列切特看来，虽然当代人与后代人之间不存在共时性的"相互性"，但存在"代际接力"式的"相互性"，即"代际相互性"。我们把从上代人那里得到的恩惠像传递接力棒一样传给后代人，后代人再把这种恩惠传递下去，持续不断。这种"相互性"显然不是"A-B"式的对等、共时的"相互性"，它是一种跨越时间范围的"A→B→C→D……"的链式的"相互性"。在这种链式结构中，只要人类持续存在下去，这种"相互性"就一直会延续下去。这就类似于中国传统文化中的"前人栽树，后人乘凉"。为了进一步论证代际责任的可行性，夫列切特提出，即使不通过"相互性"，借助于罗尔斯的"原初状态"假说和"无知之幕"理论，通过人的理性、自我利益、正义等要素也同样可以达成社会契约，也可以论证当代人对后代人有责任的契约论基础。我国学者杨通进研究员在《环境伦理：全球话语中国视野》一书中也从功利主义视角、道义论视角、契约主义视角、共同体主义视角和关怀伦理视角对代际责任进行了伦理证明。这些不同时期的伦理学理论关于代际责任的证明，尽管还存在这样或那样的不足，但都为"为后代而在"责任的存在提供了理论支撑。

事实上，从实际情况来看，人类应该为未来后代负责是毋庸置疑的。人类只拥有一个地球，地球所拥有的资源是有限的，并且地球被污染的空间也是有限的。当代人过多地使用了资源和污染了空间，下代人肯定就要受影响。现代人类的行为选择直接影响着未来后代的初始的生存环境，未来后代对现代人类留给他们的生存环境是无法选择的，不管是有利的还是有害的。正如马克思所说："人们自己创造自己的历史，但是他们并不是随心所欲地创造，并不是在他们自己选定的条件下创造，而是在直接碰到的、既定的、从过去继承下来的条件下创造。"① 因此，马克思在《资本论》当中进一步强调人不是自然的所有者，自然也不是人的奴仆。"从一

---

① 《马克思恩格斯文集》第 2 卷，北京：人民出版社，2009，第 470 页。

个较高级的经济形态的角度来看，个别人对土地的私有权，和一个人对另一个人的私有权一样，是十分荒谬的。甚至整个社会，一个民族，以至一切同时存在的社会加在一起，都不是土地的所有者。他们只是土地的占有者，土地的受益者，并且他们应当作为好家长把经过改良的土地传给后代。"① 当留给未来后代的不是发展资源而是更多的生存负担时，未来后代将会面临更加险恶的生存环境，并为之付出沉重的代价。如果让未来后代去承受现代人类破坏环境导致的恶果，这是十分不公平的。事实上，这种情况正在发生。今天人类所经受的气候灾难，正是上代人大量排放温室气体所造成的。因为，环境问题的影响不是即时的，而是跨越时代，影响十几年甚至几代人的。在代内，如果有人把环境灾难转嫁到他人身上，肯定会受到谴责，并要承担责任，现在只不过是当代人把这种灾难转嫁到了后代人身上，当然也要受到谴责并承担责任了。

"我们正处在一种与以往不同的新地位，负有各种前所未有的责任；如果我们无知、疏忽、目光短浅和愚蠢，那么我们将会造成一个灾难性的未来。"② 现在的气候问题已经表明，如果人类继续大量地排放温室气体，不采取措施应对气候变化，就必定会毁灭我们以及我们后代的生存基础。所以，我们今天的人对未来的人有着一种不可推卸的责任，"为后代而在"的责任是国际社会在气候谈判中必须达成的责任共识。否则，如果每一代人只追求自己利益的最大化，那么人类社会必将走向毁灭。

三　"为他者和自者而在"的责任原则

"区别而又共同"的责任原则，其核心在于"区别"责任的履行，也就是要求发达国家承担更多的责任，要为发展中国家的生存与发展承担多一点责任；而"为后代而在"的责任原则，则要求当代人从人类社会的可持续发展着想，为后代人多尽一点责任。不管是"区别而又共同"的责任原则还是"为后代而在"的责任原则，看似都是为他人、为后代承

---

① 《马克思恩格斯文集》第 7 卷，北京：人民出版社，2009，第 878 页。
② 〔意〕奥尔利欧·佩奇：《世界的未来——关于未来问题一百页　罗马俱乐部主席的见解》，王肖萍等译，北京：中国对外翻译出版社，1985，第 8 页。

担责任，受益者都是他人、后代，貌似不公平。事实并不是这样。全人类生存在同一个地球之上，生活在同一片蓝天之下，处于同一个生物圈之中，并且彼此命运休戚与共，气候问题是全球性的问题，任何一个国家都难逃气候灾难的惩罚。因此，面对全球性的气候风险与危机，每一个国家在承担气候责任的过程中，看似是为了他国和为了后代而承担责任，实际上也是为了自身的利益而承担责任。所以，不管是"区别而又共同"的责任，还是"为后代而在"的责任，其实质都是"为他者和自者而在"的责任，是自者利益和他者利益的统一，这就是利己与利他的统一。

利己与利他、为己与为人的问题，是伦理学中的一个焦点问题，许多先哲圣贤都对此进行了研究。霍布斯认为，在自然状态下，人为了自身的利益、安全和名誉，会对他人采取暴力和威胁，人对人就像狼一样，每一个人都是利己主义者。曼德威尔发展了霍布斯的观点，认为人不仅在自然状态下是极端利己的，而且在社会状态下也是如此。在曼德威尔看来，人的各种意向和欲望都是人的自爱利己本性的表现，即使人们做了好事，但动机也是出自人的利己本性，人是极端自私而又狡猾的动物。他还从人本自私的观点出发，批评了人的本性是利他和利社会的观点，指出利他主义实际上只不过是利己主义的伪装，是一种道德上的欺骗。近代以来，随着市场经济的发展，古典自由主义经济学从"经济人"的假设出发，认为利己自私是人从事经济活动的动机，谋求个人利益最大化成为市场经济活动的基本动力。"我们每天所想要的食料和饮料，不是出自屠户、酿酒家和烙面师的恩惠，而是出于他们自利的打算。"① 这些都说明，利己主导着人的本性，求利动机支配着人的行为。事实上，利己是人存在的本能方式，追求个人利益是正常的，也是合乎自然的。"自私是建立正义的原始动机。"② 正如休谟所说，人类社会之所以能够生存，就是依靠三条自然律：一是对私人财产占有的尊重；二是对财产占有者转让财产的社会公认；三是承诺的兑现。这三条自然律是人利己的内在根据。列宁就曾指出，社会主义经济建设"不能直接凭热情，而要借助于伟大革命所产生的热情，

① 〔英〕亚当·斯密：《国民财富的性质和原因的研究》，郭大力、王亚南译，北京：商务印书馆，1979，第13页。
② 〔英〕休谟：《人性论》（下册），关文运译，北京：商务印书馆，1980，第540页。

靠个人利益".①利益是历史前行的动力，对个人利益的肯定，对利己之心的肯定，也是人之生存的需要。所以，从这个意义上说，不能对人的"利己"行为采取断然否定的态度。正如黑格尔所说，恶是历史发展动力的表现形式，在一定意义上也可以说利己心是推动人类历史发展的重要因素。当然，如果一个人只顾及个人利益，而不考虑他人的利益，最终的结果是既利不了自己也利不了他人。

那么，如何看待利己与利他的关系呢？在很长一段时期内，人们习惯于把这两者对立起来，认为"利己"与"利他"是水火不相容的，只能两者取其一。实际上，情况并不是这样的，利己与利他是统一的关系。割裂这两者的关系，就既不能实现利己，也会丧失利他。虽然霍布斯认为在自然状态下，人都是利己主义者，但是进一步思考，我们就会发现，如果每一个人都利己，其结果就是每一个人都无法做到利己、无法担保每一个人利益的实现。因为，人对人都像狼一样，一切人反对一切人的结果必然是人人都自危。为了真正实现自己的利益，每一个人都应该让出一部分个人利益，与他人达成契约。契约也就是权利的互相转让，有了契约就有了社会正义和道德法律秩序，人也进入了社会状态。斯宾塞也强调，纯粹地为自己或者纯粹地为他人的生活都是错误的，人既是利己也是利他的，只有实现这两者的统一与和谐才会有善的生活。"如果我们把利他主义定义为在事物正常过程中一切有利于他人而不是利于自己，那么从生活一开始起，利他主义一直就不比利己主义更根本。首先是利他主义依赖于利己主义，其次是利己主义也依赖于利他主义。"② 18 世纪法国唯物论者斯宾诺莎、爱尔维修、霍尔巴赫等人也从功利主义角度论证了利己与利他、个人利益与社会利益的统一。在他们看来，人人都有趋利避害、利己自爱的本性，但理性又使人知道，人总是必须在社会中生活。因此，如果一个人总是一意孤行，只考虑自己的私利，那肯定要处处碰壁。所以，要真正实现自己的私利，还必须考虑他人和社会的利益。正如斯宾诺莎所说："凡受理性指导的人，亦即以理性作指针

---

① 《列宁专题文集——论社会主义》，北京：人民出版社，2009，第 247 页。
② 万俊人：《现代西方伦理学史》（上册），北京：北京大学出版社，1990，第 121 页。

而寻求自己利益的人，他们所追求的东西，也就是他们为别人而追求的东西。"① 对于所谓的"斯密问题"，一些学者认为，斯密的《道德情操论》以道德人为出发点，强调人具有同情心和正义感；而他的《国富论》则以经济人为出发点，强调人具有利己之心。这两者是相互对立的，道德人与经济人是相互矛盾的。实际上，这是对斯密经济理论的误解。在斯密看来，人都是利己的，但只有通过利他才能实现利己。曹孟勤教授在《市场经济假象与善恶倒错》一文中，就揭露了市场经济的利己本性只是市场经济的一种假象，是善恶的倒错，并确认了市场经济的本质是利己与利他的统一，并且只有在利己与利他的统一之中才能保证市场经济的健康运行。②

事实上，人作为自然属性与社会属性的统一体，利己行为是人的自然属性的内在要求，这也是人的生存的必然体现。但是，人还具有社会属性，人的社会属性就表现为人的利他行为，人在利他当中也能够获得利益，这是互惠的。人的自然属性与社会属性是相互依存的，离开一方另一方很难存在，这就决定了利己与利他也是相互依赖的，不能把两者割裂开来。离开了利己的利他，就会显得苍白无力，正如康德的义务论一样，为义务而义务，最终的结果是无法履行义务，使义务流于形式。所以，利己与利他并不是彼此对立、互不相干的，而是有着深层的内在互动关系和不同价值主体间彼此价值生成的内在关联。利己是利他的前提和动因，利他是利己的补充和条件。如果只讲利己而排斥利他，利己肯定是难以实现的。为了自己的利益，就必须考虑他人的利益，这样，"他"就不仅是"我"的手段，而且有与"我"一样的目的特性。正如马克思所说："（1）每个人只有作为另一个人的手段才能达到自己的目的；（2）每个人只有作为自我目的（自为的存在）才能成为另一个人的手段（为他的存在）；（3）每个人是手段同时又是目的，而且只有成为手段才能达到自己的目的，只有把自己当作自我目的才能成为手段。"③ 黑格尔在《精神现象学》中也表达了类似的思想：一个人谋取自己的利益，一是要正当，二是要考虑到他人利

① 〔荷兰〕斯宾诺莎：《伦理学》，贺麟译，北京：商务印书馆，1983，第184页。
② 曹孟勤：《市场经济假象与善恶倒错》，《伦理学研究》2011年第5期，第111~115页。
③ 《马克思恩格斯全集》第30卷，北京：人民出版社，1995，第198页。

益。为他人着想，也就是为自己着想。① 在全球化阶段，"我"与"他"基于共同利益，在相互依存的情况下，求得共同发展，每个人既是目的又是手段。特别是在全球性的气候问题面前，人与人之间、国与国之间相互依赖，每个国家的真实利益是在与他国利益共同发展中实现的。发达国家承担更多的责任，既是对工业化革命以来大量排放温室气体的一种补偿，也是为实现自己的利益而承担责任，是"为自者而在"的责任。这是因为，一方面，气候问题是全球性的问题，不管是发达国家还是发展中国家都将遭受气候灾难的威胁，只是时间先后的问题。今天发展中国家所遭遇的气候灾难，明天就可能会降临在发达国家。因此，今天有能力承担应对气候变化责任的发达国家承担更多的减排责任，其实也就是在为自己承担责任，以便让自己不至于像今天的发展中国家那样深陷气候危机之中。另一方面，发达国家承担更多温室气体减排的责任，也可以促进本国企业生产的升级换代，改变奢侈的生活方式，从而有利于发达国家改善生存环境，使得发达国家在承担减排责任的过程中也享受由此带来的环境改善的益处。此外，当代人承担更多的气候责任，不只是为了我们的后代，其实，当代人也可以从中受益。当我们认识到生态环境对于未来人生存和发展的重要意义并采取保护措施时，我们也就是在为自己创造优美的生活空间；当我们认识到世界资源的有限性，为维护未来人有足够的能源而提高能源利用率或寻求新的能源时，我们也在使自己的能源供应更有保障；当我们为了未来人宽松地生存而控制人口数量时，我们也在避免由于人口膨胀而带来的种种问题和困境。② 基于此，通过承担更多的气候责任，就可以减少温室气体的排放，减少气候灾难的发生，避免"吉登斯悖论"的出现，世界上的所有人也就可以少遭受气候变化带来的危险，享受环境改善带来的益处。

所以，不管是"区别而又共同"的责任还是"为后代而在"的责任，其实质都是"为他者和自者而在"的责任。在全球化的今天，面对全球性的气候问题，任何一个国家的存在都不是孤立的存在，而是生成的存

---

① 高兆明：《存在与自由：伦理学引论》，南京：南京师范大学出版社，2004，第 207 页。
② 周谨平：《论代际道德责任的可能性基础》，《江海学刊》2008 年第 3 期，第 56 页。

在，是与他国有着各种联系的。这就要求发达国家不仅要对本国的生存负责，还要对他国的生存负责，因为他国是也是其生存的条件。正如马克思所说："一个人有责任不仅为自己本人，而且为每一个履行自己义务的人要求人权和公民权。"① 因此，我们在为自己负责的同时也要对他人负责，在为他人负责的同时也在为我们自己负责。

面对日益严重的气候危机，人类应该如何应对？我们不能逃避，也不能消极对待，为了人类的未来，必须勇敢承担起人类的责任。责任是拯救人类、拯救地球、拯救气候的"上帝"。发达国家要承担起自己应该承担的责任，在承担责任的过程中实现全人类在气候危机面前的新生。

---

① 《马克思恩格斯全集》第 21 卷，北京：人民出版社，2003，第 17 页。

第六章　伦理共识之三：合作优先于冲突原则

自从 20 世纪 90 年代启动气候谈判以来，国际社会围绕着温室气体减排的责任分担问题进行了艰难而漫长的谈判。但是，由于气候变化问题不是一个简单的环境问题，而是涉及政治、经济、伦理等各种因素的复杂问题，关系一个国家的眼前利益和长远利益、本国利益与全球利益的问题，因此在每一次气候谈判中，政治博弈异常激烈、冲突不断，国际合作进展缓慢。从《联合国气候变化框架公约》的出台到《京都议定书》的签订，从美国退出《京都议定书》到不具有法律约束力的《哥本哈根协议》的达成，都体现了气候合作的异常艰难。但是，不管合作如何艰难，在威胁全人类生存的气候问题面前，遵循合作优先于冲突的原则，加强应对气候变化的国际合作，是人类社会摆脱气候危机的出路之所在，也是人类社会的应有选择。

第一节　气候冲突的伦理反思

既然气候变化问题不分国界，关系每一个国家、每一个人的生存与发展，那么国际社会就应该团结合作，采取集体行动应对气候变化问题。事实也表明，世界各国精诚团结，通过合作的方式来解决气候问题，其结果必然是整个世界受益。但是，由于当前国际社会并不是一个利益取向完全一致的"共同体"，各国利益取向存在差异，从而使得国际社会气候冲突不断。

一　气候冲突的"三角难题"①

"三角难题"是国际经济学的一个重要经济理论，是指任何一个国家都不可能在通过开放资本账户和稳定汇率享受世界经济一体化利益的同时，又能灵活地运用自主货币政策实现本国经济的增长。对于任何一个国家来说，资本账户自由化、固定汇率制度及自主的货币政策是不相容的，三者不可兼得。如果一个国家已经实现资本账户自由化，那么它若要保持货币政策的自主性，就必须实行浮动汇率制；若要采用固定汇率制，就必须放弃自主的货币政策。② 当前国际社会的气候冲突就类似于国际经济学的"三角难题"。气候冲突的一个重要的根源是利益的冲突，气候谈判的过程也就是一个利益的重新分配过程。对于世界各国来说，都希望在气候谈判中实现本国利益的最大化，这就不可避免地会引发冲突，难以达成有约束力的协议，但是气候变化问题的严峻性和紧迫性又迫切要求国际社会必须尽早达成应对气候变化的有约束力的协议，这就陷入了"两难"境地。我们可以借用国际经济学中的"三角难题"来分析气候冲突中的"三角难题"，具体从发达国家与发展中国家这两个气候谈判阵营来分析。

对于所有的发达国家而言，无论是以美国为首的"伞形国家集团"还是欧盟各国，它们都希望通过应对气候变化实现三个目标：一是尽量不承担历史责任、减少减排承诺，并且尽可能降低对发展中国家的补偿或援助；二是希望得到发展中国家的支持，同时能够迫使发展中国家特别是发展中的大国承担减排责任；三是在这一过程中，尽可能地达成针对温室气体减排的具有约束力的气候协议（见图6-1）。事实上，在错综复杂的气候谈判中，发达国家要同时实现这三个目标是不可能的。

第一种情况：发达国家如果希望尽快达成具有约束力的减排协议而又不愿承担历史责任，那就肯定得不到发展中国家的支持，会遭到发展中国

---

① 在写作本部分内容的过程中，受到了张胜军的论文《全球气候政治的变革与中国面临的三角难题》的启发，该论文载于《世界经济与政治》2010年第10期。在此表示感谢！

② 刘云鹏：《全球汇率体制的理想与现实》，《国际经济评论》1999年第11期，第55页。

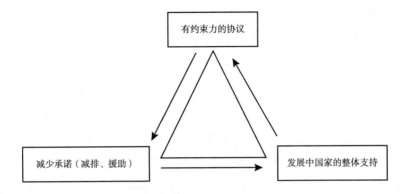

图 6 – 1 发达国家所面临的气候冲突的"三角难题"

资料来源：张胜军《全球气候政治的变革与中国面临的三角难题》，《世界经济与政治》2010 年第 10 期，第 105 页。

家的强烈抗议。在哥本哈根会议和坎昆会议中，发达国家的遭遇就印证了这一点。

第二种情况：如果发达国家想分化、瓦解发展中国家而又不愿承担更多的减排责任并为发展中国家提供足够的资金技术支持，那么具有约束力的减排协议就无法达成，会遭到来自发展中国家的抵制。哥本哈根会议期间的"丹麦文本"的命运就说明了这一点。

第三种情况：如果发达国家想达成具有约束力的减排协议，同时又想得到发展中国家的支持，那么它们就必须承担历史责任并且支持和帮助发展中国家适应和应对气候变化。《联合国气候变化框架公约》和《京都议定书》的签订就说明了这一点。

从气候谈判的历程来看，气候问题之所以得不到解决，主要是因为发达国家推卸责任，不承担应该承担的责任。不仅如此，发达国家还要求发展中国家也承担减排责任，并且没有向发展中国家提供足够多的资金补偿和技术支持，这就违背了"共同但有区别的责任"原则，引发了发展中国家的强烈抗议，导致气候谈判陷入冲突之中。通过对发达国家所面临的气候冲突的"三角难题"进行分析，选择第三种方案将是发达国家的明智之举。

在气候谈判中，不仅发达国家面临气候冲突的"三角难题"，发展中国家也同样面临着气候冲突的"三角难题"。对发展中国家而言，在气候谈判中处于弱势的地位：一是，发达国家凭借其雄厚的经济实力，掌控着气候谈判的话语权。目前国际社会实施的气候协议都是在发达国家的主导下制定出来的，发展中国家的声音很难得到国际社会的重视。哥本哈根会议初期出现的"丹麦文本"就说明了发展中国家在气候谈判中缺乏话语权，属于弱势群体。二是，发展中国家经济技术落后，应对气候变化需要发达国家的支持，但是发达国家不仅不履行对发展中国家的补偿承诺，还要求发展中国家也承担减排责任，这是不公平的。三是，气候变化问题是发达国家自工业革命以来大量排放温室气体所造成的，但是现在的气候灾难主要是由发展中国家来承担的，气候变暖使得发展中国家深受其害。因此，基于历史和现实的双重压力，发展中国家希望在气候谈判中实现三个目标：一是希望在得到发达国家的资金支持和技术援助的同时，发达国家要承担减排的主要责任；二是发展中国家要紧密团结，才能在气候谈判中维护自身的利益；三是在气候谈判不利的情况下（如发达国家气候霸权主义的威胁，发展中国家成员众多、利益诉求差异大的现实），发展中国家希望能够获得足够的温室气体排放空间，实现本国利益最大化。然而，发展中国家要实现这三个目标，同样面临着"三角难题"（见图6－2）。

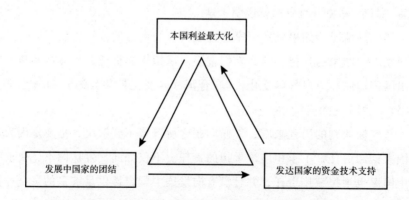

图6－2　发展中国家所面临的气候冲突的"三角难题"

资料来源：张胜军《全球气候政治的变革与中国面临的三角难题》，《世界经济与政治》2010年第10期，第107页。

第一种情况：如果发展中国家希望在实现利益最大化的基础上又能维护发展中国家的团结，那么就很难获得发达国家的资金技术支持。由于发展中国家成员较多，社会发展水平不一样，各国的利益诉求也存在一些差异，发达国家就利用发展中国家利益诉求的差异，打着向发展中国家提供资金技术支持的幌子来分化发展中国家。

第二种情况：如果发展中国家希望既实现利益最大化，又能获得发达国家足够多的资金技术支持，那么发展中国家的团结就将面临很大的考验。哥本哈根会议以来，发达国家就利用资金技术援助为诱饵，分化瓦解发展中国家。比如，美国就提出如果中国、印度等发展中大国接受"三可"（可测量、可报告、可核查）的检查，发达国家就向最不发达国家提供1000亿美元的资金援助，其实这就是分化发展中国家的阴谋。哥本哈根会议刚一结束，英国气候变化大臣米利班德就无端地指责中国"劫持"了哥本哈根会议谈判进程，一些媒体还无端地报道《哥本哈根协议》是"基础四国"与美国私下达成的协议，没有征求其他国家，特别是小岛屿国家和最不发达国家的意见，缺乏透明度，等等。这些都是发达国家对发展中国家的挑拨离间，导致发展中国家内部出现了分歧、团结出现了松动和分化。

第三种情况：如果发展中国家希望在维护发展中国家团结的基础上，能够得到发达国家的资金技术支持，那么就只能放弃对本国利益最大化的追求。基于发展中国家在气候谈判中的现实地位以及任何一个发展中国家经济实力的有限性，发展中国家要想在气候谈判中获得主动权和应有的利益，就必须团结一致，才能避免被发达国家分化的危险。也只有团结起来，发展中国家才能捍卫在气候谈判中的国际地位，才能争得气候谈判的话语权，才能要求发达国家承担起历史责任。否则，发达国家就会趁机要挟发展中国家，要求发展中国家承担减排责任，并且推卸历史责任。所以，团结合作在发展中国家应对气候变化的过程中起着至关重要的作用。从对发展中国家所面临的气候冲突的"三角难题"的分析来看，发展中国家采取第三种方案将是最优策略。

在气候谈判中，不管是发达国家所面临的气候冲突的"三角难题"，还是发展中国家所面临的气候冲突的"三角难题"，其背后蕴含的都是没有解决好最基本的伦理问题，即没有处理好自者和他者的伦理关系，表现为自者和他者的背离。

二　伦理反思：自者和他者的背离

"自者"和"他者"的关系是一个基本的伦理问题，伦理学无法回避对该问题的思考。当然，对这个问题的真正思考是在文艺复兴以后，特别是工业社会以后才开始的。因为，在这之前的人类社会属于农业社会，农业社会是一个熟人的社会，人们都处于"家园共同体"之中，虽然也存在"自者"的语词，但是以自我为中心的观念还没有形成。"在众多非西方文化中，'我'鲜有意义，个人难以提及自己的名字，因为他只有在群体中才会有身份"。① 在这一时期，自者与他者处于原初的融合状态，不存在现代意义上的分化与对立，自者与他者在没有明显分歧的情况下获得了共同体的感受。随着启蒙运动的兴起，人推翻了上帝，把上帝踩在了脚下，西方社会从此发现了"人"。但是，当思想家去关注"人"时，发现此时的"人"已分成了两种类型："自者"和"他者"。"人"更多的是以"自者"的面貌出现，而作为"他者"的"人"受到了冷落。从此以来，自者就成为世界的中心，"自者"与"他者"走向了背离的道路。近代以后，随着自我意识的不断膨胀，自者总是处于凌驾于他者之上的地位，而他者则总是屈从于自者的支配。黑格尔在《精神现象学》中，通过逻辑地考察自我意识的形成过程，把自者与他者相背离的关系揭示为"主—奴"关系。在这种关系结构中，自者就是主人，处于绝对的主体地位，他者则是客体，处于被支配的地位。自者也就成为这个世界的主宰，为了谋求自我的幸福，贪婪地占有就成为工业社会中自我神圣的、不可让渡的权利。自我为了满足自身的欲望，追求自我的幸福，挥舞起了征服自然和征服他者之剑，导致了生态灾难的出现和发达国家对发展中国家的霸权主义。康德提出"人是目的"的道德律令，一方面表明启蒙运动把上帝推翻之后，人就成为上帝，除人之外的一切存在物都作为服务于人的手段而存在。这种状况的直接后果就是导致人对自然的控制与征服、人与自然关系的破裂、生态危机的出现。另一方面，"人是目的"实际上表明的

①　〔法〕米歇尔·苏、马丁·维拉汝斯：《他者的智慧》，刘娟娟等译，北京：北京大学出版社，2008，第77页。

是"自者就是目的"。泰勒认为，"人"指的就是"自者"。一切以自者为中心，他者成为服务自者的工具，导致了人际关系、国际关系的紧张。鲍曼认为："他者是向自我实现进军路上的矛盾的具体化和最可怕的绊脚石。"① 萨特更是直截了当地发出了"他人即是地狱"的宣言，认为他者的存在限制了我的存在，把自者推向了与他者完全对立的状态。自者成为世界的中心，他者完全被打入了"冷宫"，自者为了追求利益可以不择手段。自者意识就像幽灵一般游荡在欧洲的 19 世纪，自者在世界上的中心地位也就此确立。

总的来说，近代以前，"自我"是以"我们"的形式出现的，是一种不分"你我""他我"的混沌状态。或者说，我与你都处在一个共同体中，都不具有独立性，我与你只有在相互依存中才能成为一种具有现实性的存在物。到了近代，随着"自我"的出现，作为概念的"我们"日渐褪色，所剩下的是作为自我的"我"，它区别于作为他人的"你"。这就是自者与他者的分化和背离。② 在这个时期，自者、自我被置于神坛的地位，一切都是以自我为中心，从而陷入了自我中心主义的漩涡。在此影响下，自者就会利用手中的权力去征服他者，想尽一切办法使"他者"失去他性，把"他者"变成自者，体现的是一种权力哲学。权力哲学发展到极致就是一种暴力，这样冲突就不可避免。当前国际社会的气候冲突，其背后蕴含的哲学根源就是自者和他者的背离，发达国家以"自者"自居，把发展中国家视为"他者"，对发展中国家实施霸权主义。发达国家只顾追求本国利益的最大化，而不考虑发展中国家的生存问题，致使气候谈判冲突不断。

如果说近代哲学一直到黑格尔都是在为了发现自者而努力的话，那么黑格尔之后的哲学史则悄然发生了转向他人的运动。到了 20 世纪，这场运动已经演变成一股颇具声势的他人话语。③ 德国哲学家托尼逊在其著作《他人》中就鲜明地指出，"他人"问题是 20 世纪哲学的主题。"他者"

① 〔英〕齐格蒙特·鲍曼：《后现代伦理学》，张成岗译，南京：江苏人民出版社，2003，第 98 页。

② 张康之、张乾友：《从自我到他人：政治哲学主题的转变》，《马克思主义与现实》2011年第 3 期，第 77 页。

③ 张康之、张乾友：《在风险社会中重塑自我与他人的关系》，《东南学术》2011 年第 1 期，第 78 页。

问题作为一个哲学范畴出现于现象学领域，从笛卡儿相信上帝的"我们"与不相信上帝的"他们"开始，到黑格尔对"主奴关系"的表述、胡塞尔的作为自我意识的"他我"、海德格尔的存在者的"共在"、萨特的注视"我"的"他人"、马丁·布伯"我—你关系"中的那个"你"、哈贝马斯对话理论中的那个"对话者"等；当然还有以弗洛伊德和拉康为代表以心理分析角度作为研究对象的"大地者"，这些都说明了对"他者"问题的关注是 20 世纪西方乃至全世界思想领域的焦点。① 其中，最具代表性的人物是列维纳斯，在列维纳斯身上体现的是"为他者"的伦理精神，由此，对世界中心的探讨也由"自者"转向了"他者"。列维纳斯在反思同一性哲学导致强权、暴政的基础上，以"非同一性"为逻辑起点，提出"他者"的理论，认为"他者"的存在蕴含的就是差异性的存在，只有存在差异，这个世界才会变得更美好。他借助"面对面"的关系阐释"他者"的"非同一性"，"面貌"是"他者"呈现的方式，在这里，"面貌"是一种隐喻，是"他者"在"我"面前的呈现。"面貌"是非经验性的，是不可认识的，也是无限性的。这些都说明，他者的差异性，是不能被自者所同一的。同时，当"面对面"时，体现的是对他者的责任。在列维纳斯看来，在"他者"面貌呈现之际，"我"就对"他"负有责任，"自者"与"他者"之间体现的是一种责任关系，只有在对"他者"承担责任的过程中，"我"的主体性才得以生成。"我们每个人在每个人面前要负起责任，而我要比其他人负得更多……我永远负着责任，每一个我都是不可交换的。我做的事情，没有任何人能够代替我的位置，特殊性的核心就是责任。"② "我"为"他者"负责，但并不要求"他者"对"我"负责，在对"他者"负责任的过程中，自者甚至可以成为"他者"的"人质"。"在世界中面对所有'他者'的我们不是自由的，仅仅是他们的见证人。我们是他们的人质。"③ 列维纳斯构建的以他者为中心，把他

① 孙庆斌：《为他人的伦理诉求》，哈尔滨：黑龙江大学出版社，2009，第 41 页。

② 孙庆斌：《为"他者"与主体的责任：列维纳斯"他者"理论的伦理诉求》，《江海学刊》2009 年第 4 期，第 67 页。

③ 〔法〕埃马纽埃尔·列维纳斯：《塔木德四讲》，关宝艳译，北京：商务印书馆，2002，第 25 页。

者当成上帝，对他者承担责任的伦理精神，无疑是对现代性时期自我中心主义的批判，是对权力哲学的超越，这是后现代主义时期的一股清新春风。

要让他者的话语得以成立，还要寻找其理论前提。泰勒的"承认政治"理论对此作出了贡献。在泰勒看来，我们认同的部分是由他人的承认构成的；同样，如果得不到他人的承认，或者只是得到他人扭曲的承认，也会对我们的认同构成显著的影响。显然，泰勒是站在他者的角度来审视自者的，自者已经不是世界的中心，反而需要得到他者的承认。在泰勒看来，在自者与他者的关系中，自者也是他者的"他者"，既然自者认同依赖于他者的承认，那么，自者作为他者的"他者"而需要他者的承认，也同样是他者对自者认同的前提。然而，自我中心主义妨碍了自者对他者的承认。因此，作为他者的"自者"必然会"为承认而斗争"，从而迫使作为自者的"他者"承认他。泰勒进一步分析说，承认有两种类型：一种是对与自我一样的他人的承认，另一种则是对与自我不同的独特个体的他人的承认。与此相对应，也有两种不同的政治，即"普遍尊严的政治"与"差异政治"。泰勒希望确立的是"差异政治"，而反对"普遍尊严的政治"。① 因为"普遍尊严的政治"貌似不存在歧视，但是，它在忽视差异的同时，也就不承认人应有的尊严。而"差异政治"虽然表明在他者与自者之间存在差异，但是他者与自者拥有同样的尊严。

针对泰勒的"承认政治"理论，哈贝马斯提出"包容他者"的理念。在哈贝马斯看来，一个具有积极意义的自我比一个备受冷落的他人更能消除"为了承认的斗争"。这样，哈贝马斯又从他者的立场退回到自者的立场。但是，哈贝马斯要求自者要以"包容"的心态去对待他者的差异性，从而实现了对自我的道德改造。他指出："个人与其他个人之间是平等的，但不能因此而否定他们作为个体与其他个体之间的绝对差异。对差异十分敏感的普遍主义要求每个人相互之间都平等尊重，这种尊重就是对他者的包容，而且是对他者的他性的包容，在包容过程中既不同化他者，也不利用他者。"② 显然，哈贝马斯试图用包容来超越承认，用包容来消除

---

① 张康之、张乾友：《从自我到他人：政治哲学主题的转变》，《马克思主义与现实》2011年第 3 期，第 80 页。

② 〔德〕哈贝马斯：《包容他者》，曹卫东译，上海：上海人民出版社，2002，第 43 页。

"为了承认的斗争"。

可见，自启蒙以来，自者与他者的关系一直是哲学家研究的主题。那么，如何去看待这两者之间的关系呢？张康之教授在《从自我到他人：政治哲学主题的转变》一文中对此进行了阐述。他认为，当每个人都是一个自主的存在物时，这就蕴含走向三个方面的可能性：一是，每一个独立的个体都把自己置于世界的中心；二是，每一个他人也都是独立的个体，也可以成为世界的中心；三是，每一个体都不是世界的中心，世界是无中心的。启蒙后的发展走上了第一条道路，即把作为自我的个体确立为世界的中心；列维纳斯的他人话语以及泰勒的"承认的政治"，走的是第二条道路；而哈贝马斯的"包容他者"又回到了第一条道路上。① 从张康之教授对这一问题的认识当中，我们可以看出，自启蒙以来，在自者与他者的关系问题上，人类社会走向了两个极端，从启蒙运动到 20 世纪以前，过分强调自者的地位，把自者确立为世界的中心，他者成为自者奴役和征服的对象，自者为了满足自身的欲望可以为所欲为，导致人与自然、人与人的关系紧张；而从 20 世纪以后，又过分强调他者的地位，他者成为世界的中心，把他者看成上帝，自者要无条件地服从他者，要无条件地承担为他者的责任，为他者的责任成为自者要绝对遵从的道德律令。这是从自者的极端走向了他者的极端，同样会造成人与自然、人与人关系的紧张。可见，当我们反思全球气候变化问题、气候冲突时，触及的是自者与他者关系的哲学问题。无论是强调以自者为中心的自我主义，还是强调以他者为中心的他人中心主义，都导致了气候问题的出现，气候冲突的频发，更谈不上去如何解决气候冲突问题。因此，今天人类要走出气候冲突的困境就必须重新定义自者与他者的关系，反对片面地强调自者的中心位置或者他者的中心位置，要实现自者与他者的融合，通过合作的行动去成就自者和实现他者。

从 20 世纪哲学的转向、21 世纪人类面临的气候危机来看，重塑自者与他者的关系成为一项非常紧迫的任务。工业社会中自者与他者背离

---

① 张康之、张乾友：《从自我到他人：政治哲学主题的转变》，《马克思主义与现实》2011 年第 3 期，第 83 页。

后所引发的一系列野蛮行为都充分暴露在气候冲突之中。这种暴露一方面表明自者与他者关系的全面恶化，另一方面也蕴含重新塑造自者与他者关系的重大契机。这个重大契机就是要实现自者与他者的融合，人类社会走共同合作之路。只有这样，才能解决威胁全人类生存与发展的气候变化问题。

第二节　气候合作的伦理思考

如果说生态灾难长期以来是人类挥之不去的梦魇，那么在现代社会，人类活动能力的增强不仅没有从根本上消除梦魇，反而在某种程度上深化了梦魇，从而使人类进入了所谓不确定性时代或"风险社会"。[①] 在这样一个不确定性时代或风险社会，国际社会走向合作是世界各国谋求利益的需要，也是人类生存与发展的需要。人类文明发展到今天，日趋严重的气候问题既是一种危机，也为人类走向合作提供了契机。人类为了避免因为气候问题而走向自我毁灭，从而更好地生存与发展，加强合作、携手应对气候变化是唯一的、理性的选择。笔者将从气候合作的哲学依据、交往依据和现实依据来阐释气候合作的可能性和必要性。

一　哲学依据：自者和他者由背离走向融合

自从启蒙运动以来，自者和他者的关系就成为伦理学研究的主题。在本章第一节，笔者阐述了自者与他者的背离过程，也就是自者与他者的关系走向了两个极端：要么过分强调自者的地位，陷入自我中心主义；要么过分强调他者的地位，使得强大的自者依附在遥远的他者的身躯之上，陷入了他者中心主义。自者与他者的背离，显然不利于人类社会的团结合作。随着社会化大生产的出现、全球化社会的来临，自者与他者的关系必将发展到第三个阶段，即相互融合的阶段，既不存在以自者为中心也不存在以他者为中心，而是自者与他者的团结合作，处于共在之中。合作成为

---

① 韩震：《关于不确定性与风险社会的沉思——从日本"3·11"大地震中的福岛核电站事故谈起》，《哲学研究》2011年第5期，第3页。

自者与他者之间的一种新的关系，哲学家对此有很多经典的论述。张康之教授认为，黑格尔以前的哲学家大都把确立自者的存在作为首要任务，而黑格尔之后的哲学家则开始寻找他者存在的条件，关注他人的存在，并通过他在性的发现而进一步尝试寻找一种统一自者的自在与他者的他在共在的结构。①

黑格尔认为，道德的基本内容就是合理地处理人我关系。道德以自我意识为前提，"我"能够成为"我"，成为主体，是因为"我"有自己的特殊利益和特殊意志。然而，有"我"、有"我的意志"，就意味着有"他"、有"他的意志"。他人的意志是与我的意志一起生成的。这就说明"我"之所以能够作为一个特殊存在，就是因为有"他"。这样，"他"就是"我"的生活世界，就是"我"的规定："我"是"我"与"他"的关系，"我"从与"他"的关系中获得具体规定。这就进一步意味着："我"的存在不能离开"他"，说明了"我"与"他"存在相关性的关系。黑格尔认为，这种相关性关系是共在的内在相关性关系，是肯定性关系。"我的目的的实现包含着这种我的意志和他人意志的同一，其实现与他人意志具有肯定的关系。"② 这充分说明了自者与他者的相互融合性。

海德格尔对自者和他者的共在关系也进行了详细论述："世界向来已经总是我和他人共同分有的世界。此在的世界是共同世界。'在之中'就是与他人共同存在。他人的世界之内的自在存在就是共同此在。"③ "此在本质上就自己而言就是共同存在。"④ 既然自者和他者是共同存在，那么这两者之间就不存在主客体的关系，而是一种"主体间"的关系。在用"主体间"的概念来概括自者和他者的关系时，也就提升了他者的地位，突出了他者话语在社会交往中的价值。海德格尔进一步指出："即使他人实际上不现成摆在那里，不被感知，共在也在生存论上规定着此在。此在

---

① 张康之、张乾友：《在风险社会中重塑自我与他人的关系》，《东南学术》2011 年第 1 期，第 78 页。
② 〔德〕黑格尔：《法哲学原理》，范扬、张企泰译，北京：商务印书馆，1961，第 114 页。
③ 〔德〕马丁·海德格尔：《存在与时间》，陈嘉映、王庆节译，北京：三联书店，1987，第 146 页。
④ 〔德〕马丁·海德格尔：《存在与时间》，陈嘉映、王庆节译，北京：三联书店，1987，第 148 页。

之独在也是在世界中共在。他人只能在一种共在中而且只能为一种共在而在。"① 从这里可以看出，海德格尔发展了自者与他者的关系，认为自者不仅是与同时期的他者共在的，而且与还未到场的他者也是共在的，也就是说与后代也是共在的。海德格尔的这一见解对当前气候问题的解决无疑具有十分重要的意义，即人类社会需要把作为子孙后代的"他者"纳入共在的考虑范围中，承担起对后代的责任。

　　自者与他者的融合、合作关系在马克思那里表现为"共同体人论"。"共同体人论"是马克思关于人的本质理论的精髓，其核心内容是表明人生活在共同体之中，共同体是人生存与发展的基础。马克思认为，以私有制为基础的商品经济粉碎了自然经济条件下以血缘为纽带的共同体以后，人就陷入了异化的状态，成为异化的人。"在货币关系中，在发达的交换制度中……人的依赖纽带、血统差别、教养差别等等事实上都被打破了，被粉碎了（一切人身纽带至少都表现为人的关系）；各个人看起来似乎独立地……自由地互相接触并在这种自由中互相交换。"② 在现代社会中，人完全独立于他人，不与他人发生联系，这只不过是一个错觉。人的自由和发展只有在联合起来的共同体中才能得以实现，共同体是人生存与发展的基础。"在这个共同体中各个人都是作为个人参加的。它是各个人的这样一种联合（自然是以当时发达的生产力为前提的），这种联合把个人的自由发展和运动的条件置于他们的控制之下。而这些条件从前是受偶然性支配的，并且是作为某种独立的东西同单个人对立的。"③ "人以一种全面的方式，就是说，作为一个完整的人，占有自己的全面的本质。……即通过自己同对象的关系而对对象的占有。"④ 马克思认为，只有在共同体中，人才能占有自己的本质、占有对象，从而占有自己同世界的一切关系。共同体是人的社会关系的现实形式，脱离了共同体，人就不能成为真正的人，人也会因此丧失自由。受到马克思的影响，现象学也提出了共同

① 〔德〕马丁·海德格尔：《存在与时间》，陈嘉映、王庆节译，北京：三联书店，1987，第148页。

② 《马克思恩格斯文集》第8卷，北京：人民出版社，2009，第58页。

③ 《马克思恩格斯文集》第1卷，北京：人民出版社，2009，第573页。

④ 《马克思恩格斯文集》第1卷，北京：人民出版社，2009，第189页。

体的概念，并认为生活在共同体之中，是人的本质要求。胡塞尔认为：
"作为一个个人活着就是生活在社会的框架之中，在其中我和我们都一
同生活在一个共同体之中，这个共同体作为一个世界而为我们共同
拥有。"①

"共同体人论"所阐述的人的本质就是共同体，共同体的直接标志就是
人类群体是以联合、合作的形式而存在的。"人对自身的任何关系，只有通
过人对他人的关系才得到实现和表现……人对自身的关系只有通过他对他
人的关系，才成为对他来说是对象性的、现实的关系。"② 从中可以看出，
个人与他人之间具有非常重要的关系，交往合作是这种关系的纽带。"共同
体人论"是对"自我本体论""社会本体论""生态本体论""自我中心主
义""他者中心主义""人类中心主义""生态中心主义"的消解。在当今
时代，在全球性问题面前，人的本质越来越呈现出共同体本质的特征，个
人的命运与共同体的命运息息相关。③ 马克思的"共同体人论"是当代人
类活动的现实指向，不管现在社会如何异化，国际社会如何冲突，在全球
气候变化问题面前，人类之间还是存在联合的共同体。共同体作为人的本
性，意味着人类在冲突中必将趋向和谐，人与人之间必将产生合作的关系。

在共同体之中，自者与他者属于共在的关系。自者的快乐、幸福与他
者息息相关、离不开他者。正如霍尔巴赫所说："人不能独自使自己幸
福；一个软弱而又充满各种需要的生物，在任何时刻都需要它自己所不能
提供的援助。只有靠它的同类的帮助，它才能抵御命运的打击，才能补偿
不得不尝到的肉体上的苦难。依靠别人的鼓励和支持，人的技巧才得以发
挥，人的理性才得以发扬，人才能够反对道德上的恶，恶只不过是他的无
知和偏见的结果。总之，像人们说过的那样，人乃是自然中对人最有益的
东西。"④ 从这里可以看出，生活在那个时代的霍尔巴赫就已经认识到人

---

① 〔德〕胡塞尔：《欧洲科学的危机和先验现象学》，张庆熊译，上海：上海译文出版社，
1988，第3页。

② 《马克思恩格斯文集》第1卷，北京：人民出版社，2009，第164～165页。

③ 李晓元：《"共同体人伦"：马克思人的本质理论的新视域》，《社会科学辑刊》2006年
第4期，第31页。

④ 北京大学哲学系外国哲学史教研室编译《西方哲学原著选读》（下卷），北京：商务印
书馆，1982，第230页。

类合作的重要性。那么，在全球化时代，人类合作的重要性就更加明显。世界各国都不能彼此封锁、彼此隔离，更不能彼此对抗，而只能相互开放、相互交流、相互合作，从而实现相互促进、相得益彰。世界正在形成一个有机的整体，国家之间的任何方面的任何冲突都会使这个有机整体的正常运行受到干扰和阻碍。① 如果一个国家只是唯利是图地追求本国利益最大化，可能暂时会获得一些利益，但最终会导致相互伤害，陷入冲突之中。而国际合作，则可以促进相互联系和相互依赖，最佳地利用人类共有的资源，从而实现人类的共同利益。特别是人类现在正面临全球性问题的威胁，如环境问题、资源问题、气候问题等，这些问题的解决需要国际社会的合作。只有合作，才能集中全人类的智慧来解决人类面临和可能面临的问题，合作才是唯一的出路。

二 交往依据：互惠利他理论

在人类历史发展的长河中，如何才能克服人的自私之心并通过合作的方式实现人类的共同福祉，是许多思想家苦苦思考的问题。比如，霍布斯认为，只有建立"利维坦"，在"利维坦"的规范之下，人类合作才有可能。卢梭认为，只有人与人之间订立"社会契约"，在"社会契约"的规范之下，人类才有可能走向合作的道路。无论是霍布斯的"利维坦"，还是卢梭的"社会契约论"，都表明了要使人类社会走向合作，就必须依靠外在的强制力量。只有在外在强制力量的规范之下，人类社会才可能以合作的形式，采取集体行动实现共同利益。美国著名经济学家曼瑟尔·奥尔森在诘问"集体行动的逻辑"时所说："除非存在强制或其他某些特殊手段以使个人按照他们的共同利益行事，有理性的、寻求自我利益的个人不会采取行动以实现他们共同的或集团的利益。"② 显然，霍布斯、卢梭、奥尔森的论证都说明了要使人类合作成为可能，外在的强制力量是必需的。

那么，是不是说外在的强制力量是人类合作的唯一条件呢？当然不是

---

① 江畅：《全球一体与世界和谐》，《伦理学研究》2008 年第 3 期，第 22 页。
② 〔美〕曼瑟尔·奥尔森：《集体行动的逻辑》，陈郁译，上海：上海人民出版社，1995，第 2 页。

这样。秦亚青就认为，那些不存在明显权力结构、制度安排以及文化共识的地区仍然有许多合作利他行为，外在的强制力量并不是国际合作的唯一条件。① 除了依靠外在的强制力量来促使人类走向合作以外，西方的一些学者还从人类交往的依据，即互助、互惠的领域探讨人类合作的可能性，其代表性人物有克鲁泡特金、阿克塞尔罗德。

克鲁泡特金提出了著名的"互助进化伦理学"。他的互助论以强调和突出生物之间的互助而著称，其目的在于消解国家之间冲突的"生物学根据"，从而为人类的合作奠定"科学的基础"。克鲁泡特金在其著作《互助论》中不仅考察了动物界和蒙昧人、野蛮人当中的普遍的互助现象，而且考察了人类后来的历史时期尤其是中世纪的自由共和城邦时期中的互助现象，批评了赫胥黎等人简单地把自然选择论概括为生存斗争理论，提出了生物界中普遍存在互助的观点。他认为，任何生物都不可能单独存在，而是相互联系、相互作用的，群居个体间只有互助而无竞争，合作才是有机体进化的自然法则。"最适者是合群的动物；而合群性看来既能直接保证动物的幸福，又可减少精力的浪费，间接促进智力的增长，于是成为进化的主要因素。"② "我相信，在动物界的进化和人类历史中的社会性及互助之重要应该被认为一个脱离了一切假设而实证地确立起来的科学的真理。"③ 显然，克鲁泡特金认为，互助不仅存在于生物界，而且也存在于人类社会当中，并且他把互助而不是把爱和同情当成道德的基础，认为伦理学的基础应该建立在互助这一更加普遍和重要的基础之上。克鲁泡特金举了一个简单的例子来说明这个问题：当我看到邻居的屋子着火时，我去救火不是源于我对邻居的爱，而是人类休戚相关和合群的本能或情感。他非常重视互助和爱、同情这类情感的区别，虽然他认为爱、同情在人类的道德感的进化中起了巨大的作用，但是他还是认为爱或者同情不是社会在人类中的基础，人类休戚与共的良知才是其基础。"它是无意识地承认一个人从互助的实践中获得了力量，承认每一个人的幸福都紧密依

①　秦亚青、魏玲：《进程与权力的社会化》，《世界经济与政治》2007 年第 3 期，第 15 页。

②　〔英〕达尔文：《物种起源》，周建人等译，北京：商务印书馆，1995，第 63 页。

③　周辅成：《西方伦理学名著选辑》（下卷），北京：商务印书馆，1996，第 574 页。

赖一切人的幸福，承认使个人把别人的权利看成等于自己权利的正义感或公正感。更高的道德感就是在这个广泛而必要的基础上发展起来的。"① 克鲁泡特金认为，互助是人类的本能，如果互助的本能衰弱了，那么人类集团就必将走向衰败的道路。"实在如果这个集团还不回到残存和进步发达之必要条件——互助、正义及道德上去，那么此集团（不管是人类或物种）就要死亡，就要消灭。因为它不履行进化的必要条件——它便必须衰颓，必须消灭。"② 可见，克鲁泡特金非常重视互助在人类进化中的作用，通过互助，人类才会不断地走向合作。

阿克塞尔罗德则从"互惠"的角度论证了，在没有外部强制力的情况下，自利的人也能走出"囚徒困境"实现合作。他认为，理性的利己的国家通过持续重复的博弈会逐步认识到，只要在互助中保证可信、及时以及有力的"一报还一报"策略，国家就会基于持续威胁的恐惧和长远收益的考虑从而在博弈中采取合作行为。在阿克塞尔罗德看来，"一报还一报"策略具有四大优点：第一，它是善良的，即不首先背叛；第二，它是可激怒的，即对方一旦背叛后就实施惩罚，使得对方不敢继续背叛；第三，它是宽容的，即对方一旦回归合作，也立刻恢复合作；第四，它是清晰的，即博弈者的行为方式是容易识别的。③ 从这里可以看出，"一报还一报"策略的核心就是"互惠"，通过"互惠"，行为体可以预见从合作中获得回报，从而使得合作成为可能。楼利曾经指出，只有那些"采取既有利于自己又利于集体行为的人"，在社会中才能得到较好的发展，那些"实行有利于自己但妨碍集体利益行为的人，和实行有利于集体但却伤害个人利益行为的人，都容易在生存竞争中失败而死亡"。④ 基欧汉进一步指出，"互惠"是一种有条件的合作行为，它必须满足两个基本条件：一是应该帮助那些帮助过你的人，二是不应该伤害那些曾经帮助过自己的人。这就是说，所谓的合作对合作，以德报德，体现了互惠利他的伦理精神。

---

① 〔俄〕克鲁泡特金：《互助论》，李平沤译，北京：商务印书馆，1997，第 12 页。
② 周辅成：《西方伦理学名著选辑》（下卷），北京：商务印书馆，1996，第 575 页。
③ 黄真：《从"互惠利他"到"强互惠"：国际合作理论的发展与反思》，《国际关系学院学报》2009 年第 4 期，第 2 页。
④ 楼利：《伦理学概论》，北京：中国人民大学出版社，1989，第 171 页。

互惠利他理论是利他主义新的发展阶段。事实上，利他主义的发展经历了两个阶段：17 世纪末到 18 世纪是利他主义发展的早期阶段，以赫起逊和巴特勒等为代表，强调仁爱利他心与自爱利己心的一致，在为公众谋福利中实现自己的利益，不否定个人利益。19 世纪 30～40 年代是利他主义发展的后期阶段，其代表性人物是法国哲学家孔德。在孔德看来，人类的道德就是要用利他主义来控制利己主义，利他主义的道德观是维系社会秩序的重要力量。在当代西方，许多学者又从不同的角度对利他主义进行了研究，试图突破利己主义的危害，互惠利他理论也就是在这一过程中产生的。哈佛大学生物学家特里弗斯为了解决达尔文自然选择学说中的"利他主义难题"，提出了互惠利他理论。互惠利他理论强调的一个核心问题就是回报的问题，这次利他是为了在下一次获得有利于自己的回报。1981 年，密歇根大学政策科学家艾克斯罗德与汉密尔顿合作，运用博弈论研究了策略在合作进化过程中的性质，进一步发展了互惠利他理论。该研究指出，在利益上发生部分冲突时，个体采取合作而不是背叛的策略是有机体竞争中的制胜之策，个体的这种合作和利他行为实际上也是一种生存策略。① 也正是因为如此，作为社会性存在的自利的国家也会产生利他的动机，走向合作的道路。李凤华在《我们能否共同求生——对哈丁救生艇理论的逻辑批判》一文中，详细论证了即使在哈丁的救生艇情境下，人类也完全有可能实现共同生存与合作。人类能够共同求生，最根本的原因在于人类具有发展集体理性的能力。在救生艇情境中，这种集体理性表现为对集体生存的意识、对集体的认同以及为维护集体生存而作出牺牲的道德。②

无论是克鲁泡特金的互助论，还是互惠利他理论的产生，都说明了互惠合作是人类社会的基本现象，没有合作就没有人类的生存与发展。面对着全球性问题，以合作求发展，走合作共赢之路，是时代发展的必然趋

---

① 〔英〕罗伯特·艾克斯罗德：《对策中的制胜之道——合作的进化》，吴坚忠译，上海：上海人民出版社，1996，第 45 页。转引自饶异《互惠利他理论的社会蕴意研究》，《广东社会科学》2010 年第 2 期，第 60 页。

② 李凤华：《我们能否共同求生——对哈丁救生艇理论的逻辑批判》，《哲学动态》2011 年第 3 期。

势。互惠利他理论无疑为气候合作提供了有力的理论支撑，并且预示着气候问题解决的发展趋势。

气候合作的哲学依据和交往依据说明，在应对气候变化的过程中，国际社会合作是有可能的。当然，气候合作不仅是有可能的，而且是必要的，这个必要性就来自对气候变化问题的现实思考，即风险社会的来临。

三 现实依据：风险社会的来临

气候合作除了有其哲学依据和理论依据以外，还有其现实依据，这个现实依据就是风险社会的来临。早在 1986 年，针对苏联切尔诺贝利核电站发生的重大事故，哲学家就开始关注由现代技术所引起的巨大风险问题。同年，德国慕尼黑大学哲学家乌尔里希·贝克教授的著作《风险社会——走向新的现代性》出版，该书提出了"风险社会"的概念，并确认我们已经进入了风险社会，或者更恰当地说是"全球风险社会"。贝克指出，"风险"本身并不是"危险"或"灾难"，而是一种危险和灾难的可能性。当人类试图去控制自然和由此产生的种种难以预料的后果时，人类就面临着越来越多的风险。[1] "在人为不确定性的全球世界中，个人生活经历及世界政治都在变为'有风险'。"[2] 现代风险与科学技术的发展有着密切的联系。科学技术在提高人们生活水平的同时，也变得越来越难以预测与控制。科学技术就像一柄"双刃剑"，在造福人类的同时也蕴藏对人类社会的种种威胁，成为现代社会风险的重要根源。正如马尔库塞所说，科学技术的发展造就的是一个富裕的"病态社会"。进入现代化时期以来，人类逐渐陷入了因科学技术的发展而产生的人为风险时期，现代社会处处勾画出一幅幅令人不安的危险图景，风险社会正在来临。英国著名社会学家安东尼·吉登斯在讨论现代性问题时，就提出现代性的直接后果是造成风险社会的出现。"所有民族国家由于科学技术的进步不可避免地会发生社会转型，即由阶级社会向风险社会转型。而在这个风险社会里，社会与个人也在不断地进行着自我毁灭，即社会透过发展工业对生态环境

---

① 安慧：《人类进入了全球风险社会吗？》，《中国青年报》2011 年 3 月 28 日，第 2 版。
② 〔德〕乌尔里希·贝克：《世界风险社会》，吴英姿、孙淑敏译，南京：南京大学出版社，2004，第 6 页。

的破坏使社会走向自我衰亡。"① 在风险社会中，风险的表现形式多种多样，如经济风险、政治风险、环境风险等，生态风险是其中的一个重要方面，特别是生态风险中的气候问题更具有风险性和危险性。

可以这么说，气候变化伴随着人类社会的发展，自从有了人类社会以后，气候就处于不断地变化当中。但是，气候变化成为一个问题，气候变化问题的产生还是发生在工业革命以后，它是现代性的产物。在现代性的过程中，人类在启蒙精神的引领下，在祛魅"上帝"的过程中，发现了"人"，把人的"自由意志"发挥得淋漓尽致，创造了巨大的财富。然而，随着工业革命的高歌猛进和工具理性的不断蔓延，在欲望的支配之下，科学技术逐步"异化"成为资本无限扩张的助推器，从而造成了无法挽回的生态灾难。现代性通过人的主体地位的张扬、科技理性的泛化和资本的扩张，在为人类带来巨大的物质财富和资本积累的同时，也带来了生态破坏、环境污染和气候变暖等生态危机。② 可以说，在现代性的引领下，人类不顾一切地发展，追求欲望的满足，实际上是一种自反性的行为。全球气候变化正是这种自反性行为的集中体现。当前的全球气候变化问题已经跨越国界，成为全球性的问题，并且其影响是极具灾难性的。当气候问题作为全球性的问题出现的时候，它就具有超越意识形态性。无论是资本主义国家还是社会主义国家，都无法避免气候问题的出现。这就内在地要求人们克服国家、民族的偏见，超越意识形态的分歧，加强合作，共同应对。正如《人类环境宣言》中所说："保护和改善人类环境是关系到全世界各国人民的幸福和经济发展的重要问题，也是全世界各国人民的迫切希望和各国政府的责任。"③ 另外，气候变化问题造成的灾难也是非常严重的，它从根本上威胁到人类的生存与发展。气候变化已经对人类的生存构成了严重的挑战，但是人类社会解决这种挑战的时间是非常紧迫的。"物质文明与科学技术的迅猛发展，全球化与相互依存的空前加强，使得环境

---

① 转引自张劲松《风险社会的生态政治与经济发展》，《社会科学》2008 年第 11 期，第 4 页。

② 胡滨：《生态资本化：消解现代性生态危机何以可能》，《社会科学》2011 年第 8 期，第 55 页。

③ 万以诚、万岍选编《新文明的路标——人类绿色运动史上的经典文献》，长春：吉林人民出版社，2000，第 1 页。

问题所造成的困境正迅速接近极限，濒临失衡的地球正在呼唤人们采取行动。"①

对风险社会生态危机的深深忧虑，使得人类的集体性政治行动成为可能，这也是气候合作的内在动力。"就现代性嵌入我们的生活中的安全与危险的平衡而言，再也没有什么'他人'存在；没有一个人能够完全置身事外。在许多情况下，现代性条件激发的是积极的行动而不是隐私，这既是由于现代性内在的反思性，也是因为在现代民族国家的多极体系内，集体性组织获得了大量的机会。"② 在全球化的今天，没有任何一个人、一个国家能够置身于生态风险以外，置身于气候问题以外。气候问题的全球性和严峻性，说明任何一个国家都是无法独自应对气候变化问题的，需要的是区域性、国际性乃至世界性的合作。缺少共同行动的应对气候变化之策，其效果是非常有限的。事实上，人类的原初生存和生活经验已经证实，孤独的、单个的生存方式将面临更大的风险，而群体的、合作的生存方式不仅可以降低风险，还可以给个体带来更多的福利。因此，人类努力地摆脱孤独的、单个的生存状态，而进入群体的、合作的生存状态，也就是从"自然状态"进入"社会状态"。西方的哲学家们也通过对人与动物的分析，看到了在单个的生存状态下，人的力量是有限的，不足以应对自然力量对人的威胁，而人一旦联合起来，才能够适应和应对各种复杂的自然环境。柏拉图认为，人们只有集合在一起生活，才能相互依存，获得生活的满足。亚里士多德认为，人类在本性上就是一个"政治动物"，具有社会性。休谟说："人只有依赖社会，才能弥补他的缺陷，才可以和其他动物势均力敌，甚至对其他动物取得优势。"③ 费希特明确地把人因需要所结成的相互关系称为社会："人注定是过社会生活的；他应该过社会生活；如果他与世隔绝，离群索居，他就不是一个完整、完善的人，而且会自相矛盾。"④ 一个人是这样，一个国家又何尝不是这样呢？特别是在全

---

① 蔡拓：《全球问题与当代国际关系》，天津：天津人民出版社，2002，第 129 页。
② 〔英〕安东尼·吉登斯：《现代性的后果》，田禾译，南京：译林出版社，2000，第 131 页。
③ 〔英〕休谟：《人性论》（下册），关文运译，北京：商务印书馆，1980，第 525 页。
④ 〔德〕费希特：《论学者的使命》，梁志学、沈真译，北京：商务印书馆，1980，第 16 ~ 17 页。

球化的今天，面对全球性的问题，国际社会更应该团结合作，共同应对。张之沧教授在《新全球伦理观》一文中也提到，现代人类所面临的来自自然和社会两个方面的压力越来越大，越来越紧迫。因此，不管从自然环境方面还是从社会环境方面来说，都说明了全人类从事相互合作的重要性和必要性，加强全人类的合作，才能共渡难关。① 加强气候合作，是现实的气候危机倒逼人类的结果。

全球气候变化是一个极其复杂的问题，国际社会的气候谈判是在许多不确定的情况下所进行的利益博弈，因此，冲突就不可避免。但是，这也是世界各国在利益冲突中寻求妥协、合作的过程，因为气候问题毕竟是全球性的问题且危害巨大，合作才是解决气候问题的唯一出路。正如安东尼·吉登斯所说："尽管存在分歧和权力斗争，应对气候变化却可能成为创造一个更合作的世界的跳板。"②

气候合作虽然有其可能性和必要性，但是要在应对气候变化的过程中，真正落实气候合作，还必须从理论和现实的角度论证合作是对己对他都是有益的，而冲突只能是自我毁灭，这就是合作优先于冲突的应然性证明。

第三节　合作优先于冲突的应然性证明

冲突与合作是国际关系中常见的现象，它伴随着人类社会的发展。但是，在人类历史的长河之中，合作一直是人类社会抵御自然灾难、谋求共同利益的主观愿望和努力方向。作为最具全球性和灾难性的气候问题就如一把"双刃剑"，一方面，它意味着世界各国为争夺稀缺的气候资源会展开激烈的政治博弈，导致冲突不断；另一方面，它也有可能成为国际社会加强合作、建立友好关系的契机。合作与冲突，何者优先？这是国际社会在气候谈判时必须要面对和解决的问题。那么，到底是合作优先于冲突，还是冲突优先于合作，我们可以通过对比分析冲突与合作各自带来的后果，从而得出应有的理性选择。

① 张之沧：《新全球伦理观》，《吉林大学社会科学学报》2002 年第 4 期，第 66～72 页。
② 〔英〕安东尼·吉登斯：《气候变化的政治》，曹荣湘译，北京：社会科学文献出版社，2009，第 255 页。

一　气候冲突的恶果：人类的自我毁灭

人类的发展历史表明，世界各国经济的发展伴随的是温室气体的大量排放。因此，温室气体的排放是经济发展的附属品，限制了温室气体排放，也就限制了能源的消耗，这就必然妨碍经济的发展。面对着稀缺性的、以公共物品形式存在的气候资源，在"市场失灵"和无政府状态之下，自利的国家都会从各自的利益出发，过度地使用气候资源并推卸减排责任，这样气候冲突就不可避免。这种冲突集中体现为"囚徒困境"和集体行动的逻辑困境。在应对气候变化的过程中，如果这种困境得不到突破，冲突得不到解决，带给人类的就是自我毁灭。

国际社会围绕着减排责任分担的气候谈判大会是一个典型的"囚徒困境"，"囚徒困境"所体现出来的就是霍布斯的自然状态。在这种自然状态中，每个人都追求个人利益的最大化，但是不会必然地导致集体利益的最大化，这就是个体理性与集体理性的悖论，个体理性无法导致集体理性的出现。"囚徒困境"说明，任何一个人的行动都不是孤立的，而是一种交互性的、集体性的行动。如果无限制地追求个人利益，不仅个人利益无法实现，还将会受到损害。"囚徒困境"中的自利的个人类似于气候谈判中自利的国家，在无政府状态下，自利的国家认为其他国家限制了温室气体的排放，自己单方面扩大温室气体的排放不会对气候变化产生影响，或者认为其他国家不减排，自己单方面减排对延缓气候变化也起不到什么作用。在这种思维定式的影响下，在气候谈判中，如果发达国家无限制地追求利益的最大化，而不顾发展中国家的生存与发展，那么，气候问题就肯定无法得到及时解决。气候问题得不到及时解决，导致的将是全人类灾难的出现，发达国家也不能幸免于难。每一个国家理性地追求自身利益，最终的结局却是气候灾难的降临，这就是人类的悲剧。

当前的气候冲突不仅说明了气候谈判陷入了"囚徒困境"，还表明了国际社会应对气候变化的集体行动陷入了困境之中，这也就是奥尔森所说的集体行动逻辑困境。所谓集体行动逻辑困境就是理性自利的成员无法自动产生集体行动，提供公共产品。除非一个集团中的人数很少，存在强制或其他某些特殊手段促使个人按照他们的共同利益行动，否则理性的、自利的个人将不会采取行动以实现他们共同的或集团的利益。[①] 奥尔森在《集体行动的逻辑》一书中指出，如果国家行为体是理性和自利的，集体行动也增进共同的利益，但理性行为体并不总是选择集体行为来实现集体行动的目的。集体行动之所以会出现困境，源于个人理性与集体理性之间存在冲突、不和谐。华尔兹就认为："在无政府状态之中，人与人的个体之间并不存在普遍的利益和谐。假如在无政府状态之中存在利益和谐，即不仅其中某个个体必须绝对理性，亦必须假定其他个体也同样理性。如其不然，便不存在任何理性预估的基础。"[②] 奥兰·扬指出，在缺乏有效治理或者社会制约的情况下，理性的自利者很难实现集体物品，集体物品的实现过程总是会带有缺陷的。[③] 虽然亚当·斯密精辟地指出，个人在追求自我利益的过程中，在"看不见的手"的指引下，也会自觉或者不自觉地促进集体利益的实现，但是这只"看不见的手"有时也会造成恶的后果，即个人利益与集体利益的不和谐，个人理性与集体理性之间的冲突，这就表现为集体行动的困境。奥尔森在把斯密的"看不见的手"的理论视为"第一定律"的同时，提出了"第二定律"理论。"第一定律"是指：当个体只谋求自身利益时，理性的社会结果会自动出现；而"第二定律"是指：当个体只谋求自身利益时，理性的社会结果并不会自动出现。"第二定律"就是奥尔森所说的集体行动逻辑困境。同时，奥尔森进一步指出了制约集体行动的三重因素：一是集体越大，参与集体行动的人获得的回报也就越小，这样，即使集体能够获得一定量的集体物品，其数量也低于最优水平，从而进一步影响个体参与集体行动的积极性。二是由于集体越大，每一个成员从集体中所受的利益就越小，这将直接影响参与集体行动的荣誉感和成就感，因此，许多成员都不愿提供集体物品。三是集体越大，组织集体成员行动的成本就越高，这样就对集体行动形成了经济上的制约。所以，集体数目的大小直接影响集体行动的效果，大的集体

---

① 转引自高春芽《集体行动的逻辑及其困境》,《武汉理工大学学报》（社会科学版）2008年第 1 期，第 12 页。

② Kenneth N. Waltz, *Theory of International Politics*, New York: Random House, 1979, p. 210.

③ Oran R. Young, *International Cooperation: Building Regimes for Natural Resources and the Environment. Cornell Studies in Political Economy*, Ithaca: Cornell University Press, 1989, p. 199.

在没有强制或独立的外界激励的条件下，是不会提供集体物品的，也是很难形成集体行动的。目前参与气候谈判的国家有190多个，是一个庞大的集体，已经形成了两大阵营（发达国家与发展中国家）、三股力量（以美国为首的"伞形国家集团"、欧盟、"77＋1"集团）、多种势力（"基础四国""小岛屿国家""小雨林国家"等）的谈判集团。它们的利益诉求各异，谈判立场分歧很大，这样，自然而然会冲突不断，集体行动就很难形成。正如哈丁所说，许多期望实现集体利益的行为体在参与合作的时候，总是不断权衡自身的利益，由于过分权衡自身利益，因而会导致集体物品无法实现。①

不管是"囚徒困境"还是集体行动逻辑困境，都说明了个体理性不会直接导致集体理性的出现，个体理性与集体理性之间存在冲突与矛盾。这种冲突如果得不到解决，其结局就是"公地悲剧"的产生，人类的自我毁灭。

"公地悲剧"起源于威廉·佛司特·洛伊（William Forster Lloyd）在1833年讨论人口的著作中所使用的比喻，它是一种涉及个人利益与公共利益对资源分配有所冲突的社会陷阱。1968年，加勒特·哈丁（Garret Hardin）在《科学》杂志上发表了《公地悲剧》一文，提出了"公地悲剧"理论。他认为，作为理性人，每一个牧羊者都追求利益最大化。因此，在一块公共草地上，每增加一只羊会有两种结果：一是获得增加一只羊的收入；二是加重草地的负担，并有可能使草地过度放牧。在利益最大化的驱动下，牧羊者都会尽可能多地增加羊的数量，当然，最终的结果是不仅得不到最大的利益，而且还有可能使草地遭受毁灭，悲剧就这样产生。公有地的开放和无限制带给人类的就是毁灭。在公有物自由的社会当中，如果每个人都追求自己的最大利益，那么毁灭就不可避免。"公地悲剧"说明，如果一种资源的使用没有排他性，就很容易导致对这种资源的过度使用。正如亚里士多德所言："凡是属于最多数人的公共事务常常是最少受人照顾的事务，人们关怀着自己的所有，而忽视公共的事务；对

---

① Russell Hardin, *Collective Action*, Baltimore: Published for Resource for the Future by the Johns Hopkins University Press, 1982, pp. 9–10.

于公共的一切，他至多只留心到其中对他个人多少有些相关的事务。"
"最多的人共用的东西得到的照料最小，每个人只想到自己的利益，几乎
不考虑公共利益。"① 与其他环境问题相比，气候问题最容易发生"公地
悲剧"，事实上气候问题就是"公地悲剧"的典型结果。因为气候资源是
一种"公共物品"，每一个国家都可以在不需要支付任何成本、不需要任
何国家允许的情况下，就可以占用气候资源，排放温室气体。但是，在一
定时期内，大气所能承受的温室气体是有限度的，如果超过了这个限度，
就会产生气候危机，威胁人类的生存。

气候变化是一个"拖延惩罚"的问题，拖延时间越长，惩罚就越严
重，这就是"吉登斯"悖论。面对这样严峻的形势，如果国际社会还是
一直处于气候冲突之中，气候问题迟迟得不到解决，那么，其结局必定是
人类的自我毁灭。

二　气候合作的善果：人类"公共福祉"的实现

既然气候冲突的结果是人类的自我毁灭，显然，聪明、智慧、理性的
人类肯定不希望这种结果的出现。那么，如何才能避免这种悲剧的发生
呢？博弈论指出，合作是化解个体理性与集体理性冲突的最佳路径。拯救
人类的出路就在于人类社会的通力"合作"，特别是面对气候变化这么一
个全球性的问题。在"囚徒困境"和集体行动逻辑困境中，如果每个人
都按照自利理性行事，其结果是对双方都不利。为了避免这一问题的发
生，双方合作似乎就成了唯一的出路。正如一些学者所说，尽管集体行动
存在许多困境，但是如果能够从选择性激励、集体结构和制度建设以及大
国贡献等方面入手，人类还是可以通过合作实现国际环境集体行动的。而
"囚徒困境"的出路在于：一是，从个人来看，每个人都应放弃对自我利
益最大化的追求，而选择有约束地追求自我利益；二是，有约束地追求个
人利益也就是选择与他人合作。一般而言，选择合作比不合作、不考虑他
人存在所得到的利益更大、更好，即所谓的"合作盈余"。② 所以，要突

---

① 〔古希腊〕亚里士多德：《政治学》，吴寿彭译，北京：商务印书馆，2009，第48页。
② 转引自龚群《网络信息伦理的哲学思考》，《哲学动态》2011年第9期，第65页。

破"囚徒困境"和集体行动逻辑困境，摆脱"公地悲剧"，合作是人类社会的应有选择。合作的善果就是产生"合作盈余"，促进人类"公共福祉"的实现。

合作盈余，是指合作所产生的利益大于或不小于冲突给各方所带来的利益，而不合作、冲突则不可能产生盈余。哥梯尔认为，这足以对个人利益最大化的行为加以限制，迫使他们从冲突走向合作。哥梯尔的论证可以表述如下：①如果合作能够产生合作盈余，理性的最大化者就有充分的理由接受合作的协议，以限制他们个人利益最大化的行为。②合作能够产生合作盈余。③因此，理性的最大化者有充分的理由接受合作的协议，以限制他们个人利益最大化的行为。① 合作盈余的产生会促使国际社会走向合作，从而实现人类的"公共福祉"。"公共福祉"源于奥斯特罗姆的印第安纳研究中心所收集的现实案例和大量行为经济学实验，反映了公共资源因人们的有效合作而产生最佳使用的现象。其主要含义是，现实世界中的人并非以邻为壑或实现最小最大化策略的经济人，而是具有或多或少的亲社会性，这种亲社会性能够以同情心来审视自己，通过追求合作实现合作剩余，尤其是增进社会性需求的满足。"福祉"还隐含着，公共资源的共同使用或集体行动不仅可以避免公共资源的滥用而实现可持续使用，而且可以为当事人带来比单独使用或单独行动更高的福利。②

在全球化时代的今天，世界各国相互依赖的程度不断提高，彼此的利益联系日益紧密。但是，伴随着科学技术的不断发展，世界各国面临着越来越多的全球性问题和现实的、潜在的风险，这些问题都深刻地影响着各国的生存与发展，威胁着全人类的福祉。这些全球性问题的产生反映了当代人类在人与人、人与自然关系以及人类自身发展过程中出现了危机。这些问题都超越了意识形态的障碍而在全球普遍存在，它们不会因为社会性质的不同、国家发展程度的不同而存在或不存在。世界各国无一例外地受到这些全球性问题的威胁，人类社会处于风险之中。而能否解决这些全球性的问题，不仅涉及发展中国家的利益，也涉及发达国家的利益，关乎全

---

① 陈真：《当代西方规范伦理学》，南京：南京师范大学出版社，2006，第169页。
② 朱富强：《从"公地悲剧"到"公共福祉"——"人"的发展经济学之兴起及其意义》，《光明日报》2011年5月17日，第11版。

人类当下和未来的利益。世界各国的命运如此紧密相连，全人类"公共福祉"作为一种真实的客观存在已摆在我们的面前。同时，全球性的问题不仅体现为其存在方式是全球性的，而且其解决方式也必须是全球性的。气候问题的全球性属性，气候冲突所造成的人类自我毁灭，要求人类社会在气候变化问题上必须从认识上和行动上作出必要的转变。在认识上，必须超越意识形态、国家和民族的障碍，以全人类的福祉为出发点，以合作的态度来应对气候变化问题；在行动上，要以多边行动代替单边行动，以合作的方式探求解决气候问题的全球政策，并付诸实践。"当今的人类是同乘一艘'地球号'宇宙船，共同命运维系着人类家族。因而所有国家要痛释前嫌，共同合作建设新的统一的人类社会。"① 只有这样，才能共同应对气候危机，实现人类的"公共福祉"。

在国际关系中，行为体之所以能够参与合作，在某种程度上来说也是理性选择的结果。理性选择是源于经济学的一个假设，即人们选择某种行为是受利益驱使的。根据这一假设，可以清楚地看出人们在采取行动之前会计算可能的代价和收益，其目标是为了谋求利益的最大化或付出最小的代价，这就是"成本—收益"的选择模式。因此，国家虽然是作为"经济人"而存在，追求利益是其主要目标，但是，也正是因为国家是"经济人"，所以会促使自身考虑各自的比较优势，以"成本—收益"分析模式来计算如何用最小的代价换取最大的利益。在备选方案中，如果合作比冲突的效益高，那么国家就自然会选择以合作的方式来应对气候变化问题。② 艾克斯罗德也通过计算机生态模拟实验证明，部分利益冲突时利益双方相互合作要好于相互冲突。在气候谈判中，每个国家都从追求本国利益最大化出发，就必然会导致冲突，如果冲突得不到及时解决，其结果就是全人类的毁灭。如果世界各国在气候危机面前都能够退让一步，本着合作共赢的原则，那么对全人类都是有利的。"人类的团结根本不在于人人都认识一个普遍的真理或追求一个普遍的目标，而是大家都有一个自私的希望，即希望自己的世界——个人放入自己终极语汇中的芝麻小事——不会被毁灭。"③

---

① 〔韩〕赵永植：《重建人类社会》，清玉、姜日译，北京：东方出版社，1995，第 196 页。

② 李强：《国际气候合作与可持续发展》，《社会主义研究》2009 年第 1 期，第 124 页。

③ 〔美〕罗蒂：《偶然、反讽与团结》，徐文瑞译，北京：商务印书馆，2003，第 7 页。

同时，趋利避害本身也是国家的基本行为，是人类社会生存的基本法则。根据"成本—收益"模式，显然，面对着日趋严峻的气候问题，只有合作才能使世界各国获益，这样气候合作也就有可能，合作也就要优先于冲突。通过合作方式，现在各国需要承担的成本要远远低于以后应对气候灾难的成本。目前，各国在气候合作中虽然需要承担短期的防止气候变化的大量成本，但是其收益是长期的。斯特恩认为，全球采取集体行动来应对气候变化，现在每年1%的国内生产总值的投资可以避免未来每年5%～20%的国内生产总值的损失。可见，在气候危机面前，集体合作是全人类的福音，也是人类生存下去的唯一出路。罗尔斯也认为，人们为了过上美好的生活，就需要合作。事实上，自从亚里士多德以来，政治学家就一直认为，为了共同利益社会成员是能够自愿合作的。亚里士多德时期的雅典公民为了城邦的利益而参与政治，霍布斯时期的自然人为了结束"人对人像狼一样的状态"而签订社会契约，托克维尔时期的美国人为了共同利益能够自愿结社。显然，合作是人类社会努力实践的目标和时代发展的需要。随着经济全球化的发展，世界各国相互依赖性越来越强，国际合作现象也越来越普遍。在国际关系领域，不同的政治流派对国际合作的条件及原因也进行了分析：理性主义学派认为，国家作为理性的行为体，追求利益是其根本目标。华尔兹就提出，在无政府状态下，利益是国家行动的依据，而合作则能更好地实现共同利益。国家作为理性的行为体在作出是否合作的决定之前，一定会进行成本与收益的核算。如果合作的收益小于冲突的收益，则合作难以进行；反之，合作则可以进行。气候合作之所以会优先于气候冲突，关键是参与合作的国家能够从中获利，参与合作的国家能够体会到合作的益处。克鲁泡特金在其著作《互助论》中就专门论述了互助合作的社会作用。他指出："那是比爱或个体间的同情不知要广泛多少的一种情感——在极其长久的进化过程中，在动物和人类中慢慢发展起来的一种本能，教导动物和人在互助和互援的实践中就可以获得力量，在群居生活中就可获得愉快。"[①] "是无意识地承认一个人从互助的实践中获得了力量，承认每一个人的幸福都紧密依赖一切人的幸福，承认

---

① 〔俄〕克鲁泡特金：《互助论》，李平沤译，北京：商务印书馆，1963，第11～12页。

使个人把别人的权利看成等于自己的权利的正义感或公正感。"① 恩格斯也曾指出："劳动的发展必然促使社会成员更紧密地互相结合起来，因为劳动的发展使互相支持和共同协作的场合增多了，并且使每个人都清楚地意识到这种共同协作的好处。"② 哈拉尔指出："一种合作与竞争的强有力的结合正引导各国走向更高级的繁荣、自由和社会和谐。"③ 事实上，人类在大多数情况下还是能够进行合作，形成集体行动，化解"公地悲剧"。朱富强在《从"公地悲剧"到"公共福祉"——"人"的发展经济学之兴起及其意义》一文就对此进行了论证。他认为，可以从个体的亲社会性和"为己利他"的行为机理两个方面来论证人类社会中所存在的大量合作现象。④ 美国学者金迪斯和鲍尔斯等人将亲社会性定义为：有助于促进合作行为的生理的和心理的反应，主要体现为羞愧、内疚、移情及对社会性制裁的敏感等。在亲社会性的引领之下，人类倾向于"为己利他"的行为机理。这就说明，虽然个体具有"为己"的本能色彩，但是，任何个体都不能完全满足自身的需求，都需要借助他人或者社会的帮助。显然，要获得他人的帮助，就必须相互合作。同时，合作有利于增进所有合作者的利益，通过合作，能更好地提高合作者的共同收益，有效地利用公共资源。

通过对气候冲突与气候合作各自产生的结果的分析，可以清楚地看出：冲突的结局就是自我毁灭，而合作则能够实现人类的"公共福祉"。霍布斯就曾指出，在自然状态下，自利的人们为了争夺有限的资源和食物，必然会陷入人对人的战争之中，其结果就是处于暴力死亡的恐惧和危险之中。显然，这种冲突、战争的状态对每一个人、每一个国家都是不利的，也是每一个国家都不希望看到的结果。尽管目前在气候变化问题上仍然存在许多不确定性因素，但是越来越多的事实说明：气候问题造成的灾难是巨大的也是不可逆的。在气候变化问题上，每一个国家都是污染者，

---

① 〔俄〕克鲁泡特金：《互助论》，李平沤译，北京：商务印书馆，1963，第125页。

② 《马克思恩格斯文集》第9卷，北京：人民出版社，2009，第553页。

③ 〔美〕哈拉尔：《新资本主义》，冯韵文译，北京：社会科学文献出版社，1999，第11页。

④ 朱富强：《从"公地悲剧"到"公共福祉"——"人"的发展经济学之兴起及其意义》，《光明日报》2011年5月17日，第11版。

同时每一个国家也都是受害者，避免人类的毁灭是其共同利益之所在。如果说适者生存是人类的生存与发展的基本法则，那么弃恶择善就是人类的基本选择。气候冲突导致的是人类的自我毁灭，这是一种恶；而气候合作则有利于人类"公共福祉"的实现，这是一种善。所以，选择合作，放弃冲突，合作优先于冲突是人类社会的应有选择，这也是人类社会对"善"的选择。所谓合作优先于冲突，就是世界各国在全球性的气候危机面前，应该抱着合作的心态去解决气候问题，求同存异，在最大限度内实行合作，把合作放在优先的位置来考虑，通过合作实现共同的目标和共同的利益。当然，"合作并不意味着没有冲突，相反，它显然是与冲突混合在一起的，并部分说明要采取成功的努力去克服潜在或现实冲突的必要性"。① 国际社会如果没有冲突，也就没有必要进行合作。只不过，国际社会首先要考虑的问题是合作，而不是冲突，毕竟冲突不能解决问题，并且还会造成更大的问题。

　　当然，面对着全球气候变化这么一个错综复杂的问题，合作优先于冲突并不会一帆风顺，这是一个多方的、长期的讨价还价的结果。但是，世界各国必须明确一个事实：气候问题是全球性的公共问题，没有哪一个国家能够置身度外。如果不合作，带来的一定是灾难性的后果。虽然现在看上去气候变化对每一个国家影响程度不一样，目前主要是发展中国家受到气候变化的影响大一些，但是，我们应该明确气候变化的影响是不确定性的并且是滞后性的，更大的损害可能我们现在还没有意识到。人类毕竟只有一个地球，面对气候危机，为了避免人类自我毁灭的悲剧发生，合作优先于冲突是人类必须作出的理性选择。

---

① 〔美〕罗伯特·基欧汉：《霸权之后：世界政治经济中的合作与纷争》，苏长和等译，上海：上海人民出版社，2006，第64页。

第七章　伦理共识之四：生存权与
发展权统一原则

人权问题是世界各国普遍关注的问题，而生存权与发展权又是人权中的首要内容，是享受其他权利的基础。没有了生存权与发展权，其他一切权利都无从谈起。因此，生存权与发展权也就自然而然地成为气候博弈的主要内容，是国际社会应对气候变化过程中分歧较大的问题之一。在气候谈判过程中，发达国家与发展中国家都从各自的立场出发，对生存权与发展权进行不同的理解，片面地强调其中的一种权利，导致气候冲突不断。事实上，生存权与发展权是一对不可以分割的权利，任何一个国家的生存权与发展权都是不可侵犯的。因此，国际社会在气候谈判过程中也必须达成生存权与发展权相统一的伦理共识。

第一节　气候博弈中生存权与发展权的背离

生存权与发展权是气候谈判中备受关注的人权问题，因为它涉及一个国家的眼前利益和长远利益。生存权作为人类的一项最基本的权利，最早见于奥地利法学家安东·门格尔于 1886 年写的著作《全部劳动权史论》中，他把劳动权、劳动收益权、生存权看成新一代人权——经济基本权的基础。生存权作为明确的法律规范最早见于 1919 年德国的《魏玛宪法》，其第二篇第五章"共同生活"第一百五十一条规定："经济生活秩序必须与公平原则及维持人类生存目的相适应。"[①] 第二次世界大战以后，生存

---

① 李艳芳：《论环境权及其与生存权和发展权的关系》，《中国人民大学学报》2000 年第 5 期，第 98 页。

权日益受到重视，逐渐成为各国法律和国际人权法的重要内容。生存权是人类生命安全及其生存条件获得基本保障的权利，没有了生存权，人类其他一切权利都无从谈起。也正是因为如此，联合国《世界人权宣言》明确提出："人人有权享有生命、自由和人身安全。"虽然各国因发展程度不同对生存权的理解也不同，但是，生存权作为人类的一项最基本的权利，它还是有一些基本相通的内容，至少应该包括以下两个方面的内容：一是能够提供维持人们生活的最基本物质需求，从而使得生命可以延续，如衣、食、住；二是人们能够有尊严地享受这些最基本的物质需求。当然，人们不能仅限于这些物质层面的需求，还要有精神层面的需求。日本学者大须贺明也从三个层面概括了生存权的内容：一是最低限度的生活要求即一定数量的食物、衣物和住房等物质性条件；二是肉体和精神方面的健康的最低限度生活；三是健康且具有文化性的最低限度的生活，将文化性要素作为衡量支付生活费的基准。① 当然，生存权的标准也会随着经济社会的发展而不断改变，但是它所蕴含的基本内容还是不变的，它至少应该保障人们能够像人那样有尊严地生活。

生存是人类存在的基础，发展才是人类追求的永恒主题，没有发展，人类社会就会永远处于茹毛饮血的蒙昧时代。聪明智慧的人类绝对不会停留在生存这么一个简单的层面，不会满足于仅仅享有生存权，而必然会在生存的基础上追求发展。事实上，人类社会处于一个不断地由初级阶段向高级阶段发展的过程。发展权是第二次世界大战以后，发展中国家为争取民族生存和发展空间而提出来的。非洲国家首先提出了发展权的概念，最早出现于1969年阿尔及利亚正义与和平委员会发表的《不发达国家的发展权利》报告中，1981年制定的《非洲人权和民族权利宪章》（第二十二条）也将其写入其中。1986年，联合国大会通过的《发展权利宣言》正式确认了发展权的基本内容，明确指出："发展权利是一项不可剥夺的人权，由于这种权利，每个人和所有各国人民均有权参与、促进并享受经济、社会、文化和政治发展，在这种发展中，所有人权和基本自由都能获得充分实现。"② 1993年，世界人权会议

---

① 〔日〕大须贺明：《生存权论》，林浩译，北京：法律出版社，2001，第293～294页。
② 转引自杨庚《论生存权和发展权是首要的人权》，《首都师范大学学报》（社会科学版）1994年第4期，第48页。

通过的《维也纳宣言和行动纲领》再次强调了发展权是一项普遍的、不可分割的权利，也是基本人权的重要组成部分。我国学术界对发展权的研究起步较晚，还处于起步阶段。武汉大学汪习根教授认为：发展权是人的个体和人的集体参与、促进并享受其相互之间在不同时空限度内得以协调、均衡、持续发展的一项基本人权。[①] 也就是说，发展权包括发展机会和发展利益两个方面的内容，发展权就是关于发展机会均等和发展利益共享的一种权利。显然，发展权的提出，对于推动弱小民族和国家的发展具有非常重要的作用。

生存权是一个国家存在的前提，发展权则是一个国家存在下去的必然要求，没有发展，国家的生存就将面临挑战。但是，在气候危机面前，由于不同的国家发展水平不一样，面临的具体问题不一样，利益诉求也不一样，它们对生存权与发展权的主张也不一样。发达国家基于资本的内在逻辑要求，主张的是一种享乐式的发展，追求物质欲望的满足；而发展中国家是气候变化的最大受害者并且经济水平落后，主张生存与发展是其第一需求，强调的是生存式的发展。因此，在气候博弈的过程中，由于发达国家与发展中国家的利益诉求迥异，政治主张不同，生存权与发展权处于背离的状态。

一 发达国家强调享乐式的发展权

自工业革命以来，随着科学技术的进步，西方国家获得了飞速发展，创造了巨大的物质财富，资本主义物质贫乏的时代似乎一去不复返了。"资产阶级在它的不到一百年的阶级统治中所创造的生产力，比过去一切世代创造的全部生产力还要多，还要大。自然力的征服，机器的采用，化学在工业和农业中的应用……过去哪一个世纪料想到在社会劳动里蕴藏有这样的生产力呢？"[②] 现在资本主义国家的经济发展水平已经达到了一个相当高的程度，早已经告别了为生存而奋斗的时代。但是，资本主义的本质在于追求利润的增长，追求财富的积累，即使再富裕的国家也是如此。

[①] 汪习根：《法治社会的基本人权——发展权法律制度研究》，北京：中国人民公安大学出版社，2002，第60页。

[②] 《马克思恩格斯文集》第2卷，北京：人民出版社，2009，第36页。

现在资本主义的发展、对利润和财富的追逐不是为了实现全人类的"公共福祉"，也不是为了实现精神上的富足，而是为了物欲的满足，"淹没在享乐之中"。弗洛姆也指出，随着技术文明时代的到来，一个新的幽灵正出现在人们的生活中。这个幽灵就是："一个致力于最大规模于物质生产和消费的，成为整个机器或由计算机所控制的完全机械化的新社会。"①之所以把这个社会称为幽灵，就在于这是一个非人道化的社会，并且出现了非人道化的消费，西方国家完全陷入了消费主义的陷阱。

就其本真含义来说，消费的目的是对需要的满足，而满足需要的消费目的，决定了消费在本质上是对消费品的使用价值的消费，在这里，消费品的使用价值是决定消费价值的尺度。但是，在现代西方社会，随着资本主义国家物质财富的增长，发达国家的消费逐渐背离了消费的本真含义，不再把消费品的使用价值当成满足衣食住行来消费，而是把消费品当成一种符号来消费，看中的不是消费品的使用价值，而是消费品的品牌，从而演变成奢侈消费，成为欲望的消费，而不是满足需要的消费。正如丹尼尔·贝尔所说："资产阶级社会与众不同的特征是，它所要满足的不是需要，而是欲求。欲求超过了生理本能，进入了心理层次，它因而是无限的要求。"② 在中世纪，西方社会把欲望看成魔鬼，是与上帝相对立的恶的化身。宗教的伟大之处就是用对上帝的信仰遏制了人的欲望，阻止了物欲横流。然而，现代西方社会不仅不去驯服欲望这个魔鬼，还与这个魔鬼拥抱，并把这个魔鬼作为社会发展的基本动力。由此，西方社会逐步转向了世俗化，这个世俗化的实质就是：由对神圣性的追求转变为对世俗享乐的重视。世俗享乐的主要内容是物质生活的舒适富足和感官欲望的充分满足，所以，世俗化在信仰转变上表现为：由对上帝的虔信和对彼世主义、禁欲主义教条的恪守转变为对物质主义和享乐主义的信奉。③

西方的启蒙运动把上帝拉下了神坛，在没有上帝的日子里，人们必须为自己的生活寻找新的目标和意义，但是现代人最终并没有解决好自己的

---

① 转引自高亮华《人文视野中的技术》，北京：中国社会科学出版社，1997，第104页。
② 〔美〕丹尼尔·贝尔：《资本主义文化矛盾》，赵一凡等译，北京：三联书店，1989，第209页。
③ 卢风、刘湘溶：《现代发展观与环境伦理》，保定：河北大学出版社，2004，第50页。

精神和心灵的安顿问题，这就是"上帝死了，但人并没有得救"。其中最主要的原因是人被物欲所羁绊，人淹没在消费、功利的汪洋之中。这就是现代西方社会只关心"如何发展"，而对于"为什么发展"这一具有价值含义的问题漠不关心的结果。正如美国学者威利斯·哈曼博士所说："我们唯一最严重的危机主要是工业社会意义上的危机。我们在解决'如何'一类的问题方面相当成功。""但与此同时，我们却对'为什么'这种具有价值含义的问题，越来越变得糊涂起来，越来越多的人意识到谁也不明白什么是值得做的。我们的发展速度越来越快，但我们却迷失了方向。"① 这种迷失方向的结局就是追求享乐式的发展，发展完全是为了追求欲望的满足。

　　也正是因为如此，在气候谈判过程中，美国前总统老布什会说，美国人民的生活方式是不能用来商量的。维护美国人现有的生活方式是美国政府所坚守的气候谈判立场。那么美国人的生活方式是一种什么样的生活方式呢？美国式的生活方式就是住大房子、开大汽车的奢侈生活方式。据统计，生活在北美、占全球5%的人口几乎消耗了全球资源的1/3，如果全球15%的人与北美人同样地消费，那么地球实际上将没有任何东西留给其余85%的人。德国学者费里茨·福田霍尔茨指出："一个预期寿命为80岁的普通美国人，在目前的生活水平下，一生要消耗2亿吨水，2000万吨汽油，1万吨钢材，1000棵树的木材。若地球上60亿人都照此标准生活，那么地球在一代人中就会流尽最后一滴血。"② 也正是因为如此，一些学者指出，美国的能源挥霍生活方式比其发动的任何一场战争给全球造成的损害都要大得多。

　　西方发达国家为了追求奢侈的生活方式、追求欲望的满足、追求享乐式的发展，一方面制造了大量污染，破坏了环境；另一方面又千方百计地转嫁污染，让广大发展中国家人民"吃下污染"，完全不顾及发展中国家的生存和发展需要。1992年2月8日，英国《经济学家》杂志刊登了世界银行首席经济学家劳伦斯·萨默斯写的题为"让他们吃下污染"的备

① 〔波〕维克多·奥辛廷斯基：《未来启示录——苏美思想家谈未来》，徐元译，上海：上海译文出版社，1988，第193页。
② 丁祖荣：《气候变暖与国际社会的责任——兼论〈京都议定书〉的意义与作用》，《浙江理工大学学报》2007年第3期，第280页。

忘录。这里所说的"他们"主要是指穷人，特别是发展中国家的穷人。该备忘录明确指出："向低收入国家倾倒大量的有毒废料背后的经济逻辑是无可指责的，我们应当勇于面对。""所有与反对向欠发达国家输送更多污染建议的观点相关的问题是有可能逆转的。"① 福斯特对萨默斯的备忘录进行了梳理，归纳出其蕴含的三个方面的微妙含义。一是，根据以往从疾病和死亡"获得的利益"来衡量，第三世界的个体生命与发达资本主义国家的个体生命相比，是毫无价值的。发达国家的平均工资高出第三世界国家数百倍，那么依据同样的逻辑，欠发达国家个体生命的价值也就数百倍地低于发达国家。由此说来，倘若把人类生命的所有经济价值在世界范围内给予最大化的话，那么低收入的国家就应成为处理全球有害废料的合适之地。二是，第三世界国家的空气污染程度与洛杉矶和墨西哥城等严重污染的城市相比，还是属于"欠污染"状态。三是，清洁环境是人均寿命长的富裕国家追求的奢侈品，只有这些国家才适合讲究审美和健康标准。福斯特所归纳出来的这三个方面的内容，其实就是萨默斯所说的让发展中国家"吃下污染"的理由，这也是世界银行鼓励将污染企业和有毒废料转移到第三世界的理由。② 巴里·康芒纳在这个基础上，进一步批判性地指出："一些经济学家主张，人的生命价值应该建立在他的赚钱能力上。这样一来，女人的生命价值就大大低于男人，并且黑人的生命价值低于白人。从环境的角度讲，受威胁的如果是穷人，损害的代价就应相对较小。这一观点可用来证明：将严重污染的企业放到贫穷邻居那里去是正当合理的。事实上，这正是政府司空见惯的做法。例如，最近的一项研究表明，倾倒有毒废料的地方大都在贫穷黑人和西班牙裔的居住区附近。"③发达国家以人的收入多少来衡量人的生命的价值，认为发展中国家的人们收入低，生命价值就低；并且还认为发展中国家污染程度低，就应该成为污染的承接地；认为只有富人才有审美和健康的要求。这些言论都

---

① 转引自陈学明《布什政府强烈阻挠〈京都议定书〉的实施说明了什么——评福斯特对生态危机根源的揭示》，《马克思主义研究》2010 年第 2 期，第 95 页。

② 〔美〕约翰·贝拉米·福斯特：《生态危机与资本主义》，耿建新、宋兴无译，上海：上海译文出版社，2006，第 54~55 页。

③ 〔美〕约翰·贝拉米·福斯特：《生态危机与资本主义》，耿建新、宋兴无译，上海：上海译文出版社，2006，第 56 页。

是不合乎伦理道义的，没有事实根据的，只是发达国家转嫁环境污染的借口。这实际上是发达国家对发展中国家生存权的漠视，发达国家只考虑本国的发展，而不重视发展中国家的生存和发展。

可见，发达国家所主张的发展权，是为了追求自身物质欲望满足的发展，完全不考虑发展中国家的生存与发展，导致了生存权与发展权的背离。

二　发展中国家强调生存式的发展权

发展中国家作为气候变化的受害者，生存权与发展权都是其在气候谈判中所要主张的权利。但是，由于发展中国家经济发展很不平衡，随着气候谈判的不断深入，致使发展中国家在主张生存权与发展权利益一致的情况下，会出现侧重点不同的利益诉求。一些发展中国家侧重于生存权的诉求，另一些发展中国家侧重于发展权的诉求。

发展中国家中的小岛屿国家、地势低洼国家以及非洲大陆的最不发达国家是气候变化的最大受害者，生存成为它们的第一诉求。温室气体的大量排放导致了全球气候变暖，全球气候变暖又加速了极地冰雪的融化，极地冰雪的融化造成的直接后果就是海平面的上升，海平面的上升将淹没小岛屿国家和地势低洼地区，直接威胁它们的生存。马尔代夫、图瓦卢这样的小岛屿国家随时都有可能被淹没。因此，马尔代夫总统纳希德曾经提出，想在澳大利亚、印度或斯里兰卡购买一处新家园，举国搬迁来安置30多万个居民，这也是他们无奈的、最后的选择。显然，随着全球气候变暖，遭遇生存危机的人数会变得越来越多。同时，全球气候变化也严重地威胁着非洲大陆最不发达国家的生存。农业是非洲大陆的主导产业，但是对于仍处于"靠天吃饭"阶段的非洲农业来说，深受气候变化的影响，气候变化引发的粮食、水源、卫生等一系列问题对非洲人口构成了全面威胁。人们预测，到2050年，非洲陆地温度会升高1.6℃，将导致更多旱灾和作物歉收，威胁数百万人的生存。[1]

---

[1] Andrew Simms, Hannah Reid, *Africa-up in Smoke?*: *The Second Report from the Working Group on Climate Change and Development*, London: New Economics Foundation and International Institute for Environment and Development, 2005.

　　一个国家如果没有生存权，就必定会走向灭亡。全球气候变化已经对人类产生了不利影响，特别是对小岛屿国家、地势低洼国家和非洲最不发达国家的生存构成了严重的威胁。大量气候难民的出现凸显了由气候变化引发的生存问题是全球气候变化过程中迫切需要关注的事项。所谓"气候难民"是指由于受气候变化的影响，而不得不从本土家园中搬迁的人们。这些气候难民主要集中在发展中国家，由于他们缺乏适应和应对气候变化的能力，为了生存而被迫搬迁。气候难民所引发的生存权问题是气候治理过程中迫切需要解决的问题，这也是符合亚伯拉罕·马斯洛（Abraham Maslow）的"需要层次"理论和黑格尔"紧急避难权"理论的。小岛屿国家、地势低洼国家以及非洲大陆最不发达国家生存危机的严峻性再也不容许气候谈判无限期地拖延下去。生存已经成为一些发展中国家的最大问题，对生存权的诉求成为它们的第一诉求。但是，西方发达国家面对着发展中国家的生存诉求无动于衷，漠视发展中国家的生存权，考虑的只是本国的利益，追求享乐式的发展、物欲的满足，体现的是一种典型的"只让自己活，不管他人活"的心态。

　　全球气候变化不仅影响着发展中国家的生存，也影响着发展中国家的发展。气候变化既是环境问题，也是发展问题，但最终还是发展问题。除了小岛屿国家、地势低洼国家和非洲大陆最不发达国家以外，更多的发展中国家面临的还是发展问题。发展经济、消除贫困是他们最大的目标。因此，处于工业化初始阶段的发展中国家特别是"基础四国"需要更多的碳排放空间，需要享受一定的碳排放权。碳排放权是指权利主体为了生存与发展的需要，由自然或者法律所赋予的向大气排放温室气体的权利，这种权利实质上是权利主体获取的一定数量的气候环境资源使用权，是利用气候资源谋发展的权利。[①] 因此，碳排放权涉及一个国家的发展问题、关涉国家的根本利益。碳排放权与发展权紧密联系，碳排放权实际上就是一种发展权，其作用是促进一国经济发展的需要。环境库兹涅茨曲线就形象地说明了经济增长与环境之间存在着倒"U"形的关系。20 世纪 90 年代

―――――――――――

① 　转引自杨泽伟《碳排放权：一种新的发展权》，《浙江大学学报》（人文社会科学版）2011 年第 3 期，第 41 页。

初，以格罗斯曼和克鲁格为代表的环境经济学家通过实证研究，发现经济增长与环境之间存在类似倒"U"形曲线关系（见图 7-1）。

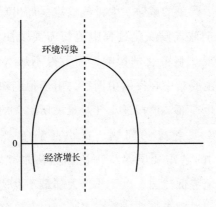

图 7-1　环境库兹涅茨曲线

当一个国家经济发展水平较低的时候，环境污染的程度较轻，但是其恶化的程度会随经济的增长而加剧；当该国的经济发展达到一定水平后，其环境污染的程度又逐渐减缓，环境质量逐渐得到改善。这种现象被称为环境库兹涅茨曲线。显然，根据环境库兹涅茨曲线，正处于工业化阶段、城镇化阶段的发展中国家属于环境库兹涅茨曲线转折点左边的曲线情形，随着工业化进程的推进，温室气体排放量会不断增多，从而需要更多的碳排放空间；而西方发达国家则属于环境库兹涅茨曲线转折点右边的曲线情形，因为它们已经经历了温室气体的大量排放时期，社会经济获得了飞速的发展，环境污染程度会随着经济发展水平的进一步提高而趋于减轻。

也正是基于这种情况，发达国家要求发展中国家特别是发展中的大国也承担强制性的减排责任，这是因为发达国家只看到碳排放现状，而忽视碳排放历史，实际上是为了推卸历史责任，限制发展中国家的发展。人类社会的发展历史说明，任何一个国家在经济发展的初期都会经历一个碳排放的高峰期，发达国家也不例外。在工业革命以后，英国、法国、德国、美国等经济强国都走过了一段温室气体大量排放的工业化过程。当前大气中的温室气体大部分是发达国家所排放的，是发达国家累积排放的结果。发达国家的历史累积排放总量和人均历史累积排放量都要远远高于发展中国家，发达国家要为全球气候变化承担历史责任。正是由于发达国家自工业革命以来大量地排放了温室气体，大量地占用了碳排放空间，才有了今天的发展水平，才成为今天的经济强国。当发达国家在工业革命时期大量排放温室气体的时候，发展中国家还处于农业、手工业阶段，温室气体排放非常少，发展中国家是气候变化的无辜受害者。已经率先发展起来的发达国家现在反过来却来限制、控制处于工业化初始阶段的发展中国家的温室气体排放，这是对发展中国家发展权的侵犯，是为了限制发展中国家的发展，体现的是典型的"只允许自己发展，不让别人发展"的心态。

生存权与发展权是一个国家最基本的权利，也是一个国家最低层次的需求。可是，在当前的气候谈判中，生存权与发展权却处于背离的状态。发达国家强调更多的是发展权，并且这种发展是一种享乐式的发展，发展是为了更好地享乐，是为了满足物质欲望的需求。发达国家为了追求这种享受式的发展，置发展中国家的生存与发展而不顾，漠视发展中国家的生存权，剥夺发展中国家的发展权，这必然会引发发展中国家的强烈反抗。当然，如果发展中国家为了发展经济、消除贫困而肆意排放温室气体，重蹈发达国家"先污染、后治理"的老路，也会导致生存权与发展权的背离，这也是不合理的。因此，不管是发达国家还是发展中国家，在谋求发展的过程中，都必须处理好生存权与发展权的关系，实现这两者的统一。

事实上，生存权与发展权作为人权中最基本的两项权利，是相互包容、相互促进的。一方面，生存权是发展权的基础和前提，没有生存就无所谓发展，没有生存权也就没有发展权。另一方面，发展权是生存权的必然要求和基本保障，只有实现了发展，生存才能获得持续的、可靠的保障，才能进一步提高生存的质量。在发展中求生存，发展是生存的必然要求。所以，生存权与发展权是紧密联系的权利，生存权与发展权是相统一的。

第二节　生存权与发展权统一的合理性

生存权与发展权作为现实中的人、现实中的国家最基本的权利，古往今来，许多先哲们都对其进行了理论探讨和伦理思考，论证其为人类不可或缺的权利。笔者将通过"需要层次"理论和"物质变换"理论对其进行合理性证明。

一 "需要层次"理论对其合理性的证明

"需要"是人的一种主观意识，是人对某种目标的企求或欲望。广义的需要是一切生物的本能，凡是有生命的东西都具有某些需要，但人的需要除了取决于人的自然属性之外，还取决于人的社会属性。人类的需要从总体上来讲是由简单到复杂、由低级到高级不断发展的过程。长期以来，许多学者都对人的需要进行了研究，将人的需要划分为若干层次，分析和研究各个层次的需要之间的关系，揭示人的需要层次发展规律，从而提出了各具特色的人的"需要层次"理论。

早在19世纪，马克思就提出了人的需要理论，把人的需要分为三个层次：生存需要、享受需要和发展需要。"现实的人"是马克思"人的需要"理论的立足点，也是马克思历史唯物主义的出发点。那么，什么是"现实的人"呢？所谓现实的人，就是由于受到肉体组织制约而具有各种自然需要的人，是为了满足生存需要而进行各种活动的人，是受到各种社会关系制约又不断根据自己的需要而改变着这些社会关系的人。① 可见，"需要"是"现实的人"为了满足生存与发展而对外部存在的欲求，它是"现实的人"存在的基础。马克思把这种欲求分为三个层次的需要。一是生存需要。生存需要是人最基本的需要，也是一个人存在的基础。要生存，就需要最基本的生存资料，如吃、穿、住等，所以，生存需要是维持人存在的基本物品需要。"现实的人"是马克思"人的需要"理论的立足点，因此，现实人的存在、现实人的生存就成为马克思首先思考的问题。马克思认为，肉体的个人是我们的"人"的真正基础，真正的出发点："全部人类历史的第一个前提无疑是有生命的个人的存在。"② 要维持有生命的个人的存在，就需要通过生产向其提供吃、穿、住、行等基本需要。"人们为了能够'创造历史'，必须能够生活。但是为了生活，首先就需

① 王全宇：《人的需要即人的本性——从马克思的需要理论说起》，《中国人民大学学报》2003年第5期，第31页。
② 《马克思恩格斯文集》第1卷，北京：人民出版社，2009，第519页。

要吃喝住穿以及其他一些东西。因此第一个历史活动就是生产满足这些需要的资料。"① 二是享受需要，也就是对提高生活质量和生活水平，满足享乐所需的物质和精神产品的需要。这就是说，虽然物质需要是人生存与发展的前提和基础，但是人不能只局限于物质的需要，人的需要是全面而丰富的，在满足了物质需要的基础上还要有精神需要。三是发展需要，这是指人们为了自身体力、智力进一步发展而产生的需要。这三种需要是紧密联系在一起的，共同构成了人的需要的实质性内容。当然，马克思同时指出，人的需要是逐步发展的，人并不会只局限于低层次的需要。在马克思看来，吃、喝、住、穿的物质需要只是人的第一个历史活动，这个历史活动完成以后，又会有新的历史活动，新的需要。"已经得到满足的第一个需要本身、满足需要的活动和已经获得的为满足需要而用的工具又引起新的需要，而这种新的需要的产生是第一个历史活动。"② 恩格斯也指出，在资本主义社会，生产很快造成这样的结局："所谓生存斗争不再围绕着生存资料进行，而是围绕享受资料和发展资料进行。"③ 这就说明，人的需要是不断递进上升的，从生存需要向发展需要的推进是历史的必然。

在马克思之后，1943 年美国心理学家亚伯拉罕·马斯洛在其《人类动机理论》一文中也对人的需要进行了研究，提出了"需要层次"理论，这就是马斯洛需求层次理论，亦称"基本需求层次理论"。他把人的需要分为五个层次：一是生理需要，这是人生存的需要，如人的衣、食、住、行；二是安全需要，包括物质和心理上的安全；三是情感和归宿需要，人是社会中的一员，需要通过社会交往，寻求到友谊和群体的归宿；四是尊重需要，作为社会中的人，都需要得到别人的尊重；五是自我实现的需要，即通过自我努力实现对生活的期望。这五种需要就像阶梯一样从低到高，按层次逐级递升，其中生理需要和安全需要是最低层次的需要，也是最基本的层次需要，如果这个最底层的需要都无法满足，那么高层次的需要就更无法实现。应该说，马斯洛的需要层次理论开辟了从心理学领域对

① 《马克思恩格斯文集》第 1 卷，北京：人民出版社，2009，第 531 页。
② 《马克思恩格斯文集》第 1 卷，北京：人民出版社，2009，第 531 页。
③ 《马克思恩格斯文集》第 9 卷，北京：人民出版社，2009，第 548 页。

人的需要动机研究的新方向，具有非常积极的意义。20 世纪，美国心理学家阿德佛将人类的需要划分为三个层次：生存的需要（"E"）、相互关系的需要（"R"）和成长的需要（"G"）。生存的需要是一个人生存的基本物质条件，包括衣、食、住、行等方面的物质需要，也包括马斯洛需要层次论中的安全需要；相互关系的需要是指与人交往及维持人与人之间和谐关系的需要；成长的需要即人们要求在事业上、前途方面得到发展的内在愿望。阿德佛的三个基本需要理论简称为"ERG 理论"。该理论认为，人的需要可以是先天的，也有后天产生的，并且人的需要可以跳跃式或逆转性发展，并不是严格地由低级到高级发展。①

　　从人的需要层次理论发展历史来看，不管是马克思的"人的需要"理论、马斯洛的"需要层次"理论，还是阿德佛的"ERG"理论，首先强调的都是生存是人最基本的需要，在生存需要得到满足的基础上，才会有新的、更高的需要——发展需要。生存需要和发展需要是紧密联系在一起的，是人的两种最基本的需要。生存需要是基础，发展需要是生存需要的必然发展趋势，两者密不可分。一个人是这样，一个国家又何尝不是这样呢？

　　对于现实的人、国家而言，生存是其最基本的需要，如果连基本的生存都难以保证，那么，其他的任何需要都是难以实现的。事实上，不管是在中国传统文化中，还是在西方哲学中，都非常重视人的生存，有许多"重生""贵己"的思想。比如，在中国传统文化中，《吕氏春秋》说："杨生贵己"②，"贵己"即为我，强调个体存在的价值，尤其是生命的价值。杨朱学派甚至认为："今吾生之为我有，而利我亦大矣。论其贵贱，爵为天子，不足以比焉；论其轻重，富有天下，不足以易之；论其安危，一曙失之，终身不复得。"③ 可见，杨朱学派非常重视生命的价值，重视个体的存在。西方哲学也非常重视人的生存，把人的食欲、性欲和自我保存的安全欲看成人最基本的自然欲望，只要承认人是一种自然的存在物，

---

① 李保润编著《需要层次论及其在经济管理中的应用》，东营：石油大学出版社，1995，第 29 页。

② 《吕氏春秋·不二》。

③ 《吕氏春秋·重己》。

就要肯定人的这种自然欲望。霍尔巴赫指出："人从本质上就是自己爱自己、愿意保存自己、设法使自己的生存幸福。"① 卢梭进一步指出自然的需要、生存的需要不会因为人的身份、富裕程度不同而有差别，生命是天然禀赋，是神圣不可侵犯的。在生存面前，人人都是平等的。"富人的胃也并不比穷人的胃更大和更能消化食物，主人的胳膊也不见得比仆人的胳膊更长和更有劲，一个伟大的人也不一定比一个普通的人更高，自然的需要人人都是一样的，满足需要的方法人人都是相同的。"② 黑格尔借助于"紧急避难权"，强调生命作为人格的定在，在行为选择中具有价值上的优先性。他以偷一片面包能保全生命为例对"紧急避难权"作出了具体的论述。③ 黑格尔认为，一个快要饿死的人"偷窃一片面包就能保全生命，此时某一个人的所有权固然因而受到损害，但是把这种行为看作寻常的偷窃，那是不公正的。一个人遭到生命危险而不许其自谋所保护之道，那就等于把他置于权利之外，他的生命即被剥夺，他的全部自由也就被否定了"。④ 黑格尔的"紧急避难权"理论，证实了生命权的优先性，彰显了对生命的关怀，体现了一种人道主义情怀。

因此，在当前的气候谈判中，国际社会首先应该关注小岛屿国家、地势低洼国家和非洲最不发达国家的生存问题，因为全球气候变暖已经严重威胁到这些国家的生存。在德班会议召开期间，英国《自然·气候变化》杂志发布了一份由多国研究人员合作分析的研究报告。该报告显示：2010年全球源于煤和石油等化石燃料的碳排放量与1990年相比，上升了49%。如果算上森林破坏等其他方面相应的碳排放量，则2010年全球总碳排放量首次达到100亿吨。这份报告还显示，2000～2010年，全球源于化石燃料的碳排放量年均上升幅度为3.1%，并且预计2011年仍会保持这个增长幅度⑤。这再次敲响了气候变化的警钟，如果国际社会再不尽快采取行动遏制这种趋势，一些发展中国家将会遭受毁灭性的打击。事实

① 周铺成：《西方伦理学名著选辑》（下卷），北京：商务印书馆，1987，第75页。
② 周铺成：《西方伦理学名著选辑》（下卷），北京：商务印书馆，1987，第115页。
③ 高兆明：《黑格尔〈法哲学原理〉导读》，北京：商务印书馆，2010，第278页。
④ 〔德〕黑格尔：《法哲学原理》，范扬、张企泰译，北京：商务印书馆，2009，第130页。
⑤ 《最新研究报告显示全球去年碳排放量达100亿吨》，搜狐网，http://news.sohu.com/20111206/n328056816.shtml，最后访问日期：2014年7月1日。

上，在人类历史上，一些文明古国的消失、复活岛的消亡已经证明了气候变化对人类会造成毁灭性的灾难。难怪著名科学家马丁·里斯（Martin Rees）在其著作《我们的末世纪》中，在谈到全球变暖造成的影响时，严肃地指出我们人类可能活不过 21 世纪，因为我们对（一向如此的）自然的干预所累积起来的危险已太多了。① 也许马丁·里斯的言论过于悲观，但是真实地反映了现在人类所面临的生存危机。当然，这种生存危机不仅仅体现在发展中国家身上，也体现在发达国家身上，只是程度不同而已。因此，国际社会应尽快就《京都议定书》第二承诺期的减排目标达成协议，发达国家切实履行减排责任，对处于生存危机的发展中国家提供必要的资金和技术支持，让它们应对生存危机。这既是关注发展中国家的生存需要，也是关注自身的生存需要。没有了生存，其他一切需要都是空话。

当然，一个国家不能仅仅只局限于生存的需要，在满足生存需要的基础上，还会有更高的需要诉求，发展需要就自然而然地产生。当前，对于一些发展中国家来说（如"基础四国"），消除贫困、发展经济是其最大的任务。经济不发展，就难以适应和应对气候变化。然而，在经济发展的过程中，必然会产生大量的温室气体，特别是对于经济技术条件比较落后的发展中国家来说，这更是不可避免的事情。环境库兹涅茨曲线已经证明，任何一个国家在发展经济、实现工业化的过程中，都会经历一段温室气体排放的高峰期。西方国家已经走过了这段历程，并由此成为富裕的国家。而现在许多发展中国家正在经历这么一个过程，发达国家不能因为自己富裕了、自己发达了，就来限制发展中国家特别是限制发展中大国温室气体的排放，从而限制其发展，不顾及发展中国家的生存需要和发展需要。这对发展中国家来说，也是不公正的。所以，在气候谈判中，发达国家不能只考虑自己的发展，而不顾及发展中国家的发展，甚至限制发展中国家的发展。1972 年的《人类环境宣言》就已经明确规定："所有国家的环境政策应该提高，而不应该损及发展中国家现有或将来的发展潜力，也不应该妨碍大家生活条件的改善。"② 所以，发达国家要求发展中的大国

---

① Martin Rees, *Ours Final Century*, London: Arrow, 2004.
② 国家环境保护总局政策法规司：《中国缔结和签署的国际环境条约集》，北京：学苑出版社，1999，第 173 页。

也承担具有法律约束力的减排协议，美国甚至以此为借口退出《京都议定书》，事实上，这都是毫无道理的，也是不合乎伦理道义的。

虽然学者们提出了各具特色的"需要层次"理论，在具体内容上也有些不同，但是有一点是相同的：人的生存需要和发展需要是"需要层次"理论最核心的内容。"需要层次"理论从理论层面论证了生存权与发展权作为一个国家最基本的需求，是一对紧密联系、不可分割的权利，应该得到国际社会的尊重和关怀。接下来，笔者将依据马克思的"物质变换"理论进一步论证生存权与发展权的统一。

二　"物质变换"理论对其合理性的证明

"物质变换"，最初是生物学上的一个用语，是指"生命活动过程中有机体从外界摄取营养和从体内排出废料的过程"。[①] 马克思把德语中的"Stoffwechsel"翻译成"物质变换"，在《马克思恩格斯全集》（中文第一版）中，"Stoffwechsel" 也被译成"新陈代谢"，一些学者还把"Stoffwechsel"译成"物质代谢"。"物质变换"理论是马克思的一个非常重要的理论，是一颗"正在冉冉升起的概念新星"，[②] 其主要体现在《资本论》《剩余价值理论》《经济学批判大纲》《1857～1858 年经济学手稿》等著作中。

关于马克思的物质变换理论的思想来源，学术界有两种不同的看法。以施密特为代表的学者认为，马克思的物质变换理论来源于摩莱肖特的自然哲学。因为摩莱肖特早就描述了"物质变换"现象："人的排泄物培育植物，植物使空气变成坚实的构成要素并养育动物。肉食动物靠草食动物生活，自己成为肥料又使植物界新的生命的胚芽得到发展。这个物质交换之名为物质变换。"[③] 虽然摩莱肖特作为庸俗唯物主义者，受到了马克思的批判，但是马克思还是采用了摩莱肖特的物质变换的概念。"马克思在物质变换概念这一点上追随摩莱肖特，总是把它作为永恒的自然必然性来

---

① 金炳华：《哲学大辞典》（修订本），上海：上海辞书出版社，2001，第 1667 页。
② Foster, J. B., *Marx's Ecology*, New York: Monthly Review Press, 2000, p. 162.
③ 〔德〕施密特：《马克思的自然概念》，欧力同译，北京：商务印书馆，1988，第 89 页。

谈，在某种程度上把它提高到本体论的地位。"① 而以椎名重明和福斯特为代表的学者则认为，马克思的物质变换理论来源于李比希的自然哲学。日本学者椎名重明基于马克思和恩格斯的著作与书信中曾三十多次提及李比希的事实，来说明马克思的物质变换理论来源于李比希的"补偿学说"。不管马克思的物质变换理论是来源于摩莱肖特，还是来源于李比希，至少都说明了摩莱肖特和李比希的自然哲学对马克思物质变换理论的形成都有着非常重要的影响。马克思从劳动的社会本质出发，阐述了丰富而独特的物质变换理论。

首先，马克思把劳动看成人与自然之间物质变换的中介。马克思在《资本论》第一卷中指出，作为生产物质资料的实践活动，"劳动首先是人和自然之间的过程，是人以自身的活动来中介、调整和控制人和自然之间的物质变换的过程"。② 从这里可以看出，马克思把劳动视为人与自然之间的物质变换，物质变换是由人自身活动所引起，并受其调节和控制的。劳动是人类所独有的生产物质资料的实践活动，也是人类社会的起点，它为人类的生存与发展创造了条件和基础。人类社会要生存与发展，就必须依靠物质资料生产实践活动，即劳动。可见，劳动就是为了满足人的需要而占有自然因素，是促成人和自然之间物质变换的活动。离开了劳动这个中介，人与自然之间就不会出现任何物质变换。"劳动作为使用价值的创造者，作为有用劳动，是不以一切社会形式为转移的人类生存条件，是人和自然之间的物质变换即人类生活得以实现的永恒的自然必然性。"③ 这就说明，人类要生存，就必须和自然进行物质变换，当然，这个物质变换是以劳动为中介的。那么，人与自然之间的物质变换是如何进行的呢？如何才能确保人类生存下去呢？这就涉及排泄物的循环利用问题。在马克思看来，当人类为了生存与发展从自然界中获取各种生产资料和消费资料时，通过生产和生活消费之后，会产生生产排泄物和消费排泄物，这些排泄物要最终回归自然界。这就是说，人类从自然界中获取生产生活资料和向自然界排泄废弃物必须是双向的活动，只有这样才能实现物

---

① 〔德〕施密特：《马克思的自然概念》，欧力同译，北京：商务印书馆，1988，第89页。
② 《马克思恩格斯文集》第5卷，北京：人民出版社，2009，第207页。
③ 《马克思恩格斯文集》第5卷，北京：人民出版社，2009，第58页。

质变换的可持续发展。所以，劳动不仅仅是人与自然之间物质变换的中介，还将"调整"和"控制"人与自然之间的物质变换。

其次，马克思揭露了不合理的生产实践活动（劳动）导致物质变换出现断裂的社会现实。马克思在解释"自然异化"的基础上，分析了各个历史时期物质变换断裂的社会现实，并指出这是人类不合理的生产实践活动（既包括人对自然的过度利用，也包括追求利润最大化的资本主义生产方式）所造成的。人与自然之间本来是一个物质、能量的双向流动过程。但是，如果人类过度干预了自然，一味地向自然索取而没有返还自然，或者返还的废弃物超过了自然的承受能力，就会造成人与自然之间物质变换的断裂，从而产生"自然的异化"。马克思进一步把自然的异化分为两种情况：一种是"原发性的自然的异化"，即资本主义社会产生之前的"自然的异化"；另一种是"人为性的自然的异化"，即由追求利润最大化的资本主义生产方式所造成的自然的异化。马克思着重批判了"人为性的自然的异化"，认为是资本主义生产方式导致了自然的异化，致使人与自然之间的物质变换出现了"裂缝"，这种"裂缝"首先就出现在人与土地之间的物质变换当中。在马克思看来，在自耕农时代，由于自耕农占有土地，他们会尽量保护好土地的肥力。但是，在资本主义时期，农业资本家的土地是从土地所有者手中租赁的，他们为了在租赁期获得更多的剩余价值，就会大肆耗费土地的肥力。"于是就造成了地力的浪费，并且这种浪费通过商业而远及国外（李比希）……大工业和按工业方式经营的大农业共同发生作用。如果说它们原来的区别在于，前者更多地滥用和破坏劳动力，即人类的自然力，而后者更直接地滥用和破坏土地的自然力，那么，在以后的发展进程中，二者会携手并进，因为产业制度在农村也使劳动者精力衰竭，而工业和商业则为农业提供使土地贫瘠的各种手段。"[1]"资本主义农业的任何进步，都不仅是掠夺劳动者的技巧的进步，而且是掠夺土地的技巧的进步，在一定时期内提高土地肥力的任何进步，同时也是破坏土地肥力持久源泉的进步。"[2] 另外，随着资本主义社会的

---

[1]《马克思恩格斯文集》第 7 卷，北京：人民出版社，2009，第 919 页。
[2]《马克思恩格斯文集》第 5 卷，北京：人民出版社，2009，第 579 页。

发展，大量的人口涌向了城市，从而使得人们消费掉的生活资料的残留物回不到土地，形成不了土地新的养分，导致人与土地之间的物质变换出现了裂缝。"资本主义生产使它汇集在各大中心的城市人口越来越占优势，这样一来，它一方面聚集着社会的历史动力，另一方面又破坏着人和土地之间的物质变换，也就是使人以衣食形式消费掉的土地的组成部分不能回归土地，从而破坏土地持久肥力的永恒的自然条件。"① 这一方面造成了土壤肥力的下降，另外一方面又使得这些回不到土地的排泄物直接排放到河流，既污染了河流，又要花许多钱来治理。"消费排泄物对农业来说最为重要。在利用这种排泄物方面，资本主义经济浪费很大；例如，在伦敦，450 万人的粪便，就没有什么好的处理方法，只好花很多钱用来污染泰晤士河。"② 因此，延续几千年的人与土地之间的物质变换，在资本主义社会却遭到了严重的破坏，出现了裂缝。这种裂缝造成的结果就是，土壤贫瘠、土地肥力下降以及不断增长的城市和河流的普遍污染，这些都已经成为资本主义社会生产中非常突出的问题。马克思敏锐地观察到了这一社会现实，并且深刻地揭露出是资本主义生产方式造成了人与自然之间物质变换的"裂缝"，对资本主义进行了深层次的生态批判。马克思认为，对剩余价值无限制的欲望刺激着资本家不断地扩大生产，为了把生产出来的大量商品卖出去，资本家又大肆煽动和鼓吹消费，从而在资本主义社会造成一种奢侈的消费风气。这就必然会造成资本主义社会人与自然之间物质变换变得没有节制，势必在"社会的以及由生活的自然规律所决定的物质变换的联系中造成一个无法弥补的裂缝"。③ 所以，马克思已经认识到资本主义制度才是导致人与自然之间物质变换出现裂缝的真正原因。人与自然之间物质变换的断裂，从表面上看是人与自然之间关系的断裂，实际上是人与人、人与社会之间关系上的断裂。

物质变换理论作为马克思理论的组成部分，在生理学和生物学意义上是人与自然之间物质代谢的过程，在人类学和价值论上则是自然被人化和人被自然化的过程。这其中蕴含人的生存需要与发展需要、人的生存权与

---

① 《马克思恩格斯文集》第 5 卷，北京：人民出版社，2009，第 579 页。
② 《马克思恩格斯文集》第 7 卷，北京：人民出版社，2009，第 115 页。
③ 《马克思恩格斯文集》第 7 卷，北京：人民出版社，2009，第 919 页。

发展权的统一。为什么这么说呢？

第一，马克思的物质变换理论证实了人之为人的存在基础，证实了人的生存需要。"全部人类历史的第一个前提无疑是有生命的个人的存在。"① 那么，如何才能使得生命的个人得以存在呢？这就要通过劳动来进行。劳动创造了人，劳动使得人区别于动物。人是在改造自然界的劳动过程中生成为人的，用马克思的话说就是，人在改变他身外的自然时也就同时改变了他自身的自然："一当人开始生产自己的生活资料，即迈出由他们的肉体组织所决定的进一步的时候，人本身就开始把自己和动物区别开来。"② 这说明劳动内在于人的本质当中，劳动是人类存在的方式。而劳动的本质就是人与自然之间的物质变换，人与自然之间的物质变换是不以社会形式为转移的人类生存条件，从而肯定了物质变换对人类生存的意义，人与自然之间的物质变换是人之为人存在的不可或缺的方式。"劳动过程……是制造使用价值的有目的的活动，是为了人类的需要而对自然物的占有，是人和自然之间的物质变换的一般条件，是人类生活的永恒的自然条件，因此，它不以人类生活的任何形式为转移，倒不如说，它为人类生活的一切社会形式所共有。"③ 与自然之间正是通过物质变换的方式，自然界才被人化，而人也被自然化了。割裂了人与自然之间的物质变换，就会使人丧失人之为人的存在。④ 通过物质变换能够可持续地生产出人类所需要的衣、食、住、行等基本物品，这是人类生存所需，也是人类的最基本需要，所以说物质变换证实了人的生存需要。

第二，马克思的物质变换理论还证实了人的发展需要并且是合理的发展。物质变换所展现出来的自然被人化、人被自然化的过程就是人类发展的过程。物质变换理论不仅证实了人类发展的需要，更重要的是指出了这个发展一定要是合理的发展，要反对享乐式的发展。那么，什么是合理的发展呢？曹孟勤教授在《马克思物质变换思想与生态伦理重构》一文中

---

① 《马克思恩格斯文集》第1卷，北京：人民出版社，2009，第519页。
② 《马克思恩格斯文集》第1卷，北京：人民出版社，2009，第519页。
③ 《马克思恩格斯文集》第5卷，北京：人民出版社，2009，第215页。
④ 曹孟勤：《马克思物质变换思想与生态伦理重构》，《道德与文明》2009年第6期，第100页。

提出，生态伦理以人类劳动为出发点，而劳动的本质又是物质变换，因此，生态伦理存在的合法性依据应该是人与自然之间的物质变换。① 根据曹孟勤教授对"物质变换是生态伦理何以为善的根据"的论证，我们可以合理地推断出，凡是合乎物质变换的发展就是合理的发展，是善的；凡是不合乎物质变换的发展就不是合理的发展，是恶的。这主要是因为合理的发展一定是可持续的发展，是实现人与自然生态平衡的发展，而只有物质变换才能真正实现人与自然之间的生态平衡。所以，凡是合乎物质变换的发展就是合理的发展。通过物质变换，人从自然中获取了生产和生活资料，同时又使生产和生活的排泄物返回到自然，实现了人与自然之间的物质和能量的双向运动，从而实现了人与自然的生态平衡。这就是说，在物质变换当中，人既是自然的消费者，又是自然的供养者。不管是个体生命的维系、生态环境的和谐还是人与自然之间的生态平衡都将依赖于物质变换。由此可见，物质变换是通向人与自然和谐关系的一条普通的自然法则，它无论是对自然环境、对自然生命，还是对人本身都是一种真、一种善。② 因此，人类要发展并且要合理地发展，就必须坚守这一自然法则，否则就会造成人与自然之间关系的断裂，就会威胁到人类的生存。今天的环境问题、生态危机也正是现代人违背了自然生态法则所导致的恶果。事实上，马克思就已经发现了资本主义社会存在生态危机，这就是人与自然之间物质变换产生断裂的恶果。当然，马克思也指出，要修复人与自然之间物质变换的裂缝还是要遵循物质变换这一自然法则，实现资源的循环利用。马克思在《资本论》第三卷中，就专门讨论了生产排泄物的循环利用问题，提出要改善人类向自然过度索取和超量排放的情况，实现人与自然之间的物质变换。"所谓的废料，几乎在每一种产业中都起着重要的作用。"③ 所以，不要轻易地把废料"抛给"自然界，要加以循环利用。"生产排泄物，即所谓的生产废料再转化为同一个产业部门或另一个产业部门的新的

---

① 曹孟勤：《马克思物质变换思想与生态伦理重构》，《道德与文明》2009 年第 6 期，第 100 页。

② 曹孟勤：《马克思物质变换思想与生态伦理重构》，《道德与文明》2009 年第 6 期，第 100 页。

③ 《马克思恩格斯文集》第 7 卷，北京：人民出版社，2009，第 116 页。

生产要素；这是这样一个过程，通过这个过程，这种所谓的排泄物就再回到生产从而消费（生产消费或个人消费）的循环中。"① 当然，马克思进一步强调，在资本主义条件下是无法修补人与自然之间物质变换"裂缝"的，只有在共产主义社会中才能合理调节人与自然之间的物质变换关系。"这种共产主义，作为完成了的自然主义，等于人道主义，而作为完成了的人道主义，等于自然主义，它是人和自然界之间、人和人之间的矛盾的真正解决。"② 到了共产主义社会，才能真正实现自然的解放和人的解放。同时，马克思还进一步说明了发展是为了什么的问题。发展并不是为了简单的物欲满足，如果发展只是为了简单的物欲满足，那么，这就不是人，而是动物。在物质生活、生存需要得到满足之后，作为人还要有更高的精神生活追求。马克思一针见血地批判了资本主义社会的享乐主义、利己主义，指出："吃、喝、生殖等等，固然也是真正的人的机能。但是，如果加以抽象，使这些机能脱离人的其他活动领域并成为最后的和唯一的终极目的，那它们就是动物的机能。"③ 针对资本社会的消费主义、享乐式的发展，西方马克思主义者也对其进行了批判，揭示了异化消费所造成的人与自然、人与社会、人与自身关系的异化。发达国家追求享乐式的发展，只追求物欲的满足，必然导致人的异化，人变成了一架"没有思想、没有感情的机器"，人的精神世界变得异常颓废。正如弗洛姆所说："最民主、和平、繁荣的欧洲国家以及世界上最昌盛的美国，显示了最严重的精神不健全。西方世界整个社会经济发展的目的，无非在于享有物质上的舒适生活、比较平等的财富分配、稳定的民主和平，然而最接近这些目标的国家却显示出了最为严重的精神不健全。"④ 这显然不符合马克思"完整的人"的理论要求，"完整的人"一定是物质追求和精神追求相统一的人。

马克思的物质变换理论内含非常丰富的生态伦理意蕴，对于我们思考和解决气候危机问题具有重要的指导意义。经济的发展，必然带来能源的消耗和温室气体的排放，但是，只要所排放的温室气体能够被大气所容纳

---

① 《马克思恩格斯文集》第 7 卷，北京：人民出版社，2009，第 94 页。
② 《马克思恩格斯文集》第 1 卷，北京：人民出版社，2009，第 185 页。
③ 《马克思恩格斯文集》第 1 卷，北京：人民出版社，2009，第 160 页。
④ 〔美〕弗洛姆：《健全的社会》，欧阳谦译，北京：中国文联出版公司，1988，第 10 页。

和吸收，就符合物质变换的要求。如果所排放的温室气体总量超过了大气的容纳能力和吸收能力，那就打破了大气的平衡，气候问题就会出现，从而不仅影响发展，还威胁着生存，这就不符合物质变换的要求。生存权与发展权的统一，从人与自然关系来说，即从主体间的发展和整个人类发展来说，其合理性就在于实现物质变换。马克思的物质变换理论内含着对生存权与发展权相统一的合理性证明。

虽然"需要层次"理论和"物质变换"理论都论证了生存权与发展权统一的合理性，但是，它们的侧重点还是有些不同。"需要层次"理论论证了人们在生存的基础上一定会追求发展，生存权与发展权是人们最基本的需要，两者密不可分。"物质变换"理论则不仅论证了人们在生存的基础上会追求发展，并且还论证了生存的合理性和发展的合理性问题。人们不能为了生存而破坏环境，破坏了环境也必将影响到人们的生存；另外，在生存基础上所追求的发展一定要是合理的发展，否则就会出现经济发展了，而人的生存受到威胁的困境。发展是为了更好地生存，发展是为了生存得更好。所以，"需要层次"理论和"物质变换"理论从不同的角度论证了生存权与发展权相统一的合理性。

第三节　生存权与发展权统一的实现

生存与发展，是每一个国家最基本的需要和最基本的权利，涉及国家利益问题。在全球化的今天，在气候危机面前，不管是发达国家还是发展中国家都面临着国家利益的调整问题，作为主权国家追求的只能是合理化的国家利益。因此，发达国家在追求国家利益的过程中，要顾及发展中国家的生存与发展需要，必须放弃环境利己主义；发展中国家也不能片面地强调生存问题或者发展问题，必须把这两者统一起来，避免重蹈发达国家"先污染、后治理"的覆辙，实现合理的发展、科学的发展。

一　发达国家应该放弃环境利己主义

环境利己主义一直伴随着西方发达国家的现代化进程，西方发达国家在气候谈判中之所以会表现出生存权与发展权背离的状态，其主要障碍就来自环境利己主义。环境利己主义主导着发达国家气候谈判的政治主张，不利于生存权与发展权的统一。西方发达国家自工业革命以来，消耗了大量的人类共有资源，排放了大量的温室气体，造成了严重的环境污染，已经危及人类的生存与发展。然而，西方发达国家不愿对此负责，不愿承认对人类、对自然犯下的"罪行"，更有一些西方学者为他们的"罪行"开脱。

面对着日趋严重的生态危机，许多学者都在探寻其产生的原因。应该说，科技问题、消费问题、人口问题等，都是生态危机产生的原因。但是，西方学者却只突出强调人口问题才是生态危机产生的原因，至于消费问题、经济问题都是由人口问题引起的，如果没有过多的人口，这些问题就都不会出现。"正如我们所见，全球变暖、酸雨、臭氧层破坏、对流行疾病脆弱的抵抗力、土地和地下水的日益枯竭，全都与人口规模有关，显然，这些问题对于人类文明的延续产生了现实的威胁，在今后几十年，仅仅由于全球变暖造成的农作物歉收，就将导致近十亿甚至更多的人提前死亡，数亿人将成为艾滋病蔓延的牺牲品。"[1] 美国世界观察研究所所长莱斯特·布朗在《谁来养活中国——当 2030 年中国粮食问题成为世界问题的时候》一文中认为，2030 年中国人口将达到 16 亿人，比 1990 年增加4.9 亿人，平均每年增加 1400 万人。人口的增加、工业化的推进、耕地的严重流失，将使中国粮食需求产生较大的缺口。[2] 诚然，发展中国家人口庞大，对环境保护会有一定的影响，但是，也不至于像西方学者所说的那样，人口问题是造成生态危机的根源。如果按照这种思路下去，西方学者就可以"合乎逻辑"地得出：发展中国家因为人口多，所以要为全球生态危机承担责任，发达国家反而是这场危机的受害者。所以，国际社会应该为保护发达国家的利益主持公道，首先保护的应该是发达国家而不是发展中国家，这才是公平正义的。这就是西方国家颠倒是非的环境利己主

---

① 转引自李培超《伦理拓展主义的颠覆——西方环境伦理思潮研究》，长沙：湖南师范大学出版社，2004，第 180 页。

② 肖显静：《生态政治——面对环境问题的国家抉择》，大同：山西科学技术出版社，2003，第 188 页。

义思想。当然，在当代西方国家形形色色的环境利己主义思想中，最典型的应该属于美国学者凯里特·哈丁提出的"公地悲剧"理论和"救生艇理论"，尤其是"救生艇理论"。

在对"公地悲剧"的分析中，哈丁把全球的资源比作一块公有地，每个人都可以使用。如果每个人都相信自己在公有地上是自由的，都可以追求自己利益的最大化，那么，用不了多久，这块公有地就会被消耗掉。"公地悲剧"的实质就是自由主义与有限性冲突的悲剧。假如我们有用之不竭的资源，这样的悲剧就不会发生。但是，人类只有一个地球，地球上的资源是有限的。因此，"公有地"在人们追求最大利益的过程中走向灭亡，悲剧就诞生。那么，怎样才能避免这种悲剧的发生呢？哈丁提出，应该限制人们对公有资源的使用。虽然哈丁警醒人们在使用地球资源时，应该考虑由此带来的后果，这具有积极的意义，但是如果我们继续追问下去：应该限制谁对公有资源的使用呢？这个时候，其环境利己主义思想就暴露无遗了。因为，西方发达国家已经优先使用了大量的公有资源，经济也发展了，成了富裕的国家。广大发展中国家却处于贫穷落后的状态，需要发展经济，需要利用自然资源。哈丁所提出的限制使用自然资源，主要是针对发展中国家来说的，其目的是限制发展中国家对自然资源的使用，这就等于限制了发展中国家的发展。所以，哈丁的"公地悲剧"理论，其背后隐藏的是对发展中国家发展的限制，这是善良的人们应该警惕的。如果说我们一时还难以从哈丁的"公地悲剧"理论中看出西方国家环境利己主义的实质，那么，其"救生艇理论"所蕴含的环境利己主义就一览无遗了。

哈丁把地球比作救生艇，当"公地悲剧"发生以后，人们必然会坐上救生艇，寻找新的出路。此时的救生艇有两类：一类是富人乘坐的发达国家救生艇，另一类是穷人乘坐的发展中国家救生艇。由于世界人口的1/3 生活在发达国家，2/3 生活在发展中国家。此时发达国家与发展中国家所面临的境遇就完全不一样：发达国家由于人口较少，救生艇足够容纳其所有的成员；而发展中国家由于人口较多，救生艇的承载能力又有限，则出现了许多落水者。落水者纷纷游向发达国家的救生艇寻求帮助，希望能够搭上他们的救生艇逃生。那么，处于发达国家救生艇上的人会作出怎样的选择呢？哈丁考察了四种解决方案。

第一种解决方案是按照人道主义的要求，让所有的落水者都上船。因为人人平等并且都有生存权。但是，随之而来的问题也出现了，救生艇会因为超载而沉没，所有的人都将面临生命的危险，逃生不了："彻底的正义带来彻底的灾难。"

第二种解决方案是让一部分人上船，这个方案貌似合理，因为毕竟能够挽救一部分人的生命。但是，让谁上船呢？是让最好的人上船还是让最需要的人上船呢？这就成了一个难题："部分的正义却伴随着歧视。"

第三种解决方案是出于无私的利他主义，自己下船，而让落水者上船。这样，道德高尚者面临的是死亡，生存下来的人却都是利己的小人。在救生艇状态下，利他行为的选择带来的却是死亡，这显然是一种最糟糕的选择。

第四种解决方案是保护发达国家救生艇上乘客的利益，不考虑落水者的安危，其结果肯定是落水者全部面临生命危险。尽管这种选择违背了正义、极端残酷，但是，在"有限""稀少"的情况下，毕竟这种选择还能够保护好救生艇上富人的生命安全："彻底的冷漠就是彻底的正义。"这就是哈丁所倡导的正义观。[①]

哈丁公然宣称，为了避免发达国家救生艇上的富人的生存出现问题，发达国家必须对发展中国家"采取某种强制的行动"。这种强制行动，就是发达国家要拒绝来自发展中国家的移民，要停止对发展中国家进行人道主义援助。因为，来自发展中国家的移民会给发达国家带来灾难，对发展中国家的援助会使其人口大增，最终不仅发展中国家脱离不了贫困，而且还会连累发达国家以及整个人类的生存与发展。所以，不公正比全面毁灭更为可取。这就是西方典型的环境利己主义。哈丁作为西方发达国家环境既得利益的代言人，为了维护其既得利益，污蔑发展中国家是生态危机的根源，任意地剥夺发展中国家的生存权

---

① 韩立新：《环境价值论——环境伦理：一场真正的道德革命》，昆明：云南人民出版社，2005，第 161~162 页。

与发展权，不顾发展中国家的生存与发展需要，这就是环境利己主义的体现。

哈丁的"救生艇理论"完全建立在错误的认识基础之上，他把环境问题的根源归结为人口过剩，把生态危机的责任推向发展中国家，这是不公正的。这是因为，第一，从历史依据上看，发达国家才是造成今天发展中国家贫困落后的罪魁祸首。那些贫困落后的发展中国家几乎都遭受到发达国家的殖民侵略，即使现在，发达国家还通过不平等的国际贸易，疯狂地掠夺发展中国家的资源。第二，从资源消耗情况来看，占世界人口20%的发达国家，却消耗了80%的地球资源。哈丁只看到了发展中国家的人口问题对世界造成的负面影响，却没有看到正是发达国家不可持续的生产和生活方式才导致了世界资源的枯竭和环境的破坏。第三，从现实情况来看，发展中国家的人们之所以会出现落水者，主要是全球资源分配不公所造成的。正是因为发达国家占据了大量的资源，以奢侈的消费方式消耗掉了大量的资源，才导致了发展中国家出现落水的现象。① 发达国家的发展是以牺牲发展中国家的生态环境和经济发展为代价的，这就是全球资源占有的不公、分配的不公，而并不是哈丁所描述的"救生艇"情况。因此，正如一些学者指出："哈丁探索的是牺牲'穷国'（发展中国家）的人民，让'富国'（发达国家）的人们，说得更清楚一点儿是让美国的国民怎样生存下去的问题，但是，这种'救生艇伦理'……由于根本没有考虑到发展中国家人民的生存权利以及将来人类后代的生存权利，所以是'反人类的'理论。"② 尽管如此，西方发达国家这种环境利己主义思想一直没有间断过。面对着由西方国家大量排放温室气体所造成的全球气候变暖，西方国家不是勇敢地承担起这个责任，而是百般推脱。比如，在发展中国家要求美国等发达国家承担减排的责任时，以波斯纳（Posner）为主导的法律经济学派却极力反驳，他们从成本与收益的关系入手，认为美国并不是温室气体减排的受益者，那些发展中国家才是受益者，所以，发展

---

① 韩立新：《环境价值论——环境伦理：一场真正的道德革命》，昆明：云南人民出版社，2005，第164～165页。
② 〔日〕岩佐茂：《环境的思想：环境保护与马克思主义的结合处》，韩立新等译，北京：中央编译出版社，1997，第106页。

中国家还应该向美国支付"边际成本"。如果要让美国承担特殊的减排责任，这是对罗尔斯"分配正义"与"矫正正义"的违背。① 波斯纳之所以会得出这种"反人类"的结论，从表面上看是从美国国内成本与收益分析的结果来判断的，实质上是环境利己主义的体现。

值得注意的是，西方国家不仅在意识形态领域宣传环境利己主义，而且在实践当中也是这样做的。长期以来，发达国家为了追求利润的最大化，凭借其强大的经济技术优势在全球范围内疯狂地掠夺自然资源，转移高污染产业、输出有毒废弃物，加剧了发展中国家的生态恶化和经济贫困。正如威廉·格雷德所说："发达资本主义国家靠疯狂掠夺资源的'错误'使欧美国家富裕起来，'文明'起来。"② 我国学者王正平教授在《发展中国家环境权利和义务的伦理辩护》一文中也鲜明地指出，有些西方学者，或者赤裸裸地站在西方发达国家既得利益的立场上，鼓吹为了维护"富国"的现有生活方式，不惜牺牲"穷国"的生存权利；或者以"全球问题""环境共有"为名，粗暴地干涉发展中国家按照本国的环境与发展政策开发利用本国自然资源的权利，反对发展中国家加快发展本国的经济和技术；或者以人类环境文明的"救世主"自居，不顾发达国家与发展中国家社会经济文化的巨大差距，把自己的环境道德标准和行为方式强加给发展中国家，压制发展中国家人们环境道德进步的历史主动性。这些西方环境利己主义的道德观念，严重地损害了发展中国家的生存与发展。③

由此可见，西方环境利己主义使得发达国家不顾及发展中国家的生存与发展需要，导致了生存权与发展权的背离。发达国家在环境问题上不仅无权对发展中国家指手画脚，而且必须放弃长期以来推行的环境利己主义。当然，西方国家肯定不甘愿主动放弃，发展中国家必须对此保持长期的警惕，警惕西方发达国家的环境利己主义。

---

① 参见王建廷《气候正义的僵局与出路——基于法哲学与经济学的跨学科考察》，《当代亚太》2011 年第 3 期，第 81~83 页。

② 〔美〕威廉·格雷德：《资本主义全球化的疯狂逻辑》，张定淮等译，北京：社会科学文献出版社，2003，第 567 页。

③ 王正平：《发展中国家环境权利和义务的伦理辩护》，《哲学研究》1995 年第 6 期，第 37 页。

二　发展中国家应该避免"先污染、后治理"

发展中国家除了要警惕西方发达国家的环境利己主义之外，还要解决另外一个问题，那就是发展问题。发展是生存的延续，经济不发展、社会不进步，生存就将面临危险，发展是为了更好地生存下去。但是，如何发展？采取什么样的方式发展？走什么样的发展道路呢？是延续发达国家"先污染、后治理"的发展模式，还是另辟蹊径，把发展经济和保护环境协调起来？如果说发达国家的现代化之路不是可持续的发展之路，那么，迫切需要发展的发展中国家又将选择怎样的发展道路呢？这是发展中国家在谋求生存与发展的过程中必须作出正确选择的重大问题。

当前，贫困是发展中国家迫切需要解决的问题，贫困就是发展的不足，贫困是发展中国家最大的敌人。因此，发展中国家迫切需要发展经济、摆脱贫困。这样，一些发展中国家很自然地把发展经济放在优先的位置，坚持"先发展经济、后保护环境"的战略。这一点也得到了很多人的赞同，他们赞同的理由大致可以归纳为两个方面：一是根据环境库兹涅茨曲线，经济发展伴随的是环境破坏，在经济发展的初期，都会出现环境破坏、生态恶化的情况。只有当经济发展到一定阶段，也就是到达了那个拐点以后，环境才会慢慢变好。西方国家的发展经历也印证了这个道理。所以，发展中国家的首要任务就是发展经济，以经济的发展带动环境的保护。二是发展经济、消除贫困是发展中国家的首要任务，保护环境必将阻碍经济的发展。因此，对于以摆脱贫困为主要任务的发展中国家来说，应该优先发展经济，后保护环境。人类社会的发展历史似乎也说明了人类生存发展与保护环境之间的"悖论"：人类要生存、要发展，就必然破坏自然、消费自然，就必然对人类赖以生存的环境造成破坏；而要保护人类原有的生态环境，人类就不能消费自然、利用自然。也就是说，生存发展与保护环境似乎难以做到和谐统一。

情况果真如此吗？发展中国家就一定要因循守旧地延续发达国家所走过的"先污染、后治理"的老路吗？事实上，历史和现实都说明了发展中国家再也不能走"先污染、后治理"的发展道路，发展中国家应该走的是经济发展和环境保护相协调的道路，应该走的是可持续发展道路。这是发展中国家在谋求发展的过程中必须要做到的，并且是可以做到的。

首先，西方国家"先污染、后治理"的发展模式已经造成了巨大的危害。自工业革命以来，发达国家在迅速推进工业化、城市化的过程中，在创造巨大物质财富的同时，也付出了沉重的环境代价。两百多年的工业革命依靠的是大规模消耗资源，发展的是以高投入、高消耗和大规模消费为特征的"物质经济"，这种"物质经济"是建立在对自然资源的疯狂掠夺的基础之上，是对自然资源的透支使用。占世界人口不到 15% 的经济发达国家，是靠消耗全球已探明能源的 60% 和其他矿产资源的 50% 来实现工业化和现代化的。20 世纪创造的物质财富是历史上创造的所有财富之和，但与此同时，在整个 20 世纪，人类消耗了 1420 亿吨石油、2650 亿吨煤、380 亿吨铁、7.6 亿吨铝、4.8 亿吨铜。[1] 这种以牺牲环境为代价的发展方式，最终导致资源急剧减少，生态环境日益恶化，人与自然关系紧张。从 20 世纪开始，环境问题逐渐由区域性、局部性走向全球性、整体性，在欧洲和日本都发生了震惊世界的环境公害。蕾切尔·卡逊在其著作《寂静的春天》中，列举了工业革命以来所发生的重大公害事件，阐述了化肥、农药、杀虫剂等对生态环境的破坏，并明确地指出，如果生态恶化的情况得不到遏制，人类将有可能毁于自己创造的科技成就之中。难怪有学者惊呼 20 世纪是"全球环境破坏的世纪"。[2] 然而，这种生态危机在 21 世纪也没有出现根本性的好转，特别是全球气候变暖的问题更加突出，气候危机已经威胁着人类的生存与发展。这都是西方发达国家在两百多年的工业革命过程中走过的"先污染、后治理"发展道路所累积下来的恶果。事实上，早在几百年前，马克思恩格斯就已经看到了西方工业革命所导致的环境污染、生态破坏，只不过那个时候还没有现在这么严重。现在发展中国家还能够去重蹈这个覆辙吗？显然是不可以的，也是不应该的。

---

[1] 庄贵阳、朱仙丽、赵行姝：《全球环境与气候治理》，杭州：浙江人民出版社，2009，第 11 页。

[2] 〔日〕岩佐茂：《环境的思想：环境保护与马克思主义的结合处》，韩立新等译，北京：中央编译出版社，1997，第 1 页。

其次，资源短缺和生态危机的现时代不允许发展中国家重蹈发达国家"先污染、后治理"的覆辙。现在发展中国家在发展过程中所面临的时代跟以前完全不一样，发达国家"先污染"的时代已经一去不复返了。西方国家在"先污染"时代，在早期的工业化过程中，可以大肆征服自然，也可以轻易地从发展中国家掠取大量的自然资源，可以不顾后果地实行高投入、高能耗、高污染生产方式。但是，现在这种宽松的外部环境已经不存在，地球上的资源已经变得非常有限，环境也遭到了严重破坏。地球的有限资源和日益恶化的世界环境难以承受高污染、高耗能、低效益生产方式的持续扩张。据美国矿产局统计，按 1990 年的生产速度，世界黄金储备只够用 24 年，钢为 65 年，铝为 35 年，石油探明储量只可供开采 44 年，天然气为 63 年。① 人类只有一个地球，受地球资源有限性的影响，地球不可能承受得了世界上 70 亿人口都按照西方"中产阶级"的标准而生活。如果以现在美国的人均生态承载力计算，地球上只能养活 14 亿人口。所以，如果发展中国家再去走"先污染、后治理"的发展道路，必将付出惨重的代价。事实上，这种惨重的代价已经出现了。比如，在我国，由环境问题引发的群体事件已经成为危害社会稳定的重要因素之一。近年来我国环境污染引发的群体事件以年均 29% 的速度递增，对抗程度总体上明显高于其他群体性事件。2009 年前 3 季度，全国爆发了几起引起广泛关注的环保事件。据环保部门分析，在 21 世纪以来发生的全国 10 大环保事件中，发生在 2009 年的竟有 6 起之多。此外，2009 年发生的群体性事件还呈现另外一个重要特征，即越来越多地以"集体散步""集体购物""集体喝茶""集体休息"等形式来表示抗议和反映诉求。② 更何况，发达国家对发展中国家转嫁污染，进一步加剧了发展中国家生态环境的恶化。发展中国家脆弱的生态环境根本支撑不了这种粗放式的发展方式。

最后，发展中国家可以跳出"先污染、后治理"的怪圈，走可持续

---

① 曾建平、顾萍：《环境公正：和谐社会的基本前提》，《伦理学研究》2007 年第 2 期，第 63 页。

② 刘好光：《当前我国社会中需要关注和解决的问题》，《中国教育报》2010 年 1 月 11 日，第 4 版。

的发展道路。根据环境库兹涅茨曲线，似乎经济发展与环境破坏之间存在一定的关联，似乎环境库兹涅茨曲线就是环境污染的普遍规律，"先污染、后治理"似乎是经济发展过程中不可改变的规律。情况果真如此吗？显然不是的。因为环境库兹涅茨曲线的成立是建立在两个假设之上：一是各国的经济模式基本相同，二是环境改善只受经济的影响。在现实中，这两个假设都有很大的缺陷：一是在多元化时代的今天，每个国家的经济发展模式存在巨大的差距，不要说发达国家与发展中国家之间，就是发展中国家相互之间的经济发展模式也大不一样；二是环境的改善不仅仅只受经济的影响，还与一个国家的社会制度、科技发展水平、公众环保意识和受教育程度等有关，这是一个非常复杂的问题。所以，环境库兹涅茨曲线并不能反映出任何一个国家的经济发展与环境保护之间的关系。比如，我国学者通过对 81 个城市 1995~1997 年的情况的分析，得出二氧化硫和人均降尘量与人均收入的关系符合环境库兹涅茨曲线假说，但是二氧化氮密度则与人均收入呈正"U"形曲线；还有学者研究了 1981~2001 年的 6 种环境污染指标，认为没有证据表明中国的经济发展与环境之间有显著的环境库兹涅茨曲线关系。因此，从一些国家的情况来看，环境污染与经济增长的关系也不是单一的关系。[①] 所以，发展中国家在发展经济的过程中不能受制于环境库兹涅茨曲线假说，完全可以走出一条经济发展与环境保护相协调的发展道路。

事实上，保护环境与发展经济也并不矛盾。那些认为保护环境必将影响经济发展、增加了环保投入就必将减少经济发展投入的观点没有考虑自然资源的价值性，也没有考虑环境污染的代价。如果我们把自然资源的价值考虑在内，把因为环境污染所付出的代价考虑在内，就会很清楚地发现保护环境与发展经济是不矛盾的。我国学者余谋昌很早就指出自然资源的价值性问题，认为自然资源是有价值的。自工业革命以来，人类疯狂地掠夺自然资源，就是忽视了自然资源的价值性，把自然资源视为可以任意宰割的对象。当人类忽视自然资源的价值、大量消耗自然资源时，环境遭到

---

① 曲格平：《从"环境库兹涅茨曲线"说起》，《中国环境管理干部学院学报》2006 年第 4 期，第 2 页。

破坏，就必将为此付出巨大的代价。据统计，我国过去 20 年间，因环境污染和生态退化造成的损失占国内生产总值的 7% ~ 20%。不仅如此，如果要把被污染的环境治理好，其付出的代价将会远远高于当初从中所得到的利益。国外经验证明，要经过 10 ~ 20 年，才能治理好受污染的湖泊，日本的琵琶湖经过 25 年的治理，投资近 185 亿美元，才基本控制水质恶化的趋势。所以，环境污染付出的代价是非常高的。如果在发展经济的过程中，能够兼顾保护环境，就可以减少经济损失，这在一定程度上也就可以促进经济的发展。所以，保护环境并不是限制经济发展的因素，在某种程度上还可以促进经济的发展。另外，贫困并不是环境退化的根本原因，也不是说摆脱贫困就一定会破坏环境。贫困表示的只是一种生活状态，其自身并不必然导致环境破坏。研究表明，那些贫穷的、与世隔绝的乡村社会也能持久地利用和管理好自然资源。因此，要区分摆脱贫困与摆脱贫困方式之间的差别。摆脱贫困并不必然导致环境退化（否则就会得出为了保护环境就没有必要脱贫致富的结论），关键是要看采取什么方式来摆脱贫困。只有那些粗放式、以消耗大量的资源为依托的摆脱贫困方式才会导致环境的退化。所以，消除贫困、发展经济与环境退化之间没有必然的联系。发展中国家完全可以摆脱环境库兹涅茨曲线假说的束缚，走可持续发展的道路，这也是发展中国家应该走的发展道路，必须走的发展道路。

历史与现实都已经说明，发达国家所走过的发展道路是不可持续的，它们的生产生活方式是对自然资源的严重掠夺，破坏了环境，污染了空气，是一种病态的发展道路。它们的发展是以牺牲他国和后代的生存权、发展权为代价而换来的。发展中国家如果再去重蹈它们的覆辙，也许可以暂时性地解决贫困问题，但是，从根本上损害了生存和发展的根基。所以，发展中国家要避免重蹈发达国家"先污染、后治理"的覆辙。以牺牲生态环境为代价的发展终究是不可持续的，是会遭到自然报复的，因而是不可取的。

三　主权国家应该调整国家利益

不管是发达国家应该放弃环境利己主义，还是发展中国家应该避免"先污染、后治理"，涉及的都是国家利益问题。如何追求和实现国家利益，将直接关系生存权与发展权的统一。在全球性的气候问题面前，为了实现生存权与发展权的统一，不管是发达国家还是发展中国家都必须跳出狭隘的国家利益，调整好国家利益。

在国际关系当中，国家利益是一个主权国家的最高利益，是主权国家对外行动的指南和准则。只要国家存在，国家利益就不会消失。正如摩根索所说，只要世界在政治上还是由国家所构成的，那么，国际政治中实际上最后的语言就是国家利益。因此，追求和实现国家利益就成为国际政治斗争的根本动因。可以这么说，一部国际关系的历史就是一部人类谋求国家利益的历史。那么，何谓国家利益？关于国家利益的概念，众说纷纭。从中外学者对国家利益下的定义中可以得知，国家利益应该是指主权国家在对外关系中，所追求的"好处"，这种"好处"体现了国家的某种需求和欲求，这种需求和欲求也是主权国家生存与发展所必需的。正如王逸舟教授所说："一般地讲，国家利益是指民族国家追求的主要好处、权利或收益点，反映这个国家全体国民及各种利益集团的需求与兴趣。"[①] 阎学通教授也指出，国家利益就是一切满足民族国家全体人民物质与精神需要的东西，这种东西在物质上体现为国家需要安全与发展，在精神上体现为国家需要国际社会的尊重与承认。[②] 可见，以"好处"或"需求与欲求"来定义国家利益，反映了国家生存与发展所必需的基本条件。

那么，在全球化时代、在全球性的气候危机面前，主权国家如何去定位国家利益呢？如何去追求和实现国家利益呢？

长期以来，追求和实现国家利益是主权国家的首要目标。在经济全球化时代，主权国家对国家利益的争夺将更加激烈。以美国为首的西方发达国家为了实现自身的国家利益，全然不顾发展中国家的利益需求，也不考虑地球的生态承受能力，疯狂地掠夺全球资源，并转嫁环境污染，造成了日趋严峻的生态危机。由于西方发达国家不愿放弃既得的利益，并且企图通过经济全球化获得更大、更多的利益，这样，就必然会把本国利益置于他国利益、全球利益和地球生态安全之上。这样就不难理解，为什么美国

---

① 王逸舟：《国家利益再思考》，《中国社会科学》2002 年第 2 期，第 161 页。
② 阎学通：《中国国家利益分析》，天津：天津人民出版社，1997，第 10～11 页。

会退出《京都议定书》，为什么西方发达国家会百般推卸气候责任，为什么西方发达国家不愿落实对发展中国家的资金援助和技术支持。其实，这都是受到狭隘的国家利益观的影响，暴露了其国家利己主义的本性。对于广大发展中国家来说，迫于发展经济、消除贫困的压力，又没有经济实力和技术能力去保护环境、解决环境问题，从而不得不以牺牲环境为代价去换取经济的短暂发展，重蹈了发达国家"先污染、后治理"的覆辙，使本国的生态环境更加恶化。总之，在谋求发展的过程中，不管是发达国家还是发展中国家都只局限于本国的利益，而没有去考虑全人类的利益和地球的生态安全问题，国家利益至上、民族利益至上的准则成为阻碍气候问题解决的一堵最坚硬的墙。也正是因为如此，各主权国家为了本国的利益，加速争夺资源，大量排放温室气体，导致了日益严重的生态危机。由此，陷入了生存与发展的悖论：经济发展了，人类的生存却陷入了困境，生存与发展处于背离的状态。

纵观世界各主权国家的发展历程，发达国家凭借其经济技术的优势和不合理的国际政治经济关系，掠夺了大量的资源，转嫁了污染，在加剧发展中国家环境恶化的同时保护了本国的环境。但是，我们必须明确，不管是发达国家还是发展中国家都共处于一个地球之上。地球生态环境的破坏，不仅对发展中国家的生存与发展造成了威胁，也对发达国家的生存与发展造成了威胁。全球的生态危机不仅是发展中国家的生态危机，也是发达国家的生态危机。特别是生态危机中的气候危机则更具有全球性的特点。所以，面对着全球性的气候灾难，主权国家都应该调整国家利益，合理化地追求国家利益、追求合理化的国家利益。合理化地追求国家利益也就是要正确处理好国家利益与全球利益的关系，而追求合理化的国家利益也就是要将维护国家利益与解决气候问题结合起来。

第一，正确处理好国家利益与全球利益的关系，应该在全球利益的观照下实现国家利益。在国际社会中，主权国家是国际行为的主体，追求和实现国家利益是其最高的原则。任何主权国家维护国家利益都是不可回避的正当选择。但是，在全球化的今天，人类共同利益、全球利益不断增多，主权国家在实现国家利益的过程中，必然会面临全球利益的考量，如何既维护国家利益又不损害全球利益就成为十分重要的问题。现在国家利益的实现已经不再单纯由一国国内的情况所决定，而是越来越多地受到了许多外部因素的影响；国家利益的内容也不再只局限于一国之内，而是延伸到一国的外部。因此，国家利益与全球利益之间存在越来越紧密的关系。全球利益是全人类生存与发展的利益，它在一定程度上超越了国家利益和民族利益，但是，并不是说全球利益就是与国家利益相冲突的。事实上，全球利益是国家利益的重要组成部分。主权国家在实现国家利益的时候，应该考虑全球利益的实现问题，不能忽视全球利益的存在。因为在全球利益得以实现的同时，也会给国家利益带来益处，国家利益的实现离不开全球利益。但是，如果主权国家过分强调国家利益，忽视了全球利益，那么该国的国家利益迟早也会受到危害。所以，在应对气候变化的过程中，如果主权国家从本国利益出发，不承担温室气体减排的责任，这当然可以实现本国利益的最大化，但是如果世界上所有的主权国家都这么做，当温室气体的排放超过了地球承受能力时，主权国家不仅实现不了本国利益，而且还会遭受到气候危机的加倍惩罚，人类将面临巨大的灾难。所以，主权国家在谋求发展的过程中，必须对国家利益作出调整，不能只顾本国利益的实现，还必须顾及他国的利益和全人类的利益。因此，在气候危机面前，主权国家应该确立正确的国家利益观，在保证本国生存与发展的基础上，以不损害全球利益为前提，在尊重他国合理利益的同时，在全球利益的关照下追求和实现本国的国家利益，形成国家利益与全球利益的良性循环。

第二，将维护国家利益与解决气候问题结合起来。国家利益内含非常丰富的内容，从国家利益内容的构成来看，国家利益是经济利益、政治利益、文化利益、安全利益等的统一体。毋庸置疑，经济利益是国家存在的前提和基础。正如马克思所说："任何一个民族，如果停止劳动，不用说一年，就是几个星期，也要灭亡，这是每一个小孩子都知道的。"[①] 但是，对于一个主权国家来说，这些众多的国家利益并不是处于同等重要的位置，有些国家利益可能是国家最核心的利益、生死攸关的利益，关系主权国家的生死存亡；而有些国家利益可能并不是很重要，是次要的利益。一般认为，在国家诸多利益中首要的是生存利益，即与国家危亡直接相关的

①　《马克思恩格斯文集》第10卷，北京：人民出版社，2009，第289页。

利益；其次是关键利益，关键利益处理不好将会影响到生存利益；再次是重要利益，是指关乎发展而不关乎生存的利益；最后是边缘利益。① 由于各项国家利益的重要性和紧迫性不同，并且这种重要性和紧迫性也是处于不断地变化之中，主权国家要善于根据其重要性大小来抉择国家利益。在当前的气候危机面前，生态安全利益应该是各主权国家最核心的利益，它关系主权国家的生存与发展。所以，解决气候危机是当前全人类最关心的问题，也是利益之所在。气候问题是全球性的问题，主权国家在追求国家利益时，应考虑的是国家利益的"相对收益"，而不是一味地强调国家利益的"绝对收益"。如果过分强调国家利益的"绝对收益"，就必将忽视他国在这一问题上的利益，从而陷入"零和博弈"的状态。这样，不仅解决不了气候问题，从而损害他国和全球的利益，而且其自身的国家利益也必将受到损害。因此，在气候谈判当中，各主权国家在维护和实现国家利益时，应把握一定的"度"，应尊重和保证他国利益也得能到合理实现或至少不受到不应有的损害，对一些次要利益进行合理的让渡，这样就能避免气候冲突，也有利于气候问题的解决。

总之，在解决气候问题上，我们既反对以维护本国利益为名损害他国利益的行径，也反对假借维护全球利益之名谋求本国利益的行径。这就要求发达国家与发展中国家必须对国家利益作出调整。对于发达国家来说，应该适度消费，甚至改变生活方式，让出某些利益帮助发展中国家解决生存与发展问题，彻底放弃环境利己主义；对于发展中国家来说，应该转变经济发展方式，走可持续发展的道路，不要走"先污染、后治理"的老路。只有这样，才能实现生存权与发展权的统一。尽管这一过程很艰难，但是主权国家必须为此而努力。

生存是基础，没有生存，其他一切都无从谈起；而发展是生存的延续，没有发展，生存就会成为一种奢望。当然，没有可持续的发展，就不会有可持续的生存。所以，生存权与发展权的统一是任何一个国家存在的根本，国际社会的气候谈判应该在这一问题上达成伦理共识。

---

① 转引自蔡拓、唐静《全球化时代国家利益的定位与维护》，《南开学报》2001 年第 5 期，第 13 页。

第八章　中国气候伦理战略选择

随着中国经济的快速发展和世界影响力的不断增强，中国为解决全球气候变化问题作出了自己应有的贡献，但是国际社会却期待中国能够承担更多的气候责任，这种期待不仅来自发达国家还来自发展中国家。因此，当前对于仍属于发展中国家的中国来说，在伦理共识的基础上，选择何种气候伦理战略来应对国际社会的期待，就成为一项十分紧迫的任务。

第一节　中国气候伦理战略选择何以必要

人类的生存环境在工业化的摧残之下已经变得越来越脆弱，尤其是全球气候变化令人类正面临世界"末日"的挑战，没有哪一个环境问题能像气候变化问题这样引起世界各国的关注。抑制全球气候变化，对于中国这么一个发展中的大国而言，无疑需要一个自身定位准确、妥善处理好本国利益和全球利益的气候伦理战略。

一　国际气候谈判压力所迫

国际社会的气候谈判一路走来，尽管中国政府为解决气候问题作出了最大的努力，却不为西方国家所理解，中国面临着巨大的国际压力，特别是哥本哈根会议之后，这种压力更是明显增加：既有来自发达国家的挤压也有来自发展中国家的排斥。

在"后京都时代"，将发展中国家特别是新兴大国纳入温室气体量化减排框架已经成为每次气候大会争论的焦点，而中国则越来越处于这种争论的中心。"欧盟拉我""日本套我""美国将我作为挡箭牌"，中国遭受发达国家的挤压越来越大。现在国际社会上流行着这样一种观点："要实现气候变化公约'把大气中温室气体的浓度稳定在防止气候系统受到危险的人为干扰的水平上'的目标，要以中国等新兴大国实施大量减排为先决条件。"① 在气候谈判中，发达国家之所以要求发展中国家承担减排责任，炮制了三个理由：一是稳定大气中温室气体浓度、遏制全球变暖是国际社会共同的责任，发展中国家作为国际社会中的一员，不能置身其外；二是如果只是发达国家履行减排责任，而发展中国家不采取行动，则全球减排的效果就会大打折扣；三是一些发展中国家在经济快速发展过程中，还在大量地排放温室气体，如果任由这些发展中国家任意排放温室气体，不仅发达国家的减排起不到作用，还会严重影响发达国家的发展。事实上，这是发达国家混淆了历史排放和现实排放、混淆了奢侈排放和生活性排放，是发达国家逃避历史责任和减排责任的借口。在前一阶段，由于美国在温室气体减排上的不作为，又游离在《京都议定书》之外，并拒绝在解决气候问题方面作出任何承诺，美国一度成为解决气候问题的"拖后腿者"，从而成为国际社会的众矢之的，中国等发展中国家所面临的压力相对较少。但是，现在美国积极参与气候谈判，主动出击，在为金融危机寻求出路的同时，力图从欧盟手中夺回气候谈判的主导权，实现美国在气候问题上的霸主地位。奥巴马就曾多次公开表示，美国将再次积极投入气候谈判，美国将在气候变化问题上发挥领导作用，将有助于把世界带入一个有关气候变化全球合作的新时代。②

美国一改过去在应对气候变化问题上的不作为，以积极主动的姿态参与到全球气候问题的解决中来，美国这种日益主动的态度给中国造成了越来越大的压力。西方发达国家一方面诬陷发展中国家是"气候变化的罪魁祸首"，鼓吹"中国环境威胁论"，并趁机向中国施压；另一方面又高调赞扬中国经济发展所取得的成绩，并趁机向中国提出更高的减排要求。欧盟委员会主席巴罗佐就宣称："发达国家和发展中国家都必须制定强制的减排指标，只有当其他国家一起行动时，欧盟才愿意将中期减排目标提

① 杨洁勉：《世界气候外交和中国的应对》，北京：时事出版社，2009，第265页。
② John M. Broder, "In Obama's Team, Two Camps on Climate Change", *The New York Times*, January 2, 2009.

高到30％。"① 美国更是在气候问题上"绑架"中国，将中国作为其在气候问题上不作为的借口。在哥本哈根会议上，美国又刻意凸显中国"污染排放"大国的地位，炮制"中美共治"的假象，坚持把美国的减排和中国挂钩，要求中国提高减排标准和透明度，并把哥本哈根会议未获全胜归罪于中国。美国在气候问题上不断地"绑架"中国，迫使中国在经济发展尚不强大时过早地承担责任，其实质就是要遏制中国的发展。随着中国经济的不断发展，中国在气候谈判中面临来自发达国家的挤压只会越来越大，因为制约发展中国家尤其是新兴大国的发展是西方发达国家共同的目标。

在国际社会的气候谈判中，中国不仅要面临来自发达国家的挤压，还要面临来自发展中国家的排斥。自从《联合国气候变化框架公约》谈判开始，中国一直以"77国集团＋中国"的模式参与到气候谈判中来，这一模式有效地促进了发展中国家的团结，维护了发展中国家的利益。然而，发展中国家集团由于经济发展水平不一，随着国际气候谈判的不断深入，各方对气候利益的诉求也不一，发展中国家日益分裂为三个层次：一是具有地区或全球政治经济地位的新兴经济体（包括"基础四国"）；二是严重依赖石油出口的石油输出国组织成员；三是排放总量和人均排放极低，但受气候变化不利影响最大的小岛屿国家联盟和最不发达国家。发展中国家集团内部的分化，使得中国与部分发展中国家之间出现了矛盾和分歧，主要体现为：第一，在全球温室气体限控目标方面，中国接受了欧盟所提出的地球升温控制在2℃和450ppm的限排目标要求。而小岛屿国家和最不发达国家由于受气候变化影响最严重，提出了地球升温控制在1.5℃和350ppm的限排目标。第二，在国际气候谈判基础框架方面，以中国为代表的发展中大国认为《京都议定书》和"巴厘岛路线图"是必须坚持的气候协议。而小岛屿国家和最不发达国家则从自身利益出发要求修改《联合国气候变化框架公约》的目标设定，加大国际社会的减排力度，其结果是对国际气候谈判的基础框架构成了挑战。第三，在国际气候

---

① 转引自叶三梅《从哥本哈根会议看西方大国的"气候霸权主义"》，《当代世界与社会主义》2010年第3期，第96页。

资金和技术援助方面，中国侧重于技术转让，小岛屿国家更关心适应和减缓，最不发达国家和非洲国家偏向于资金援助，石油输出国组织成员则担心减缓过程会削弱石油需求。[1] 随着小岛屿国家和最不发达国家受气候变化不利影响越来越大，它们与其他发展中国家在应对气候变化问题上的分歧也越来越明显，"基础四国"的出现上加剧了发展中国家的分歧。在哥本哈根会议上，"基础四国"与美国在小范围内达成的《哥本哈根协议》，在一定程度上加剧了其他发展中国家对中国、印度、巴西和南非"基础四国"的不信任，加深了发展中国家之间的矛盾和分歧。发展中国家集团的主席、苏丹大使就召集媒体宣布大部分发展中国家将不会接受这份强加的"协议"，因为里面没有对最不发达国家的关注。这一协议也遭到了玻利维亚、厄瓜多尔等国的坚决反对，认为这个协议是《联合国气候变化框架公约》以外的协议，不能作为未来谈判或执行的任何基础。小岛国联盟和非洲国家更是以维护自身权益为由数次退出会场表示抗议。美国利用小岛屿国家和最不发达国家在适应气候变化上的迫切需求，分化和利诱这些发展中国家，把小岛屿国家的不满情绪引向中国。在哥本哈根会议上，小岛屿国家、拉美国家、非洲国家坚持 1.5℃~2℃ 的全球气温上升极限，坚持资金和技术援助，甚至对中国的减排目标和气候外交提出了不同意见。一些发展中国家就认为，发展中大国现在的减排承诺会导致到 2100 年全球平均气温在前工业社会基准上升高 3℃ 以上，这样的承诺不足以将地球升温控制在 2℃ 之内，更不用说控制在 1.5℃ 之内了，因此，新兴经济体国家必须审查自己的行为，作出新的减排承诺。[2]

这些分歧和矛盾的出现，导致越来越多的发展中国家排斥中国，认为中国已经不是发展中国家了，指责中国应该承担更多的责任。随着全球气候变化造成的危害越来越大、中国经济实力的增强，再加上发达国家"胡萝卜加大棒"的"分而治之"的策略，发展中国家内部还会产生更多的矛盾和分歧，中国也将陷入发达国家和发展中国家的两面夹击的困境中。

---

[1] 马建英：《国际气候制度在中国的内化》，《世界经济与政治》2011 年第 6 期，第 107 页。

[2] 于宏源：《哥本哈根谈判进程和中美碳外交的发展》，《当代亚太》2010 年第 3 期，第 102 页。

二　国内生态文明建设所需

当然，中国气候伦理战略选择不仅面临来自国际社会的压力，还要考虑来自国内科学发展的要求、生态文明建设的需要。虽然经过了三十多年的改革开放，中国经济获得了飞速的发展，经济实力不断增强，经济总量不断增加，但是发展所付出的资源、环境代价过大，发展不平衡、不协调的矛盾突出。中国三十多年的改革开放，在很大程度上走的是粗放型发展道路，体现为"高投入、高消耗、高污染、低效益"的特点，中国已经成为世界上第二大能源消费国。这样的发展模式在惯性的作用下仍将持续一段时间。中国不仅能源消耗量大，而且能源结构不合理。虽然近几年，水电、风电和核电的比重有所上升，但是，煤炭在能源生产和消耗中一直居主导地位。煤炭的大量消耗是温室气体的主要来源，也是大气污染的主要原因。在城镇化的快速发展过程中，中国以煤为主的能源结构形式在未来很长时期内还很难得到改变，因此，温室气体的排放也将呈现持续增长的态势。根据《中国能源报告（2008）》预测，在不同的开发和技术水平下，到2020年，中国燃烧化石燃料每年释放的二氧化碳将达29亿吨；到2030年，这一排放量将达31亿~40亿吨。这种态势在中国的工业化、城镇化完成之前都很难得到改变。这就导致了我国生态环境脆弱、环境污染严重、自然灾害多发，近年来与气候变化相关的异常气候事件频繁发生。中国气象局发布的《2010年中国气候公告》显示，2010年我国气候非常异常，极端高温和强降水事件发生之频繁、强度之强、范围之广历史罕见，年降水量、夏季气温、高温日数等气候极端事件均创21世纪以来之最。[①]《应对气候变化报告（2013）》也显示，我国雾霾天气呈现霾增雾减；东部雾霾日数增多，西部雾霾日数减少；大中城市雾霾日数多、乡村城镇雾霾日数少的趋势。2012年冬天以来，我国部分地区连续爆发雾霾天气。[②] 2013年12月初，一场罕见的大范围雾霾更是笼罩着我国，从华北到东南沿海甚至是西南地区，陆续有25个省份100多座大中城市不同

[①] 《2010，本世纪以来我国气候颇为异常的一年》，《中国气象报》2011年1月6日，第1版。

[②] 《我国雾霾天气霾增雾减》，《北京晚报》2013年12月5日，第1版。

程度地出现雾霾天气，覆盖了我国将近一半的国土。我国雾霾天气的出现，除去地形风力风向等方面的客观原因外，在燃煤、机动车排放、沙尘和建筑扬尘等众多人为因素中，不合理的能源结构，特别是燃煤过度排放，是加剧雾霾天气的重要原因。

温室气体排放量的大量增加、异常气候事件的频繁，对我国经济社会发展产生了重大而深远的影响。一是导致水、粮食、土地和能源等基础资源短缺，降低了人们生存发展所必需的自然资源的数量和质量。现在在我国很多地方，呼吸新鲜的空气、喝上干净的水、吃上放心的食品都成为一种奢望。二是严重危害着人民群众的生命财产安全。2010 年，我国因气象灾害和气象次生灾害造成直接的经济损失超过 5000 亿元，为近 20 年以来最高值；死亡（含失踪）人数达 4800 多人，为近 10 年来最多。世界银行研究报告也估计，每年中国死于空气污染的人数为 40 万～75 万。环境污染对中国经济造成的损失相当于国内生产总值的 13%。① 近年来，严重的环境问题已日益成为公众关注的焦点，与环境问题相关的社会纠纷、群体事件大量增加，因环境问题而上访的事件也在以每年 30% 的速度递增，这些都严重影响了和谐社会的构建。三是威胁着国家安全。随着气候变化问题不断凸显，它与资源短缺、环境污染等全球环境问题一起，逐步取代了以军事威胁为标志的传统的国家安全威胁，成为引起国际局势紧张、导致国际军事冲突的直接或间接因素，冲击着我国传统的国家安全观，成为我国在国家安全方面必须要面对的新问题和新挑战。

也正是因为如此，我国必须加强生态文明建设，转变经济发展方式，重视解决环境问题，积极应对全球气候变化。党的十七大首次提到"要推进生态文明建设"，② 党的十八大进一步提出，"要把生态文明建设放在突出地位，融入经济建设、政治建设、文化建设、社会建设各方面和全过程，努力建设美丽中国，实现中华民族永续发展"。③ 党的十八届三中全

---

① 杨洁勉：《世界气候外交和中国的应对》，北京：时事出版社，2009，第 293 页。
② 中共中央文献研究室编《十七大以来重要文献选编》（上卷），北京：中央文献出版社，2009，第 621 页。
③ 胡锦涛：《坚定不移沿着中国特色社会主义道路前进　为全面建成小康社会而奋斗——在中国共产党第十八次全国代表大会上的报告》，北京：人民出版社，2012，第 39 页。

会更是为生态文明建设指明了方向和重点，提出必须加强生态文明制度建设。这一系列举措体现了我们党对中国特色社会主义总体布局认识的加深，表明了我们党加强环境治理的决心和勇气，彰显了中华民族对子孙后代、对世界负责任的精神。

全球气候变化所造成的危害日益严重、气候变化问题的日益政治化、中国在气候谈判中所面临的来自国际和国内压力的不断增加，都对中国气候伦理战略选择提出了诉求。

第二节　中国气候伦理战略选择的着力点

从《联合国气候变化框架公约》到《京都议定书》，从《哥本哈根协议》到《德班协议》，中国已经将应对气候变化问题提升到国家战略的高度，并把应对气候变化政策作为可持续发展的重要组成部分；在国际社会上，中国坚持"共同但有区别的责任"原则，积极推进气候公约的履行，更好地维护广大发展中国家的利益。但是，与美国的气候政策相比较而言，中国的气候政策略显应付性和被动性，缺乏前瞻性和主动性。因此，中国气候伦理战略选择必须要有自己的道德立场和谈判宗旨。

一　中国气候伦理战略选择的道德立场

国际社会日益关注气候问题，气候谈判正日益成为国际社会政治斗争的舞台，发达国家越来越多地打着解决气候问题的幌子，干涉他国内政，遏制他国的发展。中国作为一个发展中的大国，已经成为西方国家遏制的对象。因此，在选择气候伦理战略的过程中，中国必须要有自己的道德立场，具体体现在两个方面：一是坚持气候正义的原则，二是坚持气候合作的立场。

气候正义是环境正义向气候变化领域的延伸，它强调在应对气候变化的过程中，在权利的分配与责任的分担上，每个国家必须得到公平合理的对待。一个国家的气候政策必须建立在气候正义的基础上才具有正当性。也就是说，保护我们赖以生存的地球、承担解决气候问题的责任具有普世性，对世界各国来说，这都是一种最基本的道义，各国政府都要承担温室气体减排的道德责任。同时，由于各国经济发展水平不一样，温室气体排放量不一样，因此各国政府必须有区别地承担温室气体减排的责任。忽视各国经济发展水平之间的差距和对大气污染程度的差异，要求各国平均地承担减排的责任是不正义的。事实上，这就是要坚持"平等而又差别"的正义原则。

平等的正义原则就是要求世界各国（不管是发达国家还是发展中国家）都合理地利用自然资源，做到不污染、不破坏自然环境。发展中国家在走工业化道路的过程中，也要坚持可持续发展的理念，减少对自然环境的破坏和污染，这是在气候危机时代，世界各国最低限度的道德责任。世界各国政府都有责任、有义务去保护地球环境，否则，我们将会毁灭在气候危机之中。同时，平等的正义原则还要求世界各国（不论是发达国家还是发展中国家，不论是富裕的国家还是贫穷的国家），都平等地享受气候资源和温室气体排放权利。不能因为某国是发达国家、富裕国家就可以多占有或者剥脱他国的环境权利，也不能因为某国是发展中国家、贫穷落后的国家就少享有环境权利。气候资源作为全球的公共资源是全人类的共同财产，每一个国家或每一个人都平等地享有其中的一定份额，谁也不比谁多，谁也不比谁少。不论一个人的国籍、种族、性别和肤色如何，都应该成为道德关怀的对象。这就是说，一个正义的社会，必须赋予每一个公民相同的基本权利和自由；一个正义的制度，必须把每一个人都当成一个平等、尊严的存在者。

当然，在坚持平等正义原则的基础上，我们还要坚持差别正义原则。在享受气候权利时，我们应该坚持平等原则，而在分担气候责任时，我们应该坚持差别原则。这是因为气候危机主要是发达国家造成的。发达国家在几百年的工业化进程中大量地挥霍自然资源，严重地破坏和污染了自然环境，这种污染和破坏经过历史的累积终于超过了自然环境的承受能力，从而造成了今天的气候危机。气候危机不属于当下问题，而属于历史问题，是历史上发达国家在工业化进程中大量排放温室气体所造成的。现在的发展中国家有些正在进行工业化进程，有些还没有进入工业化进程。因此，发达国家才是造成气候危机的罪魁祸首，要为其历史上所犯下的错误承担更多的责任。但是，现在的气候灾难大多数由发展中国家来承受，这是不公平的。另外，从对自然资源的占有和使用这一向度来分析，发达国家在历史上也是消耗了数倍于发展中国家消耗的自然资源。据有关资料显示，占世界人口20%的发达国家消耗了世界资源总量的80%。根据享受权利和承担责任相对等的原则，既然发达国家在历史上已经占用、消耗了大量的人类共有的自然资源，享受了这个权利，那么现在它们就应该承担更多的责任，这也是合乎正义的，合乎伦理道义的。何况，现在很多发展中国家正在经受着经济贫困和生态灾难的双重威胁，一些发展中国家的生存甚至都成为问题，随时都有可能因日益上升的海平面而被淹没。因此，世界各国在分担气候责任时，应该遵循差异性正义原则，坚持"区别而又共同"的责任原则。享受了更多环境权利的受益者，应该承担更多的环境责任；而环境受害者或较少享受环境权利者，就应该承担较少的环境责任。如果在气候责任的分担上，片面强调世界各国都要承担相同的温室气体减排责任，不遵循差别性的正义原则，那么就是在气候问题上绑架了发展中国家，即发达国家破坏了自然环境，却让发展中国家买单；发达国家从大量占用自然资源中获益了，却让发展中国家受害。如果是这样，对发展中国家来说是极其不正义的。① 其实，"正义大师"罗尔斯就曾提出"惠顾最少受惠者的最大利益"原则，将弱势群体的利益能否获得最大的满足作为衡量一个社会是否公平正义的标准。因此，根据罗尔斯的正义原则，国际社会在分担气候责任的过程中，也应该惠顾发展中国家，特别要惠顾那些最不发达国家和小岛屿国家，要倾听它们的声音，照顾它们的利益关切，这才是合乎正义的。同时，发达国家还要尊重发展中国家的知情权，不管是发达国家还是发展中国家都应该平等地参与到气候谈判中来，不能无视发展中国家平等参与气候谈判的权利。只有经过发展中国家和发达国家共同商量制定的气候协议制度，才是有效的，才是合乎正义的。

正义是至善，是国际气候制度的首要美德。正如罗尔斯所说，正义是社会制度的首要价值，正像真理是思想体系的首要价值一样；每个人、每个国家都拥有一种基于正义的不可侵犯性，这种不可侵犯性即使以社会整

① 曹孟勤：《政府生态责任的正义性考量》，《人民论坛》2010年第12期，第186页。

体利益之名也不能逾越。① 所以，中国气候伦理战略选择必须坚持气候正义的道德立场，当然，在此基础上还要坚持气候合作的道德立场。

当前人类社会所面临的气候危机，不是哪一个国家的自然环境出了问题，而是整个人类所赖以生存的大气遭受了污染和破坏。气候危机所造成的灾难性后果，不是威胁每一个国家，也不只是威胁发展中国家的生存安全，而是威胁全人类的生存安全。气候危机的全球性特征说明，世界上的任何一个国家在气候危机面前都不能独善其身，气候危机也不是一个国家能够解决的问题，这就势必要求世界各国共同行动起来，以合作的态度去解决气候危机问题，共同承担起保护人类家园的道德责任。

虽然气候问题不是一个简单的环境问题，而是一个涉及政治、经济、伦理等各个方面的复杂问题，是一个涉及各国切身利益的问题，当前世界各国也不是一个利益取向完全一致的"共同体"，但是我们必须清醒地看到，气候问题现在已经是一个迫切需要解决的、威胁人类生存的问题。同时，气候问题也是一个"拖延惩罚"的问题。如果现在世界各国不坚持气候合作的立场，不去解决气候危机问题，人类社会将会面临更大的惩罚，时间拖得越久，惩罚就会越大。气候冲突导致的恶果只能是"公地悲剧"的发生，人类的自我毁灭。事实上，世界各国（不管是发展中国家还是发达国家）都在遭受着气候危机造成的灾难，人类正在经受着一场气候战争，气候灾难所造成的损失已经不亚于一场战争给人类造成的灾难。既然气候危机造成的灾难如此严峻，既然气候危机关系每一个国家，甚至每一个人，那么，世界各国理应联合起来，坚持气候合作的态度，采取集体行动，共同解决气候危机问题。生存于现代社会之中的人类必然会有一些共同的命运，出于生存需要，人类必然会相互依赖。农业社会向工业社会转变的历史，已经向我们展现了人际关系日益紧密、共同行动日益频繁的趋势。随着从工业社会向后工业社会转型的历史进程的开启，特别是由于危机事件的普遍化和常态化，人们对共同行动的要求会变得空前强烈，人类生活的每一个方面都呈现出对共同行动的强烈要求。② 事实也表

---

① 曹孟勤：《政府生态责任的正义性考量》，《人民论坛》2010 年第 12 期，第 186 页。
② 张康之、张乾友：《论共同行动的基础》，《南京农业大学学报》（社会科学版）2011 年第 2 期，第 79～80 页。

明，越来越多的气候灾害、自然灾难把整个人类社会的命运越来越紧密地联系在一起了，只要世界各国精诚合作，共同应对，受益的必定是整个人类。当然，世界各国为解决气候危机的合作必须突破以往把本国利益放在第一位的合作模式，而应该把整个人类的利益放在第一位，人类生存与发展下去的利益要高于国家利益，必要时还要放弃自己国家的利益，世界各国要以"退一步海阔天空"的胸襟来促进气候合作的进展。只有这样，人类才有可能摆脱气候危机的噩梦，气候问题的解决才有希望。

气候冲突导致的是人类的自我毁灭，这是一种恶；而气候合作则是人类"公共福祉"的实现，这是一种善。所以，选择合作，放弃冲突，合作优先于冲突是人类社会的应有选择。中国作为一个负责任的大国，在进行气候伦理战略选择时，必须坚持气候合作的道德立场，展现中国解决气候问题的诚意。具体而言，中国应该在三个区域中有层次、有区别地开展气候合作：中国与周边国家的气候合作、中国与欧美发达国家的气候合作、中国对最不发达国家和小岛屿国家的气候援助。在气候问题上，中国既要与发达国家加强沟通，也要与发展中国家加强沟通。事实上，中国政府在气候谈判中也一直坚持气候合作的道德立场，抱着合作的态度去参加每一年的联合国气候大会，旗帜鲜明地表明自己的减排目标和解决气候问题的诚意。每当联合国气候大会的谈判陷入僵局的时候，中国政府总是尽最大的努力从中斡旋，协调各方利益，避免了国际气候大会无果而终的尴尬。《哥本哈根协议》《坎昆协议》《德班协议》的签订都印证了中国坚持气候合作道德立场的作用。

气候危机是人类迄今为止所遭遇到的最大挑战，要想消除可能毁灭整个人类的气候危机，世界各国必须坚持气候正义的原则，公平地分担气候责任，并且要以合作的态度共同行动，只有这样才有可能赢得应对气候变化的胜利。当然，这也就是中国气候伦理战略选择的道德立场。

二　中国气候伦理战略选择的谈判宗旨

在日益激烈的气候政治博弈中，中国在进行气候伦理战略选择的过程中，除了要有自己的道德立场以外，还必须要有自己明确的谈判宗旨，这就是要抢占国际政治话语权，树立负责任的大国形象。

当前，发达国家凭借资金技术上的优势把控着气候谈判的话语权，目前气候谈判中的许多法规文件都是发达国家制定的，代表的是发达国家的利益，这非常不利于发展中国家维护自己正当的气候权利。当前的气候谈判不仅仅是国家利益的较量，也是政治话语权的较量。国际政治话语权是指对国际事务、国际事件的定义权，对各种国际标准和游戏规则的制定权以及对是非曲直的评议权、裁判权。掌握国际政治话语权的一方可以利用话语权优势，按自己的利益和标准并按自己的"话语"定义国际事务、事件，制定国际游戏规则并对是非曲直按照自己的利益和逻辑作解释、评议和裁决，从而获得在国际关系中的优势地位和主动权。① 在当前的气候谈判过程中，欧盟要争当话语权的"领导者"，美国要收复话语权失地，发展中国家要谋求话语权，这样就不可避免地会引发世界各国对政治话语权的争夺。事实上，发达国家也是一直打着"气候牌"为本国寻找有利的话语优势，抢占"道德高地"和政治话语权。因此，中国必须输出自己原创性的、有影响力的概念和话语，抢占国际政治话语权。

一是要主动定位中国的国际身份，而不是由发达国家来定位。这是因为，国际话语权与一个国家的国际身份密切相关，国家的国际身份不同，会在一定程度上影响国家的形象和话语权。随着中国经济实力的增强，西方发达国家认为中国已经不是传统意义上的发展中国家了，其言外之意，就是要求中国在气候变化问题上承担更多的责任，要向发达国家看齐，鼓吹"中国责任论"，甚至提出"中美气候变化共治"的问题。如果一个国家的国际身份被他国所定位，那么在话语权方面肯定会受到他国的制约。所以，中国必须主动定位自己的国际身份，要理直气壮地强调中国仍然是一个发展中国家，坚持中国作为发展中国家这一基本国际身份。事实上，中国仍然属于经济技术水平相对落后的发展中国家，中国的人均国内生产总值不要说与发达国家相比，就是与许多发展中国家相比，也是非常低的。在未来的很长时期内，发展经济、消除贫困仍然是其主要任务。因此，我们要警惕美国在气候问题上"绑架"中国，必须对"中美气候变

① 梁凯音：《国际话语权：文化强国的必然要求》，《中国教育报》2011 年 12 月 6 日，第11 版。

化共治"问题有清醒的认识。"美国是发达国家，中国是发展中国家。在气候变化领域两国分属《联合国气候变化框架公约》附件一和非附件一国家，责任和义务有本质区别。将中美两国相提并论，没有法律基础，也不符合事实。"① 当然，中国强调发展中国家的身份，也不是要一味地推卸责任。事实上，中国一直本着对人类负责的态度，为应对气候变化作出了积极的贡献。比如，中国开展了四十多年的沼气技术，沼气技术世界领先。使用沼气之后，农民就不用砍柴和烧煤，这样就可以大量地减少二氧化碳的排放。

二是要积极发展人文社会科学研究，提出自己原创性的、有影响力的学术概念和话语。一个国家高质量的、能在国际上产生广泛影响力的话语，依靠的是发达的人文社会科学研究。人文社会科学研究是一个国家理论和思想的阵地，也是"生产"话语和话语权的阵地。遗憾的是，我国人文社会科学对气候问题的研究起步较晚，与西方国家相比总体上处于一个较低的水平。因此，在当前的气候谈判中，所使用的主流话语，几乎都是来自西方发达国家，很少有中国的学术"概念"，这对中国参与气候谈判是非常不利的。因此，我们必须发展人文社会科学，提出自己的应对气候变化的原创性学术概念，争取话语权。当然，这需要以气候科学研究为基础。因为面对着科学的日益政治化，中国必须通过加强气候科学研究来抢占话语权，最大限度地赢得气候谈判的主动权，避免被发达国家的"气候科学数据"所左右。正如中国气象局局长郑国光所说，气候科研将帮助中国在建立新的"游戏规则"过程中争取必要的"话语权"。②

三是要善于挖掘中国传统文化中的生态智慧理念，形成自身的话语优势。在气候问题方面，中国传统文化中有许多可以利用的精神资源。气候问题是西方科学技术带来的负面结果，一方面科学技术造就了文明的成果，另一方面科学技术又在资本主义社会制度中造成了各种危机和灾难，然后，又要通过新技术来解决这些危机和灾难，这就是西方文化的悖论。

---

① Jeffrey Ball, "Environment (A special Report) -Who Wants What in Copenhagen", *The Wall Street Journal*, December 7, 2009, pp. 6 - 7.

② 转引自郝新鸿、蔡仲《IPCC与哥本哈根气候大会——中国要争取科学话语权》，《科学学研究》2011年第1期，第7页。

而中国传统文化中有一套不同的话语体系，中国的传统文化非常注重人与自然的和谐相处，"天人合一"的观念也与今天的环境保护理念是相通的。今天，我们在国际社会中讲和谐、讲双赢，注重得更多的是社会关系层面的和谐。其实，我们应该更多地讲人与自然关系的和谐，讲人与自然之间的"双赢"发展政策，这样的和谐理念可能更容易被国际社会所接受。同时，我们还应该突出科学发展观的环境道德理念，科学发展观蕴含非常丰富的环境保护思想。众所周知，科学发展是又好又快的发展，是内含生态文明的发展，是实现人与自然和谐的发展，是促进经济发展和环境保护相协调的可持续发展。这样一种发展理念，是中国基于全人类命运的关怀而积极承担伦理责任的体现。党的十八大更是把科学发展观作为党的指导思想确立下来，并提出了大力推进生态文明建设和建设美丽中国的战略目标，这些对于我们争取气候政治话语权都具有重要的意义。另外，我们还要大力宣传中国社会主义制度的优良传统。社会主义制度的优良传统就是大国应该帮小国，反对帝国主义的掠夺。在应对气候变化的资金援助问题上，我们要旗帜鲜明地强调中国向国际社会争取来的资金和技术，不是用来援助自己，而是用来援助发展中国家，这样，我们就可以获得广大发展中国家的支持，让发达国家也心服口服。

四是要针锋相对地反击西方国家所渲染的"中国环境威胁论""中国责任论"。中国经济的快速发展引起了世界各国的关注，也触动了西方国家的既得利益。西方国家出于对自身利益的考量，大肆渲染所谓的"中国环境威胁论""中国责任论"。对此，中国政府要理直气壮地亮出自己的主张，针对温室气体排放要阐明清楚以下几个问题：第一，不能只看本土排放，还要看转移排放。经济全球化导致了生产与消费的分离，而生产与消费的分离掩盖了温室气体排放的真实情况。西方发达国家把工厂转移到发展中国家，使得发展中国家成为商品生产国，从而使得污染停留在发展中国家，发达国家却不要为此承担责任。因此，在分担气候责任时，关注点要从商品生产国转移到商品消费国。发达国家应该为自己的奢侈消费承担更多的气候责任。第二，不能只看温室气体排放总量，还要看人均温室气体排放量。人口规模对一个国家的排放总量影响比较大，中国的人均排放量非常低。据国际能源机构 2006 年的统计，2004 年人均二氧化碳的排放量，中国是 3.65 吨，仅为世界平均水平的 87%，是经济合作与发展组织成员的 33%。[①] 第三，不能只看眼前排放，还要看历史排放。自从工业化革命以来，发达国家已经排放了大量的温室气体，发达国家才是全球气候变化的罪魁祸首，广大发展中国家包括中国的历史排放量都很少。第四，不能只看排放数量，还要看发展阶段。世界经济发展的历史表明，一个国家在不同的发展阶段，其温室气体排放量是不一样的。在工业化初始阶段，温室气体排放量都会呈现增加的趋势，实现了工业化以后，才会逐步降低，发达国家所经历的工业化过程就证明了这一点。

政治话语权代表的是一种权力，在日益激烈的气候谈判中，谁拥有政治话语权，谁就可以最大限度地维护自身利益。因此，中国必须在激烈的气候政治博弈中争取到必要的政治话语权。我们应该看到，中国争取更多的国际政治话语权既是应对发达国家主导的国际话语权的诉求，也是与中国承担的国际责任相适应的。对此，在气候谈判过程中，中国除了要抢占国际政治话语权以外，还要展现负责任的大国形象。"在为生存和权力而进行的斗争中……别人对我们的看法同我们的实际情形一样重要。正是我们在他人'心镜'中的形象，而不是我们本来的样子，决定了我们在社会中的身份和地位，哪怕这镜中之像是歪曲的反映。"[②] 在某种意义上可以说，国家形象已经成为国家的"软权力"，成为国家谋求利益的有效工具。因此，树立良好的国家形象，已经成为一个国家安身立命的必然选择。[③]

在 20 世纪 70~80 年代，由于中国还没有进行工业化和城市化进程，对气候变化问题认识不深，参与气候谈判的热情不高，态度也较为消极。90 年代以后，随着中国工业化进程的加快，环境问题也日益凸显，国际社会要求中国承担减排的呼声也越来越高。由于当时中国坚决不承诺强制性的减排责任，这一做法给国际社会留下了"气候谈判强硬者或阻碍者"的负面形象，导致西方国家以"中国不参与温室气体减排承

---

①　王军：《全球气候变化与中国的应对》，《学术月刊》2008 年第 12 期，第 12 页。

②　Hans J. Morgenthau, *Politics Among Nations*; *The Struggle for Power and Peace*, The McGraw-Hill Companies Inc, 1985.

③　董青玲：《国家形象与国际交往刍议》，《国际政治研究》2006 年第 3 期，第 60 页。

诺"为由在国际上制造和传播"中国气候威胁论",严重损害了中国的国际形象。中国作为人均收入水平比较低的发展中国家,能源利用率又较低,在未来的很长时期内,中国的温室气体排放量还会不断增加,这就不可避免遭受来自国际社会的指责。因此,中国政府必须做好自己的事情,从国家战略的高度重视气候问题的解决,确保国民经济的可持续发展。在做好自身控制气候变化工作的基础上,还应该通过各种媒介(如白皮书、新闻发布会、简报的形式)定期发布中国的环保政策、行动与倡议,充分展现中国在发展低碳经济和构建低碳社会方面开展的工作及取得的成效,从而掌握国际舆论的主动权,树立负责任的大国形象。

一是要积极宣传中国应对气候变化决策机构的变迁,以体现对气候变化问题的重视。20世纪80年代,中国把气候问题看成一个科学问题,具体由中国气象局负责向政府提出有关《联合国气候变化框架公约》谈判的政策建议。90年代,气候变化的决策机构转移到了国家发展计划委员会,也就是现在的国家发展和改革委员会。进入21世纪以来,中国高层领导越来越重视气候变化问题。2007年国务院决定成立国家应对气候变化及节能减排工作领导小组,此后,为加强气候外交工作,中国成立了由时任外交部部长杨洁篪任组长的应对气候变化对外工作领导小组,后来又升格为"国家应对气候变化领导小组"。这个领导小组是由时任国务院总理温家宝同志任组长、时任国务院副总理李克强任副组长、相关20多个部委的部长为成员构成的,其目的是统筹应对气候变化问题。2010年2月24日,胡锦涛在中央政治局常委集体学习时又特别强调,要把应对气候变化作为我国经济社会发展的重大战略和加快经济发展方式转变、经济结构调整的重大机遇,进一步做好应对气候变化的各项工作,确保实现2020年我国控制温室气体排放的行动目标。其间,中国政府还发布了一系列重要报告:2006年发布了《气候变化国家评估报告》;2007年发布了《应对气候变化国家方案》,这是发展中国家第一个应对气候变化的国家方案;2007年中国科技部颁布了《中国应对气候变化科技专项行动》;2008年又启动了《省级应对气候变化方案》。这些措施的实施,充分显示了中国政府对解决气候问题的重视,既有效地促进了中国应对气候变化工作的开展，也显示了中国负责任的态度。

二是要明确提出中国的减排目标，让国际社会看到中国应对气候变化的诚意。近几年来，国际社会气候谈判之所以陷入困境，就是因为发达国家与发展中国家纠缠于减排目标的设定，发达国家强制性地要求发展中国家，特别是中国、印度等新兴经济体承担量化减排义务，这遭到了发展中国家的拒绝，认为其违背了"共同但有区别的责任"原则。但是，中国作为温室气体排放的大国，必须清醒地认识到如果中国不承担一定的减排目标，气候谈判大会是很难取得突破性进展的。事实上，中国也已经提出了自己的减排目标。比如，《中国应对气候变化国家方案》就明确提出，到2020年，实现单位国内生产总值能源消耗比2005年降低20%左右，相应减缓二氧化碳的排放。在哥本哈根会议前夕，中国又提出到2020年单位国内生产总值二氧化碳排放比2005年下降40%～45%，并作为约束性指标纳入国民经济和社会发展中长期规划。并且，这个减排不附加任何条件，不与任何国家的减排目标挂钩。事实上，中国的这个减排承诺具有很大的风险。因为中国还有1.5亿人生活在贫困线以下，发展经济、消除贫困仍然是头等大事；中国的工业化、城镇化还处在起步的过程中。这就意味着中国的温室气体减排面临很大的压力，需要作出巨大的努力。研究显示，中国要实现所承诺的减排目标，今后10年中每年需要付出300亿美元的增量成本，这意味着每个中国家庭每年要多承担64美元的额外负担。[①] 即便是这样，中国还是作出了承诺。这充分说明了中国的减排诚意和决心，展示了中国是一个负责任的大国。

三是要积极宣传中国的减排行动及其成效。根据《京都议定书》，属于发展中国家的中国不需要承担任何量化的减排义务，但是，中国作为一个负责任的发展中国家，还是主动转变经济发展方式，构建资源节约型、环境友好型社会，为减少温室气体排放作出了力所能及的贡献。

如果说20世纪气候变化问题离我们还很遥远，那么，现在的气候变化问题就已经在威胁着人类的生存与发展。同时，气候谈判也成为国际政治斗争的焦点。因此，中国在选择气候伦理战略时，必须准确定位，既要

---

① 该数字来自中国人民大学邹骥教授团队的研究报告。

坚持应有的道德立场，也要坚持自己的谈判立场；既要在坚持气候正义的前提下以合作的态度参与气候问题的解决，也要抢占国际政治话语权，树立负责任的大国形象。

第三节　中国国际气候伦理战略

在应对气候变化问题上，眼前利益与长远利益、民族利益与全球利益、政治意愿与现实能力以及未来发展和气候变化的不确定性等多种矛盾相互交织，构成了中国进行气候伦理战略选择的独特背景。作为负责任的发展中国家，作为温室气体排放大国，中国必须选择合适的气候伦理战略，采取灵活多样的措施来加以应对。要在应对气候变化问题上"有所作为"，首先应该确立气候伦理战略选择的国际伦理战略。

一　与发达国家开展深度对话

当前国际社会的气候谈判主要是发达国家和发展中国家之间力量的较量和利益的争夺。气候问题是全球性的问题，气候灾难是全球性的灾难，任何武力斗争都无益于气候问题的解决。因此，对话、沟通是国际社会解决气候问题的有效途径。作为发展中国家中的大国，中国应该与发达国家和地区，特别是与美国、欧盟等就解决气候问题进行深度对话，要善于利用美国与欧盟在气候问题上的分歧和矛盾，各个击破，分别与美国和欧盟开展密切的气候合作。当然，中国在与发达国家和地区进行深度对话的过程中，为了避免受制于人，还必须加强气候公共外交，参与国际气候制度的制定，突破国际贸易的绿色壁垒。

在当前的气候谈判中，虽然中国为解决气候问题作出了最大的努力，尽了最大的责任，但还是被西方媒体视为"最大的污染者"，被视为一个强硬的"阻碍性"角色。特别是在哥本哈根会议上，中国在会前就宣布了自主减排的目标，并且这个减排目标不与任何国家挂钩，即便是这样，西方国家还纷纷指责"中国阻碍了气候谈判的进程"。美国国务卿希拉里就借"三可"原则不点名地批评中国。她说："对美国而言，在缺乏全球第二大排放国——现在可能是第一大排放国的减排透明度之下，要达成有法律效力或有资金承诺的国际协议是很难想象的。"① 可见，在西方国家眼中，中国似乎变成了一个不愿承担国际责任的国家。对此，中国必须加强气候领域的公共外交，向国际社会展现中国解决气候问题的诚意和已经采取的行动。

首先，中国媒体应该主动地改进气候传播方式，积极宣传中国气候治理政策和治理效果。西方公众关于中国在应对气候变化问题方面的行动主要是通过西方的报纸、广播、网络、杂志、电视等媒体获知的。但是，西方媒体对中国的气候治理活动的报道往往带有一定的偏向性，缺乏公正性。在重大的国际气候会议召开时，西方媒体就刊登大量歪曲事实、批判和谴责中国的文章，久而久之，这些对中国气候变化问题的负面报道就使得西方公众对中国产生偏见。事实上，西方媒体已经成为西方国家气候政治的工具，这就决定了西方媒体对中国气候变化问题的报道往往有失偏颇，西方公众关于中国在气候问题上的国家形象就是这种偏颇报道的累积结果。"对媒体而言，气候变化报道已经不仅仅是简单的气象报道、环境报道，而是渗透到政治、经济、科技、外交等方方面面，其涉及面之广、影响范围之大让媒体和记者们刮目相看，气候变化报道也不同于昙花一现的其他报道热点……它是今后较长时期内无法忽视的重要报道领域。"② 因此，中国媒体必须改革传统的报道方式，研究西方公众接受信息文化的心理习惯、思维方式以及审美情趣，用"西方的表达方式"报道中国的气候谈判立场和观点。我们也可以借鉴西方媒体的一些表达方式，以"呈现与叙述的方式"报道中国气候变化问题的事实，而不直接表明观点与立场，提高西方公众对中国媒体的信任度，帮助西方公众了解中国在气候变化问题上的真实意愿和现实能力，消除中国在气候变化问题上不负责任的形象。③ 2012 年多哈气候大会谈判期间，中国政府把大型生态环保全景式纪录片《环球同此凉热》作为一份特殊的礼物送给了联合国秘书长

---

① 袁雪：《欧盟再谋气候谈判主导权或借"三可"原则施压中国》，《21 世纪经济报道》2010 年 3 月 17 日。

② 刘军：《怎样把握与拓展气候变化报道》，《中国记者》2007 年第 8 期，第 14 页。

③ 张丽君：《气候变化与中国国家形象：西方媒体与公众的视角》，《欧洲研究》2010 年第 6 期，第 30 页。

潘基文和《联合国气候变化框架公约》执行秘书长菲格里斯等重量级多哈大会与会代表。该纪录片通过一个个故事传达出中国在节能减排方面所作出的实际行动和自觉的努力，坚定地传播了中国气候谈判的立场。

其次，中国应该调动各种传播主体的积极性，拓宽气候信息传播的渠道。约瑟夫·奈认为，在外交中，"最好的交流者不是政府"，而是"私人和非政府组织同其他国家交往"，是私人之间"面对面的交流（即距离为三英尺的交流）"，公共外交应该"直接介入人们日常生活的每一个方面"。① 中国在气候信息传播过程中，除了要依靠政府和主流媒体以外，还要积极发挥私人和环境非政府组织的作用。虽然私人和环境非政府组织在传播气候信息时没有政府和媒体那样及时和有连续性，但也正是私人和非政府组织传播信息的偶然性、随机性和不确定性，才会让公众感觉其更具真实性，更容易接受。中国研究气候变化的专家、学者以及致力于气候问题研究的各种协会、研究会可以利用参加各种国际学术研讨会的机会阐述中国的气候政策，把中国在气候变化问题上的真实意愿和关注带到西方国家去，这也许更能有效地促进西方公众了解、认同中国的气候政策。此外，还应该大力支持环境非政府组织的外交活动，因为环境非政府组织可以起到政府之间交流无法达到的效果，对于宣传中国的气候外交政策和中国参与解决气候问题的诚意，具有十分重要的作用。同时，还应该通过支持中国气候治理的学术研究项目，开展绿色援助战略，设立气候形象大使等措施来消除中国在气候变化问题上"不承担责任"和"不合作者"的负面形象，以改善中国的国际形象。

在气候公共外交过程中，如何才能更好地提升中国气候外交话语权，抵制西方的"气候霸权主义"呢？当务之急是要参与国际气候制度的制定，提出气候治理的中国方案。自从国际社会开展气候谈判以来，气候治理制度都是由发达国家提出的，中国只是追随者，这样，就很容易在谈判中受到发达国家的制约，从而丧失话语权。因此，在与发达国家对话的过程中，中国应该积极参与国际气候制度的制定，国际气候制度必须要印有

---

① 张丽君：《气候变化与中国国家形象：西方媒体与公众的视角》，《欧洲研究》2010 年第 6 期，第 30～31 页。

"中国烙印"。气候治理的中国方案最核心的问题应该从三个方面着手：一是要为发展中国家争取一个合理的缓冲期。现在广大发展中国家正处于经济大发展时期，要承担温室气体减排责任，需要一个缓冲期，不能要求发展中国家过快、过重地承担减排的责任。当然，在日益严峻的气候问题面前，发展中国家无限期地游离在国际减排机制之外，既不利于气候问题的解决，也不利于自身国家形象的塑造，在道义上也是站不住脚的，建立一个包括发达国家和发展中国家在内的共同减排机制是历史的必然。但是，相对于已经走完工业化道路的发达国家来说，仍然行走在工业化进程中的发展中国家必须要有一个缓冲期才能承担减排责任，这也是合乎伦理道义的。并且，由于发展中国家之间经济发展水平不一样，缓冲期的设置也要有区别。二是要坚持温室气体减排份额公平分担原则。在构建新的国际气候制度的过程中，最为关键的是如何公平地分担减排责任和分享排放权的问题，一个缺乏公平公正的减排原则，注定是要失败的。很少有国家愿意承担它不应该承担的责任，要求发展中国家去为发达国家历史排放承担责任是没有道理的，而要求排放少的国家与排放多国家一起承担减排责任也是行不通的。据此，国际社会在分担减排责任和分享排放权时，必须考虑历史排放与现实排放、生存性排放与奢侈性排放、生产性排放与转嫁性排放的问题。西方发达国家的历史排放必须纳入减排责任分担的机制，发展中国家的生存性排放、必要的发展性排放以及人均累积排放应作为确定责任分担的要素，对处于发展程度不同的国家要明确有区别的标准和有区别的责任。三是要构建具有约束力的监督机制。当前国际社会处于一个无政府的状态，基于国家的自私性，存在"搭便车"的现象。发达国家担心如果承诺率先减排，发展中国家是否会跟进以及什么时候跟进。因此，发达国家坚持只有在发展中国家加入减排机制才会正式采取减排行动。而发展中国家则担心陷入发达国家的"减排陷阱"，最终影响本国经济的发展。这种不同的"心里预期"导致发达国家与发展中国家在解决气候问题上都持"观望态度"，当然，最终的结局是对谁都不利，人类社会将毁于气候危机之中。因此，国际社会迫切需要建立一个针对世界各国减排的监督机制。这个监督机制，必须实行可执行的公正透明程序，保证对每一个国家都产生监督效力，从而推动气候问题的解决。

在气候变化问题上，维护国家利益最有效的方法是积极主动地参加国际气候制度的制定，为本国经济发展创造更加宽阔的空间。当然，在这一过程中，必然要反对西方的气候霸权主义，打破国际贸易的"绿色壁垒"。

长期以来，西方的霸权主义和强权政治影响着全球气候问题的解决，发达国家利用经济和技术上的优势，以解决气候问题之名大搞气候霸权主义，其体现为在道德上谴责发展中国家不承担减排责任，在经济上和技术上对发展中国家不提供实质性的援助。当前，发达国家维护环境霸权的主要手段是设置各种绿色贸易壁垒，如碳关税、环境认证标志等，旨在对发展中国家出口高耗能产品征收二氧化碳排放税，以此来打压发展中国家的发展空间。比如，20世纪90年代，欧洲禁止进口含氟利昂的冰箱，导致中国的冰箱出口份额下降了59%。2007年4月1日，欧盟《关于化学品注册、评估、授权与限制制度》生效，对中国的出口产品形成很大阻碍。日本也通过修改规章制度、强制检验检疫等手段，限制中国的农产品出口，导致中国对日农产品出口大幅下滑。① 2009年6月，美国通过《美国清洁能源法案》，规定美国有权对从不实施温室气体减排限额的国家进口能源密集型产品征收碳关税。2009年，欧盟通过将国际航空纳入二氧化碳排放交易体系的法案，意味着欧盟将对航空业开征碳税。此举在打击发展中国家贸易和出口的同时，确保了发达国家在国际经济中的优势地位。碳关税已经成为发达国家维护其环境霸权主义的工具，而这对发展中国家来说就是一场"环境掠夺"。因为对发展中国家征收额外的碳关税，就意味着限制了发展中国家的发展空间。世界银行研究报告显示，如果全面征收碳关税，中国将会遭受重大损失，"中国制造"可能面临平均26%的关税，出口量可能因此下滑21%。② 美国就是希望通过"强制减排"和碳关税等绿色贸易措施来打压中国的发展，限制中国的崛起，进而继续主导国际体系。为了跨越国际贸易的绿色壁垒，减少由此带来的经济损失，中国必须采取应对措施：一是要转变经济发展方式，实施清洁生产，建立基于资源环境

① 甘钧先、虞潇枫：《全球气候外交论析》，《当代亚太》2010年第5期，第59页。
② 转引自甘钧先、虞潇枫《全球气候外交论析》，《当代亚太》2010年第5期，第59页。

保护目的的市场准入退出制度，推行 ISO 14000 系列环境管理标准。通过该标准的实施，促进企业提高资源利用率，减少环境污染和环境破坏，生产出符合较高环境标准的绿色产品。二是要提高外商直接投资环境准入门槛，杜绝发达国家转嫁环境污染。一些发达国家打着各种旗号把污染企业转移到发展中国家，一方面是因为发达国家环境保护措施越来越严厉，一些有损公众健康、环境污染严重的企业生存不下去或者要支付高昂的代价；另一方面是因为发展中国家环境保护门槛低，行政管理漏洞多，环境污染处理成本低。这样，一些发达国家为了谋求自身的利益，趁着发展中国家迫切需要发展的愿望，打着援助的旗号，把污染企业和"夕阳工业"转移到发展中国家来。对此，中国必须保持高度的警惕，警惕发达国家的环境侵略。

发达国家把持着当今气候谈判的话语权，中国要想在气候问题上有所作为，就必须与发达国家展开对话，展现中国解决气候问题的诚意和决心。除此之外，中国还应该与发展中国家开展深度沟通，紧密团结广大发展中国家，增强集体谈判的力量，维护广大发展中国家的利益。

二　与发展中国家开展深度沟通

自从国际社会启动气候谈判以来，发展中国家在历次气候谈判中都坚持了相同或相似的谈判立场，与发达国家进行了针锋相对的斗争，有效地维护了发展中国家的利益。但是，进入 21 世纪以后，特别是哥本哈根会议以来，发展中国家内部由于经济发展水平、温室气体排放量和利益诉求不尽相同，再加上发达国家实行分化策略，发展中国家之间的矛盾越来越多，它们在温室气体的减排目标和资金技术援助等问题上存在明显的分歧。面对着发展中国家日益分裂的趋势，中国必须明确自身在发展中国家中的地位与职责，与广大发展中国家进行深度沟通，协调发展中国家之间的利益诉求，维护广大发展中国家的团结。

作为全球最大的发展中国家、温室气体排放大国，随着经济的发展，中国与其他发展中国家之间的差异将会越来越多，也会越来越多地遭受来自其他发展中国家的排挤，特别是小岛屿国家联盟的排挤。小岛屿国家联盟占据着联合国席位的近 1/5，这种数量上的优势使得其在气候谈判中具有

很大的影响力。中国要想在气候谈判中取得优势，就必须处理好与小岛屿
国家联盟的关系。但是，近年来，小岛屿国家联盟及其他发展中小国与以
"基础四国"为首的发展中大国之间的立场分歧使得发展中国家阵营进一步
分裂，传统意义上团结紧密的发展中国家阵营已经不存在了。[①] 在哥本哈根
会议上，小岛屿国家联盟在西方国家的利诱下，把不满指向了中国，对中
国的减排目标和气候外交提出了不同意见，要求中国等新兴经济体也作出
减排承诺，并且审查自己的行为。对此，中国必须以 77 国集团为基础，
与发展中国家进行深度沟通，向发展中国家特别是向小岛屿国家联盟提供
力所能及的帮助，全面履行中国的国际责任。一是要向小岛屿国家说明，
中国所设定的减排目标并不是无视它们的生存，而是从中国实际情况出发
谋求发展的现实选择。中国也一定会履行自己的减排承诺，而不是开空头
支票，以争取小岛屿国家的理解与支持。二是要主动承担与其发展水平和
国际地位相适应的大国责任，在资金和技术援助问题上展现大国风范。中
国应该充分体谅小岛屿国家面临的现实困难，重视其环境移民诉求，让小
岛屿国家优先使用援助的资金和技术，并且在力所能及的范围内，积极向
小岛屿国家提供不附带任何条件的资金、技术援助。

　　团结就是力量，现在的中国面临着与其他发展中国家随时分道扬镳的
险境。那些在现实中看不到改变贫穷现状的希望、被全球化不断边缘化的
最不发达国家，更多地期望抓住气候变化给它们带来的难得的话语权，向
国际社会施加压力，争取世界财富分配的天平向它们倾斜。对于中国来
说，如果失去了发展中国家的地位，不仅仅意味着没有援助，更重要的是
要承受严格的减排目标对高速发展的经济的致命冲击。面对现实，中国已
经不再期望从发达国家得到很多援助，而是坚守在减排承诺上给自己留有
空间的底线。中国表示，理解并尊重最不发达国家、小岛屿国家、非洲国
家等的特殊关切，支持上述国家优先使用应对气候变化的资金，并愿意通
过南南合作、双边合作的形式为小岛屿国家、非洲国家和最不发达国家提
供资金支持。[②] 只有了解了发展中国家特别是小岛屿国家的关注和需求，

---

① 曹亚斌：《全球气候谈判中的小岛屿国家联盟》，《现代国际关系》2011 年第 8 期，第 43 页。
② 庄贵阳：《哥本哈根气候博弈与中国角色的再认识》，《外交评论》2009 年第 6 期，第
　　20 页。

并在气候谈判中维护它们的利益，才能赢得发展中国家的尊重，从而维护发展中国家的团结。没有发展中国家的团结，就将极大地削弱发展中国家集体谈判的力量，也就不能维护发展中国家的利益。所以，中国必须通过沟通，最大限度地维护发展中国家的团结，结成巩固的统一战略联盟。

当然，在这一过程中，中国还必须与"基础四国"其他成员精诚合作，发挥"基础四国"在气候谈判中的作用。"基础四国"是由中国、印度、巴西和南非四个主要发展中国家在哥本哈根会议前夕组成的气候谈判集团，由于组成"基础四国"的各个成员均是地区性大国，是各自地区内极具影响力的国家，因此"基础四国"在气候谈判中拥有举足轻重的地位。《哥本哈根协议》的签订、《坎昆协议》的出台，都凝聚了"基础四国"的巨大努力。"基础四国"的出现，对于维护发展中国家的利益、构建哥本哈根会议后国际气候制度具有十分重要的意义。在2013年华沙气候会议上，联合国秘书长潘基文也高度评价了"基础四国"为促进华沙气候大会的成功作出了贡献。作为发展中国家，发展经济、消除贫困、最大限度地降低气候变化给发展中国家带来的负面影响、敦促发达国家率先减排和向发展中国家提供资金和技术支持，是"基础四国"共同的利益诉求。尽管如此，由于"基础四国"的国情不同、发展水平不同，它们在应对气候变化问题方面还是存在一定的差异。能否保持发展中国家特别是"基础四国"之间的团结，将决定发展中国家在多大程度上依靠集体的力量来取得气候谈判的主动权，倘若不能有效地保持发展中国家的内部团结，发展中国家的利益就必将受到影响。对此，中国必须加强与印度、巴西和南非的沟通，通过定期举行部长级会议来协调各方的谈判立场，最大限度地维护"基础四国"的团结，发挥"基础四国"在气候谈判中的作用。

中国作为世界上最大的发展中国家，在国际政治斗争中，一直都是依靠发展中国家的集体力量与发达国家抗衡，捍卫自身和发展中国家的利益。在国际气候谈判中，中国也是与广大的发展中国家结成战略联盟，一直以"77国集团＋中国"的战略同盟与发达国家开展气候谈判，维护了发展中国家的利益。虽然中国与其他发展中国家由于各种原因在应对全球气候变化问题上政治主张不尽相同，但是在发达国家应该承担更多的气候责任这个方面的政治主张是完全一致的。因此，中国在与发展中国家深度沟通的基础上，要加强与广大发展中国家的团结与合作，坚持《联合国气候变化框架公约》以及《京都议定书》，坚持"体制内"是主体、"体制外"是补充的基本态度，坚持有区别的责任原则，促使发达国家承担应尽的责任并率先减排，为发展中国家提供资金支持和技术帮助。在气候谈判中，我们仍然应该坚持"77国集团＋中国"的模式，通过多种渠道与发展中国家加强沟通与协调，稳固"基础四国"的团结，在求同存异的基础上，谋求发展中国家的共同利益，并兼顾最不发达国家和一些小岛屿国家的特殊利益诉求，击破发达国家分化发展中国家的阴谋，夯实发展中国家团结与合作的基石。维护发展中国家的团结与合作，永远是中国的第一选择，只有了解其他发展中国家特别是最不发达国家的需求和关注，并在谈判中最大限度地维护它们的利益，才能赢得广大发展国家的尊重，也才能维护自身的利益。

面对错综复杂的气候问题，中国在选择国际伦理战略时，要旗帜鲜明地表明自己的观点，展现解决气候问题的诚意，制定有差别但有针对性的谈判策略。中国既要反对西方的"气候霸权主义"，又要与西方发达国家积极接触、深度对话；既要维护自身利益，又要与其他发展中国家深度沟通，达成一致意见，维护发展中国家的团结，从而确立负责任的大国形象，实现应对气候变化和自身发展的"双赢"。

第四节　中国国内气候伦理战略

在面对全球气候变化这么一个复杂问题的时候，中国在气候伦理战略方面除了要有国际伦理战略之外，还要有国内伦理战略。国内伦理战略是国际伦理战略的基础，而国际伦理战略则是国内伦理战略的延伸。中国气候伦理战略中的国内伦理战略主要体现为文化的整合和低碳社会的构建。文化的整合就是通过传统生态文化的现代化以及西方生态伦理学的本土化来提升国家文化软实力，谋求气候谈判的话语权；而低碳社会的构建，就是要发展低碳经济，营造承担相应国际责任的民意基础，体现中国解决气候问题的诚意和决心，从而取得气候谈判的主动权。

一　文化的整合

文化是国家软实力的重要组成部分，文化对于现代国家谋求国际政治地位发挥着越来越重要的作用。全球性生态危机的发生，催生了人类对文化的"生态拷问"，越来越多的人从文化的视角反思人与自然关系恶化的原因。从根源上来说，全球气候问题的产生与西方理性主义和工业文明的不当发展直接相关。在反思这一根源时，一些学者把目光投向了中国传统文化。中国传统文化蕴含着丰富的生态文化，并为全世界所关注。整合并弘扬中国传统生态文化，促使中国传统生态文化走向现代化，是中国应对气候变化战略中不可或缺的伦理战略，这也是"文化自信"和"文化自觉"的体现，可以使中国在气候谈判中赢得更多的话语权。

中国传统文化博大而精深，追求人与自然的和谐是中国几千年传统文化的主流，是中华民族传统文化的价值取向。毋庸置疑，以人与自然和谐为核心的生态文化思想古已有之，闪烁着光辉灿烂的生态伦理智慧。在中国传统文化当中，无论是儒家、道家，还是佛家，无不崇尚自然，无不探究天地之道，进而总结出"人与自然和谐"的哲理和经验。儒家主张"天人合一"，以"仁"待物（人），"人与天地一物也"，强调天道与人道是相通的，只有将天之法则转化为人之法则，才能顺应天理、国泰民安。道家主张"人法地，地法天，天法道，道法自然"[①]，强调人道要顺应天道，自然法则不可违，人要尊重自然规律，一切要顺其自然。老子强调要"见素抱朴、少私寡欲"[②]，把"慈、俭、后"视为做人的三种最宝贵品质。佛教认为众生平等，万物都有生存的权利，劝导人们慈悲为怀，同时还倡导身体力行的生态实践，如"素食""佛法自然"等，反映出佛教的生态自觉。可见，中国传统文化中蕴含非常丰富的生态文化理念和思想内涵。应该说，中国传统生态文化是一笔极其宝贵的财产，是中华民族对人类文明作出的重大贡献，对世界文化的发展产生了深远的影响。事实上，人类社会发展的历史从某种意义上来说就是人与自然关系的历史。在

[①]　《道德经》第 25 章。
[②]　《道德经》第 19 章。

历史上，不少文明古国凭借着优越的自然地理环境兴盛一时，最后却又毁于日益退化的生态环境，唯有中华民族生生不息、源远流长。这其中一个重要的原因，就是追求人与自然和谐的传统生态文化使得中华民族赖以生存的自然环境没有遭到毁灭性的破坏，从而使得中华民族历经磨难仍然保持着旺盛的生命力。

虽然中国传统生态文化产生于遥远的古代，但是其蕴含的人与自然和谐发展的理念具有穿越时空的价值，对中国历代生态环境的保护发挥了重要的作用。尊重和汲取中国传统生态文化中的智慧光芒，发挥其思想文化资源的现实价值，必将促进气候问题的解决。因此，在当前的气候谈判中，需要大力弘扬中国传统生态文化，这不仅有利于促进人类思维方式的生态化转变、解决气候变化问题，而且有利于增强自身的文化软实力，从而赢得气候谈判的话语权。当然，在这一过程中，我们必须对中国传统生态文化加以整合、创新，促进中国传统生态文化的现代化，这是因为中国传统生态文化具有一定的历史局限性。中国传统生态文化产生于人类改造自然的能力还很弱小的自给自足的农业文明时代，人与自然的和谐关系本质上具有被动地适应自然生态规律的性质。这种适应性关系是依赖直接的经验形态的生产技术来实现对食物和其他重要的物质生活资料的获取，而不是通过理性形态的科学技术所指导的生产来实现。因此，其物质转换和能量循环的规模是非常有限的，不能适应今天人们既要维护好自然环境，又要满足大量人口的发展需要。而为这种适应关系所规定的中国传统生态文化，实质上就是确保人们在农业社会中如何正确地获取、利用和保管好各种生活、生产、生存资料。① 所以，中国传统生态文化具有局限性，必须加以整合创新，赋予于其时代性，促使其现代化，才能作为当代人们解决环境问题的指导思想。另外，中国传统生态文化的最核心理念"天人合一"思想，虽然承认自然和人一样都具有主体性，具有很深的生态内涵，但是，在"天人合一"的理想图式中，"天"与"人"的概念是含糊不清的，天之自然性与天之神圣性没有区分，人之自然性与人之超

---

① 王正、王立平：《中国传统文化中生态思想的现代阐释》，《内蒙古民族大学学报》（社会科学版）2011 年第 5 期，第 57 页。

越性却被割裂，结果，皇权操纵了中国古人对"天人合一"的理想追求。儒家入世，试图依托皇权实现"天人合一"，结果被皇权同化；佛教和道家出世，逃避皇权，试图在山野中实现"天人合一"。最终，儒、释、道三家都不能制约皇权，只得任由皇权操纵，导致生灵涂炭。① 所以，把"天人合一"的理想追求寄托在皇权上必然事与愿违。因此，必须对"天人合一"的理念进行现代化的改造，要用科学代替皇权，要通过遵守自然规律、克服自身贪欲来实现人与自然的和谐。对于中国传统生态文化，必须辩证地对待，要汲取精华弃其糟粕。只有经过整合的"天人合一"思想，经过现代化的传统生态文化，才能成为应对气候变化的思想武器。

当然，在中国传统生态文化现代化的过程中，还要促使西方生态伦理学的本土化，要创建中国人自己的生态伦理学。当今世界是一个不断走向全球化的世界。在这个潮流当中，要真正实现中华民族文化的"世界化""现代化"，就必须首先把外来文化"中国化"和"本土化"。只有把外来优秀文化同化到自己的文化之中，才能不断壮大和发展自己的民族文化；只有自己的民族文化发展了，我们才能以积极的而不是消极的姿态融入世界，在国际社会当中才会有自己的话语权。②

生态伦理学是 20 世纪 40 年代在西方国家兴起并迅速得以发展的一种理论思潮，现代西方哲学和伦理学的理论转向是生态伦理得以产生的思想资源，而日益严重的环境问题和解决生态危机的迫切需要则是生态伦理发展的现实动力。经过了半个多世纪的发展，西方生态伦理学已形成了较为系统的理论体系，并且伴随着全球性环境问题的出现而不断地向全球传播，特别是向一些发展中国家传播。中国从 70 年代开始关注和研究生态伦理学，并且在一个很长时期内，都是译介西方的生态伦理著作。虽然这个很有必要，但是随着研究的深入，许多学者发现我国的生态伦理模仿和移植的痕迹比较严重，暴露其局限性。西方的生态伦理学是建立在西方文

---

① 陈鹤：《气候危机与中国应对——全球暖化背景下的中国气候软战略》，北京：人民出版社，2010，第 316～317 页。

② 刘福森：《中国人应该有自己的生态伦理学》，《吉林大学社会科学学报》2011 年第 6 期，第 13 页。

化基础之上的，并且是为西方国家服务的，中国有自己独特的国情，西方
生态伦理学的一些思想和观点并不一定适用。这样，就自然而然地提出了
对西方生态伦理学的本土化、中国化诉求。人与自然的关系以及人对自然
的认识总是要受到具体的社会环境、文化传统、制度安排等社会因素的影
响，所以必须在具体的社会、文化背景中来思考人与自然关系恶化的原因
并探寻实现人与自然和谐的途径，这样，生态伦理学的本土化和中国化问
题就越来越受到重视。① 生态伦理学的本土化，就是要按照中国文化的价
值理想、运用中国传统文化的思维方式来重构生态伦理学，这种生态伦理
学是建立在中国文化精神基础之上的生态伦理学。但是，如何本土化，这
是许多学者思考的问题。李培超教授探讨了中国环境伦理学本土化建构的
应有视域，认为环境伦理学本土化建构是对我国环境伦理学三十年发展历
程的反思和对其未来走向的理论自觉，体现的是对中国环境伦理学在满足
现实需要的基础上获得话语权和强化其实践效能的强烈要求。② 刘福森教
授认为，生态伦理学的本土化，应该坚持四个基本理论原则：一是要超越
西方文化的"人与自然"二元对立的思维方式，坚持"放德而行，循道
而趋""顺乎自然"的中国文化的伦理精神。二是要超越西方传统的哲学
形而上学，坚持中国传统文化的"中道"精神。三是要超越西方"知识
论"范式的生态伦理，把生态伦理学建立在中国哲学"境界论"的基础
上。四是要重视"民俗文化"中的生态伦理研究。③ 事实上，西方生态伦
理学的本土化，就是要求中国生态伦理学的未来发展必须要反思和批判西
方生态伦理学的局限性，要抵制西方生态伦理思潮价值理念的侵蚀，既不
能忽视应对全球生态环境问题的责任共担、利益共享，也不能忽视中国作
为一个发展中国家的实际责任承担能力；同时也要体现中国本土特色，要
具有"中国特色""中国风格""中国气派"，要形成具有本土特色的话
语表达体系。"自然保护伦理必须依托于本民族的文化环境和社会条件才

---

①　李培超：《中国环境伦理学的十大热点问题》，《伦理学研究》2011 年第 6 期，第 90 页。
②　李培超：《中国环境伦理学本土化建构的应有视域》，《湖南师范大学社会科学学报》
2011 年第 4 期，第 25 ~ 30 页。
③　刘福森：《中国人应该有自己的生态伦理学》，《吉林大学社会科学学报》2011 年第 6
期，第 16 ~ 19 页。

能够真正发挥作用。"①

如果一个国家的文化能够对其他国家产生吸引力，能够得到普遍认同，甚至被吸纳或融合到其他国家的文化中去，这个国家与他国之间就会少几分敌意，多几分理解。② 胡锦涛同志在党的十八大报告中提出，在全面建成小康社会的征程中，必须提高国家文化软实力，建设社会主义文化强国。"文化实力和竞争力是国家富强、民族振兴的重要标志。"③ 这充分说明了文化软实力在现代国际社会中将发挥着越来越重要的作用，"提高国家文化软实力"已经被提到了国家战略的高度。不管是传统生态文化的现代化，还是西方生态伦理学的本土化，事实上都是为了增强国家文化软实力，从而在国际社会的交往中获得更多的话语权。

二　低碳社会的构建

西方国家之所以对中国在气候治理问题上持否定和怀疑态度，既与西方气候霸权主义意识有关，也与中国的实际情况有关。国家形象归根结底与国家的真实状况和国家行为相关。一个不重视气候治理的国家，再怎么宣传，也得不到好的评价。可见，国家的发展模式直接影响着国家形象。中国只有从根本上改变经济发展方式，才能彻底消除"严重污染者"和"不负责任"的国家形象。因此，在选择国内伦理战略时，除了要增强国家文化软实力，还要着力于低碳社会的构建，用实际行动来表明中国解决气候问题的诚意，树立负责任的大国形象。

所谓低碳社会，是指通过发展低碳经济，研发绿色低碳技术，创建低碳生活，培育低碳消费意识，达到经济社会发展与环境保护相协调的一种社会发展形态。洪大用教授认为，低碳社会是指适应全球气候变化、能够有效降低碳排放的一种新的社会整体形态，它是在全面反思传统工业社会之技术模式、组织制度、社会结构与文化价值的基础上，以可持续性为首

---

① 转引自李培超《中国环境伦理学的十大热点问题》，《伦理学研究》2011 年第 6 期，第 90 页。

② 陈鹤：《气候危机与中国应对——全球暖化背景下的中国气候软战略》，北京：人民出版社，2010，第 318 页。

③ 胡锦涛：《坚定不移沿着中国特色社会主义道路前进　为全面建成小康社会而奋斗——在中国共产党第十八次全国代表大会上的报告》，北京：人民出版社，2012，第 33 页。

要追求，包括了低碳经济、低碳政治、低碳文化、低碳生活的系统变革。① 自从 2003 年英国能源白皮书《我们能源的未来：创建低碳经济》发布以来，发展低碳经济、构建低碳社会就引起了世界各国的关注。2008 年世界环境日的主题（"转变传统观念、推行低碳经济"）更唤起了世界各国对"低碳"的关注。可见，要构建一个低碳社会，当务之急是要发展低碳经济，走低碳发展之路。

中国在应对气候变化问题上的根本性困境是自身经济发展模式的问题。中国现在的经济发展模式虽然为中国经济的增长作出巨大的贡献，但也付出了沉重的资源和环境代价。在气候谈判过程中，选择何种发展方式是伦理战略选择的首要问题。选择低碳发展，发展低碳经济，既是增强中国气候谈判能力的客观要求，也是我国自身发展的迫切需要。气候博弈的历史表明，应对气候变化是当前乃至今后相当长的时期内人类实现可持续发展的核心任务，走低碳发展道路无疑将成为人类应对气候危机挑战的必由之路。中国作为温室气体排放大国和最大的发展中国家，要成为负责任的大国，就必须顺应这一历史潮流，走低碳发展道路，否则将会面临越来越大的国际压力。发展低碳经济也适合中国发展的具体国情，中国既需要摆脱对化石燃料的过度依赖，实现经济转型，又需要一定速度的经济增长来解决发展中面临的诸多问题。当前，我国能源消耗强度大，已经成为世界第二大能源消费国，并且这种能源消耗强度还会随着我国工业化、城镇化的快速推进而不断增长。因此，如果还走工业化国家所走过的老路，不仅会造成巨大的能源消耗，而且会对全球环境造成巨大的影响，这就会导致中国在气候政治博弈中丧失道义优势。所以，中国必须改变传统的经济发展模式，将低碳发展提到国家战略层面上来，发展低碳经济。低碳经济是以低能耗、低污染、低排放为基础的经济模式，其实质是提高能源利用效率、追求"绿色 GDP"，核心是能源技术创新、制度创新和人类生存发展观念的根本性转变。事实上，这与目前我国落实科学发展观，建设资源节约型和环境友好型社会，大力推进生态文明建设是相一致的。低碳发展、低碳经济对中国的

---

① 洪大用：《中国低碳社会建设初论》，《中国人民大学学报》2010 年第 2 期，第 21 页。

意义不仅仅是要减少对煤炭等化石燃料的使用，而是要着力提高中国能源利用率，使单位国内生产总值的"碳排放"逐步降低，使中国的产业与技术在未来适应气候变化的产业竞争中能占据一席之地。[①] 对此，一是要调整经济结构，促进产业优化升级。淘汰落后产能，抑制"两高一资"（高耗能、高排放、资源型）产业的增长，提高节能环保的准入门槛。二是要优化能源结构，提高能源利用率。发展低碳经济，关键是要逐步改变以煤为主的能源结构，实现能源利用结构的低碳化。同时，研发新能源和节能新技术，把优化能源结构和提高能源利用率有机结合起来。三是要发展生态农业，减少农业的碳排放。多用有机肥，减少化肥农药的使用，减少农业发展中的碳含量；推广太阳能和沼气技术，改善农村的能源供应，推进农村的低碳发展。可以说，坚持低碳发展，发展低碳经济，是建设低碳社会的最佳发展模式之一。当然，低碳发展，经济发展模式的低碳化转型离不开绿色技术作支撑，绿色技术是低碳发展的可靠保障。

人与自然的关系如何始终与科学技术有关，对于今天的气候危机，科学技术难逃其责；而要走出这场危机，保障人类未来的可持续发展，又离不开科学技术。众所周知，科学技术确实为人类的发展创造了巨大的财富，但是也造成了今天全球性的生态危机。当前的生态危机，既是科学技术发展的产物，又是科学技术发展不完善的结果，是科学技术脱离了伦理制约的结局。因此，要真正走出气候危机，应对气候变化，就必须发展内含伦理的技术，也就是要发展绿色技术。绿色技术是科学技术的绿色化、生态化："是用生态学整体性观点看待科学技术发展，把从世界整体分离出去的科学技术，重新放回'人—社会—自然'有机整体中，运用生态学观点和生态学思维于科学技术的发展中，对科学技术发展提出生态保护和生态建设的目标，主要包括科学价值观的变革，科学世界观的变革，科学观的变革。"[②] 绿色科技实质上是一种保障人类社会可持续发展的技术，强调的是资源的合理开发利用，发展清洁生产和生产绿色产品，推进社会

---

① 庄贵阳、朱仙丽、赵行姝：《全球环境与气候治理》，杭州：浙江人民出版社，2009，第290页。

② 余谋昌：《生态哲学》，西安：陕西人民教育出版社，2000，第131页。

的低碳发展。然而，从目前情况来看，制约中国低碳发展的最大瓶颈还是技术，绿色技术、低碳技术尤其是核心技术的缺位正在严重影响着中国低碳目标的实现。联合国开发计划署在其发布的 2010 年中国人类发展报告——《迈向低碳经济和社会的可持续未来》中指出，中国实现未来低碳经济的目标至少需要 60 多种骨干技术支持，在这 60 多种技术中有 42 种是中国目前不掌握的核心技术。技术创新能力是一个国家自主创新能力的重要体现，也是增强产业竞争力的关键环节。[①] 为了使中国在气候谈判中立于不败之地，保障中国经济社会的可持续发展，研发绿色技术、提升低碳技术创新能力已经是刻不容缓的任务。一方面要依托现有的最佳实用技术，淘汰落后技术，瞄准低碳新能源技术，积极开展研发和示范工作；另一方面要通过理论创新，大力研发碳捕获和碳封存技术、新材料技术、生态技术、生态恢复技术等，寻求技术突破，提高能源利用率，减少二氧化碳的排放。中国在提高绿色技术自主创新能力的同时，还应该积极拓展与其他国家的技术合作，只有将自主创新和引进、吸收结合起来，才能真正推动技术的革新和向低碳发展模式的转变。在工业文明时期，科学技术的中介性表现为黑色科技，扮演着征服自然、控制自然的角色，造成了生态环境的日益破坏。党的十八大报告提出了"大力推进生态文明建设"的战略目标，生态文明建设离不开绿色技术，绿色技术应该成为生态文明建设的主导性实践方式。"着力推进绿色发展、循环发展、低碳发展，形成节约资源和保护环境的空间格局、产业结构、生产方式、生活方式，从源头上扭转生态环境恶化趋势。"[②] 可见，在这一过程中，绿色技术发挥着重要的作用。

　　当然，低碳社会的构建既需要科学技术的绿色化，也需要生活方式的低碳化转型。党的十八大报告明确提出："发展循环经济，促进生产、流通、消费过程的减量化、再利用、资源化。"[③] 这说明，在构建低碳社会

---

① 王芳：《论低碳社会建设的三个关键着力点》，《南京社会科学》2011 年第 10 期，第 68 页。

② 胡锦涛：《坚定不移沿着中国特色社会主义道路前进　为全面建成小康社会而奋斗——在中国共产党第十八次全国代表大会上的报告》，北京：人民出版社，2012，第 39 页。

③ 胡锦涛：《坚定不移沿着中国特色社会主义道路前进　为全面建成小康社会而奋斗——在中国共产党第十八次全国代表大会上的报告》，北京：人民出版社，2012，第 40 页。

的过程中，既要实行低碳生产，也要实行低碳消费。低碳消费是发展低碳产业、低碳经济的重要环节。因此，低碳消费方式应该成为应对气候变化的应当之选择。

消费不是一个简单的经济现象，而是一个蕴含道德价值观的伦理文化现象。现代资本主义在社会契约化、法治化、民主化的发展过程中，在生活领域出现了物欲的泛滥和精神世界的萎缩。物欲的泛滥已经弥漫在整个生活世界之中，它推动人们追逐时尚消费，人们期望通过消费来体现自身的价值，"把无度的消费、物质享乐和消遣当做人生最大的意义和幸福。它使人改变着千年来人类积累下来的高尚道德价值观念，把消费水平当做衡量人的尊卑、贵贱、荣辱的尺度"。[1] 这种不受限制的消费欲望在逻辑和现实中必然造成人与自然的对立，导致资源的枯竭和生态危机的出现。美国学者施里达斯·拉尔夫就一针见血地指出："消费问题是环境危机问题的核心，人类对生物圈的影响正在产生着对于环境的压力并威胁着地球支持的生命的能力。从本质上说，这种影响是通过人们使用或耗费能源和材料所产生的。"[2] 人类不合理的消费方式已经对生态环境产生了巨大的压力，使得人类社会的可持续发展受到严峻的挑战。针对工业文明时代人类不健康、不合理、非生态的消费方式所造成的生态危机，在构建低碳社会的过程中，必须从改变人类的消费方式入手，转变消费理念，推进消费方式的低碳化，形成健康、文明、合理的消费方式，即走向低碳消费。低碳消费是一种基于文明、科学、健康的生态化消费方式，是可持续发展在消费领域最本质的体现，它要求人们在资源和环境压力的情况下，把有限资源用来满足人的基本需求，限制奢侈浪费，节约资源和能源，是一种以"低碳"为导向的共生型消费方式。[3] 低碳消费是对工业社会高碳消费的批判，是对物质主义、消费主义的摒弃，它反映的是一种文化、一种文明。低碳消费必将有利于生态环境的保护，有利于人类自身的不断完善，有利

① 石彬、杨远：《20世纪西方伦理学》，武汉：湖北人民出版社，1986，第12页。
② 〔美〕施里达斯·拉尔夫：《我们的家园——地球》，夏堃堡等译，北京：中国环境科学出版社，1993，第13页。
③ 刘妙桃、苏小明：《低碳消费：构建生态文明的必然选择》，《消费经济》2012年第1期，第76页。

于生态文明建设，有利于低碳社会的构建。"自愿的简化生活，或许比其他任何伦理更能协调个人、社会、经济以及环境的各种需求。它是对唯物质主义空虚性的一种反应。它能解答资源稀缺、生态危机和不断增长的通货膨胀压力所提出的问题。社会上相当一部分人实行了自愿的简化生活，可以缩短人与人之间的疏远现象，并能缓和由于争夺稀少资源而产生的国际冲突。"① 可见，低碳消费已经是时代所需。当然，要切实改变人们的消费方式，推行构建低碳社会所需的低碳消费，还需要多个方面的配合，采取多种措施，经过多个方面的努力才能见成效。一是消费者要追求低碳消费。可以通过全方位多层次的低碳消费宣传教育，帮助消费者树立正确的消费观。党的十八大报告明确提出："加强生态文明宣传教育，增强全民节约意识、环保意识、生态意识，形成合理消费的社会风尚，营造爱护生态环境的良好风气。"② 通过教育，引导消费者摒弃奢侈消费、炫耀性消费，提倡低碳、环保和节约型的科学消费，使低碳消费方式成为现代社会的主流价值取向。二是企业要主导低碳消费。生产方式从某种程度上来说制约着消费方式，要让消费者进行低碳消费，市场上就必须要有低碳化的消费品，因此，企业在倡导低碳消费方面起着重要的作用。企业要担当起减排的社会责任，要通过技术创新来生产出低碳化的商品供消费者低碳化消费。三是政府要引领低碳消费。低碳消费作为构建低碳社会的重要消费方式，政府的引领至关重要。政府可以通过制度建设、经济、法律、行政等手段来保障低碳消费方式的普及与推广。总之，只有让低碳消费真正成为我们这个社会的生存方式、生活方式和永恒的价值理念，构建低碳社会的目标才能实现，生态文明才能建成，这也是中国气候伦理战略的必然选择。

中国在当前的气候政治博弈中面临巨大的压力，也拥有很多机遇。要变压力为机遇，就必须着眼于气候伦理战略的选择，选择好国际和国内两个伦理战略。在国际上，既要与发达国家加强对话，减少敌意，又要与其

---

① 〔美〕布朗：《建设一个持续发展的社会》，北京：科学技术文献出版社，1984，第283~284页。

② 胡锦涛：《坚定不移沿着中国特色社会主义道路前进　为全面建成小康社会而奋斗——在中国共产党第十八次全国代表大会上的报告》，北京：人民出版社，2012，第41页。

他发展中国家加强团结，增强谈判的集体力量，只有这样，才能减少来自发达国家和其他发展中国家的谈判压力；而在国内，要着眼于低碳社会的构建，打好"中国传统生态文化"和"现代生态文明建设"这张牌，只有这样，才能树立中国负责任的大国形象，才能在气候谈判中赢得主动，争取到话语权。

结 语

　　全球气候变化问题关涉人类的生存与发展，在每年的气候大会上都成为全球瞩目的焦点，每一次气候谈判的结果都直接影响着人类的当下和未来。因此，人类社会期待每一次气候大会都能达成一定的伦理共识，以解决气候问题。本书阐述了气候博弈对伦理共识的诉求，认为伦理共识的达成要优先于解决气候问题的政治技术方案的形成，只有在一定伦理共识基础之上形成的政治技术方案，才具有道德合理性。因此，本书提出了四个具体的伦理共识：正义原则、责任原则、合作优先于冲突原则、生存权与发展权相统一原则。面对全球性的气候危机，每一个主权国家都应该承担起自己应尽的责任，承担气候责任是每一个主权国家都必须担负的任务，因此，要形成共识性的责任原则。但是，为了使世界各国分担的责任符合伦理道义，还必须以正义原则为指导。因此，在分担责任之前，首先应该达成共识性的正义原则，要在正义原则的关照之下去分担责任。遵循正义原则是合理分担责任的前提和基础。在正义原则和责任原则的指导下，主权国家应该以合作的心态参与到气候谈判中来，坚持合作优先于冲突，在调整国家利益的基础上，促进生存权与发展权的统一。这四个伦理共识既是道德共识，也是道德原则，能够减少气候冲突，保证气候谈判顺利进行。其中，正义原则和责任原则是基础，合作优先于冲突原则以及生存权与发展权相统一原则是目标。四个具体的伦理共识是走出当前气候谈判"囚徒困境"的道德力量，表达了正义的呼声。在此基础上，面临着来自国际社会的压力和国内科学发展的诉求，中国必须着眼于气候正义和气候合作的道德立场来选择好国际和国内气候伦理战略。在国际上，中国要针对不同的国家利益集团进行相应的气候伦理战略选择，既要联合大国，又要联合小国；既要与发达国家加强对话，减少敌意，又要与其他发展中国家加强团结，增强谈判的集体力量，只有这样，才能减少来自发达国家的挤压、其他发展中国家的排挤。而在国内，既要实现中国传统生态文化现代，又要推进生态伦理学的本土化，增强文化软实力；既要加强生态文明建设，又要着眼于低碳社会的构建，建设美丽中国，促进中华民族的永续发展，只有这样，才能树立中国负责任的大国形象，才能在气候谈判中赢得主动，争取到话语权。

虽然，在气候博弈过程中达成伦理共识异常艰难，但是，它应该成为聪明智慧、理性的人类所追求的目标。因为这是一项由人类生存与发展需要所决定的有价值的、"善"的伦理选择，表达了人类美好的心愿和追求。如果人类美好的心愿和追求都消失了，所有的思想都将会成为一潭死水，那么历史就真的有可能走向终结。正是因为如此，维特根斯坦曾经对道德发出这样的感叹，虽然它只是"人类心灵的纪实"，但我们绝不能对它"妄加奚落"。① 对人类当下和未来的忧虑，会促使人类社会相互宽容、达成伦理共识，共同应对气候变化。

---

① 万俊人：《寻求普世伦理》，北京：北京大学出版社，2009，第 303 页。

参考文献

一　外文文献

［1］Aldy, J. and Stavins, R. , *Architectures for Agreement*：*Addressing Global Climate Change in the Post-Kyoto World*, Cambridge：Cambridge University Press, 2007.

［2］Patrick Curry, *Ecological Ethics* ：*An Introduction*, Polity Press, 2006.

［3］Steve Vanderheiden, *Atmospheric Justice*, *A Political Theory of Climate Change*, Oxford University Press, 2008.

［4］Sven Harmeling, *Global Climate Risk Index 2009*, Germanwatch, Berlin, 2008.

［5］Vanderheiden S. , *Atmospheric Justice*, Oxford University Press, 2008.

［6］Harris P. , *World Ethics and Climate Change*：*From International to Global Justice*, Edinburgh University Press, 2010.

［7］Stephen Gardiner, Simon Caney, Dale Jamieson and Henry Shue（eds. ）, *Climate Ethics*, Oxford Press, 2010.

［8］Farhana Yamin, Joanna Depledge, *The International Climate Change Regime*：*A Guide to Rules*, *Institutions and Procedures*, U. K.：Cambridge University Press, 2004.

［9］J. Eyckmans, M. Finus：Measures to Enhance the Success of Global Climate Treaties, *International Environmental Agreements*：*Politics*, *Law and Economics*, 2007.

［10］ Brett Clark and Richard York，"Rifts and Shifts：Getting to the Root of Environmental Cirses"，*Monthly Review*，Vol. 60，Issue 6（Nov. 2008）

［11］ Stephen M. Gardiner，"Ethics and Global Climate Change"，*Ethics*，Vol. 114，April 2004.

二　经典著作

［1］《马克思恩格斯文集》第 1～10 卷，北京：人民出版社，2009。

［2］《马克思恩格斯选集》第 1～4 卷，北京：人民出版社，1995。

［3］《马克思恩格斯全集》第 1 卷，北京：人民出版社，1995。

［4］《马克思恩格斯全集》第 30 卷，北京：人民出版社，1995。

［5］ 胡锦涛：《坚定不移沿着中国特色社会主义道路前进　为全面建成小康社会而奋斗——在中国共产党第十八次全国代表大会上的报告》，北京：人民出版社，2012。

三　译著

［1］〔澳〕大卫·希尔曼、〔澳〕约瑟夫·韦恩·史密斯：《气候变化的挑战与民主的失灵》，武锡申、李楠译，北京：社会科学文献出版社，2009。

［2］〔德〕黑格尔：《法哲学原理》，范扬、张企泰译，北京：商务印书馆，2009。

［3］〔德〕孔汉思、〔德〕库舍尔编《全球伦理：世界宗教议会宣言》，何光沪译，成都：四川人民出版社，1997。

［4］〔德〕康德：《道德形而上学原理》，苗力田译，上海：上海人民出版社，2002。

［5］〔德〕康德：《法的形而上学原理》，沈叔平译，北京：商务印书馆，1991。

［6］〔德〕康德：《实践理性批判》，韩水法译，北京：商务印书馆，1999。

［7］〔德〕康德：《判断力批判》，邓晓芒译，北京：人民出版社，2002。

［8］〔德〕康德：《纯粹理性批判》，邓晓芒译，北京：人民出版社，2004。

［9］〔德〕哈贝马斯：《包容他者》，曹卫东译，上海：上海人民出版社，2002。

［10］〔德〕施密特：《马克思的自然概念》，欧力同译，北京：商务印书馆，1988。

［11］〔德〕乌尔里希·贝克：《世界风险社会》，吴英姿、孙淑敏译，南京：南京大学出版社，2004。

［12］〔德〕马克斯·韦伯：《新教伦理与资本主义精神》，苏国勋译，北京：社会科学文献出版社，2010。

［13］〔德〕维尔纳·桑巴特：《奢侈与资本主义》，王燕平、侯小河译，上海：上海人民出版社，2005。

［14］〔俄〕克鲁泡特金：《互助论》，李平沤译，北京：商务印书馆，1997。

［15］〔法〕米歇尔·苏、〔法〕马丁·维拉汝斯：《他者的智慧》，刘娟娟等译，北京：北京大学出版社，2008。

［16］〔法〕波德里亚：《消费社会》，刘成富、全志钢译，南京：南京大学出版社，2000。

［17］〔古希腊〕亚里士多德：《尼各马克伦理学》，廖申白译，北京：商务印书馆，2003。

［18］〔古希腊〕亚里士多德：《政治学》，吴寿彭译，北京：商务印书馆，2009。

［19］〔古希腊〕柏拉图：《理想国》，郭斌和、张竹明译，北京：商务印书馆，1986。

［20］〔古罗马〕西塞罗：《西塞罗三论：论老年 论友谊 论责任》，徐奕春译，北京：商务印书馆，1998。

［21］〔加〕威廉·莱斯：《自然的控制》，岳长龄、李建华译，重庆：重庆出版社，1993。

［22］〔美〕埃里克·波斯纳、戴维·韦斯巴赫：《气候变化的正义》，李智、张键译，北京：社会科学文献出版社，2011。

［23］〔美〕约翰·贝拉米·福斯特：《生态危机与资本主义》，耿建新、宋兴无译，上海：上海译文出版社，2006。

[24]〔美〕彼得·辛格：《一个世界——全球化伦理》，应奇、杨立峰译，北京：东方出版社，2005。

[25]〔美〕R. 尼布尔：《道德的人与不道德的社会》，蒋庆等译，贵阳：贵州人民出版社，1998。

[26]〔美〕R. 尼布尔：《人的本性与命运》（上、下卷），成穷译，贵阳：贵州人民出版社，2006。

[27]〔美〕小约瑟夫·奈：《理解国际冲突：理论与历史》（第五版），张小明译，上海：上海人民出版社，2005。

[28]〔美〕布赖恩·费根：《大暖化：气候变化怎样影响了世界》，苏月译，北京：中国人民大学出版社，2008 年。

[29]〔美〕约翰·罗尔斯：《正义论》，何怀宏等译，北京：中国社会科学出版社，1988。

[30]〔美〕詹姆斯·奥康纳：《自然的理由——生态学马克思主义研究》，唐正东、臧佩洪译，南京：南京大学出版社，2003。

[31]〔美〕艾伦·杜宁：《多少算够——消费社会与地球的未来》，毕聿译，长春：吉林人民出版社，2004。

[32]〔美〕弗洛姆：《为自己的人》，孙依依译，北京：三联书店，1988。

[33]〔美〕弗洛姆：《健全的社会》，欧阳谦译，北京：中国文联出版公司，1988。

[34]〔美〕亨德里克·房龙：《宽容》，迮卫、靳翠微译，北京：三联书店，1985。

[35]〔美〕麦金太尔：《谁之正义？何种合理性？》，万俊人等译，北京：当代中国出版社，1996。

[36]〔美〕温茨：《环境正义论》，朱丹琼、宋玉波译，上海：上海人民出版社，2007。

[37]〔美〕曼瑟尔·奥尔森：《集体行动的逻辑》，陈郁译，上海：上海人民出版社，1995。

[38]〔美〕哈拉尔：《新资本主义》，冯韵文译，北京：社会科学文献出版社，1999。

[39]〔美〕阿尔·戈尔：《濒临失衡的地球：生态与人类精神》，陈嘉映

译，北京：中央编译出版社，1997。

［40］〔美〕芭芭拉·沃德、〔美〕勒内·杜博斯：《只有一个地球》，《国外公害丛书》编委会译校，长春：吉林人民出版社，1997。

［41］〔美〕大卫·雷·格里芬：《后现代精神》，王成兵译，北京：中央编译出版社，1998。

［42］〔美〕丹尼斯·米都斯等：《增长的极限——罗马俱乐部关于人类困境的报告》，李宝恒译，长春：吉林人民出版社，1997。

［43］〔美〕赫伯特·马尔库塞：《单向度的人——发达工业社会意识形态研究》，刘继译，上海：上海译文出版社，1989。

［44］〔美〕霍尔姆斯·罗尔斯顿：《哲学走向荒野》，刘耳、叶平译，长春：吉林人民出版社，2000。

［45］〔美〕亨廷顿：《文明的冲突和世界秩序的重建》，周琪等译，北京：新华出版社，1998。

［46］〔美〕卡洛林·麦茜特：《自然之死》，吴国盛等译，长春：吉林人民出版社，1999。

［47］〔美〕威廉·格雷德：《资本主义全球化的疯狂逻辑》，张定淮等译，北京：社会科学文献出版社，2003。

［48］〔美〕蕾切尔·卡逊：《寂静的春天》，吕瑞兰、李长生译，上海：上海译文出版社，2008。

［49］〔瑞士〕汉斯·昆：《世界伦理构想》，周艺译，北京：三联书店，2002。

［50］〔日〕岩佐茂：《环境的思想》，韩立新等译，北京：中央编译出版社，2006。

［51］〔英〕迈克尔·S.诺斯科特：《气候伦理》，左高山等译，北京：社会科学文献出版社，2010。

［52］〔英〕安东尼·吉登斯：《气候变化的政治》，曹荣湘译，北京：社会科学文献出版社，2009。

［53］〔英〕安东尼·吉登斯：《现代性与自我认同》，赵旭东、方文译，北京：三联书店，1998。

［54］〔英〕安东尼·吉登斯：《现代性的后果》，田禾译，南京：译林出

版社，2000。

[55] 〔英〕奈杰尔·劳森：《呼呼理性：全球变暖的冷思考》，戴黍、李振亮译，北京：社会科学文献出版社，2011。

[56] 〔英〕亚当·斯密：《国民财富的性质和原因的研究》，郭大力、王亚南译，北京：商务印书馆，1974。

[57] 〔英〕亚当·斯密：《道德情操论》，蒋自强译，北京：商务印书馆，2009。

[58] 〔英〕休谟：《人性论》（下册），关文运译，北京：商务印书馆，1980。

[59] 〔英〕休谟：《道德原理探究》，王淑芹译，北京：中国社会科学出版社，1999。

[60] 〔英〕霍布斯：《利维坦》，黎思复、黎廷弼译，北京：商务印书馆，1985。

[61] 〔英〕达尔文：《物种起源》，周建人等译，北京：商务印书馆，1995。

四　国内著作

[1] 曹孟勤：《人性与自然：生态伦理学哲学基础反思》，南京：南京师范大学出版社，2004。

[2] 曹孟勤、徐海红：《生态社会的来临》，南京：南京师范大学出版社，2010。

[3] 曹荣湘：《全球大变暖：气候经济、政治与伦理》，北京：社会科学文献出版社，2010。

[4] 陈真：《当代西方规范伦理学》，南京：南京师范大学出版社，2006。

[5] 陈鹤：《气候危机与中国应对——全球暖化背景下的中国气候软战略》，北京：人民出版社，2010。

[6] 崔大鹏：《国际气候合作的政治经济学分析》，北京：商务印书馆，2005。

[7] 邓晓芒、赵林：《西方哲学史》，北京：高等教育出版社，2006。

[8] 丁大同：《国家与道德》，济南：山东人民出版社，2007。

［9］樊浩：《伦理精神的价值生态》，北京：中国社会科学出版社，2001。

［10］樊纲：《走向低碳发展：中国与世界——中国经济学家的建议》，北京：中国经济出版社，2010。

［11］方秋明：《为天地立心，为万世开太平——汉斯·约纳斯责任伦理学研究》，北京：光明日报出版社，2009。

［12］高兆明：《黑格尔〈法哲学原理〉导读》，北京：商务印书馆，2010。

［13］高兆明：《伦理学理论与方法》，北京：人民出版社，2005。

［14］高兆明：《存在与自由：伦理学引论》，南京：南京师范大学出版社，2004。

［15］高中华：《环境问题抉择论——生态文明时代的理性思考》，北京：社会科学文献出版社，2004。

［16］高扬先：《走向普遍伦理——普遍伦理的可能性研究》，南昌：江西人民出版社，2000。

［17］龚群：《现代伦理学》，北京：中国人民大学出版社，2010。

［18］甘绍平：《伦理智慧》，北京：中国发展出版社，2000。

［19］甘绍平：《应用伦理学前沿问题研究》，南昌：江西人民出版社，2002。

［20］郭冬梅：《应对气候变化法律制度研究》，北京：法律出版社，2010。

［21］国家气候变化对策协调小组办公室、中国 21 世纪议程管理中心：《全球气候变化——人类面临的挑战》，北京：商务印书馆，2005。

［22］胡鞍钢、管清友：《中国应对全球气候变化》，北京：清华大学出版社，2009。

［23］韩立新：《环境价值论——环境伦理：一场真正的道德革命》，昆明：云南人民出版社，2005。

［24］卢风：《从现代文明到生态文明》，北京：中央编译出版社，2009。

［25］李培超：《自然的伦理尊严》，南昌：江西人民出版社，2001。

［26］李培超：《伦理拓展主义的颠覆——西方环境伦理思潮研究》，长沙：湖南师范大学出版社，2004。

[27] 李少军：《当代全球问题》，杭州：浙江人民出版社，2006。

[28] 刘仁胜：《生态马克思主义概论》，北京：中央编译出版社，2007。

[29] 缪家福：《全球化与民族文化多样性》，北京：人民出版社，2005。

[30] 聂文军：《西方伦理学专题研究》，长沙：湖南师范大学出版社，2007。

[31] 宋希仁：《西方伦理学思想史》，长沙：湖南教育出版社，2006。

[32] 沈晓阳：《正义论经纬》，北京：人民出版社，2007。

[33] 佘正荣：《中国生态伦理传统的诠释与重建》，北京：人民出版社，2002。

[34] 孙庆斌：《为他人的伦理诉求》，哈尔滨：黑龙江大学出版社，2009。

[35] 唐凯麟：《西方伦理学经典命题》，南昌：江西人民出版社，2009。

[36] 田文利：《国家伦理及其实现机制》，北京：知识产权出版社，2009。

[37] 万俊人：《寻求普世伦理》，北京：北京大学出版社，2009。

[38] 万俊人：《义利之间——现代经济伦理十一讲》，北京：团结出版社，2002。

[39] 王小锡：《道德资本与经济伦理——王小锡自选集》，北京：人民出版社，2009。

[40] 王正平：《环境哲学：环境伦理的跨学科研究》，上海：上海人民出版社，2004。

[41] 王晓升：《商谈道德与商议民主——哈贝马斯政治伦理思想研究》，北京：社会科学文献出版社，2009。

[42] 韦正翔：《国际政治的全球化与国际道德危机：全球伦理的圆桌模式构想》，北京：中国社会科学出版社，2006。

[43] 肖显静：《生态政治——面对环境问题的国家抉择》，大同：山西科学技术出版社，2003。

[44] 谢春：《〈寂静的春天〉导读》，长沙：湖南科学技术出版社，2007。

[45] 熊文驰、马骏：《大国发展与国际道义》，上海：上海人民出版社，2009。

[46] 谢军：《论责任》，上海：上海人民出版社，2007。

[47] 余潇枫：《国际关系伦理学》，北京：长征出版社，2002。

[48] 俞吾金：《生存的困惑：西方哲学文化精神探要》，上海：上海文化出版社，1988。

[49] 杨洁勉：《世界气候外交和中国的应对》，北京：时事出版社，2009。

[50] 杨通进：《环境伦理：全球话语中国视野》，重庆：重庆出版社，2007。

[51] 周辅成：《西方伦理学名著选辑》（上、下卷），北京：商务印书馆，1996。

[52] 曾建平：《环境正义——发展中国家环境伦理问题探究》，济南：山东人民出版社，2007。

[53] 张之沧：《西方马克思主义伦理思想研究》，南京：南京师范大学出版社，2009。

[54] 张海滨：《气候变化与中国国家安全》，北京：时事出版社，2010。

[55] 张海滨：《环境与国际关系——全球环境问题的理性思考》，上海：上海人民出版社，2008。

[56] 张玉堂：《利益论——关于利益冲突与协调问题的研究》，武汉：武汉大学出版社，2001。

[57] 张旺：《国际政治的道德基础》，南京：南京大学出版社，2008。

[58] 庄贵阳、朱仙丽、赵行姝：《全球环境与气候治理》，杭州：浙江人民出版社，2009。

[59] 庄贵阳、陈迎：《国际气候制度与中国》，北京：世界知识出版社，2005。

[60] 赵敦华：《人性和伦理的跨文化研究》，哈尔滨：黑龙江人民出版社，2004。

五　论文

[1] 安维复、王志扬：《人类困境：本质、由来及其超越——人与自然关系理论批判之一》，《齐鲁学刊》1994年第6期。

［2］薄燕：《国际环境正义与国际环境机制：问题、理论和个案》，《欧洲研究》2004 年第 3 期。

［3］薄燕、陈志敏：《全球气候变化治理中的中国与欧盟》，《现代国际关系》2009 年第 2 期。

［4］曹孟勤：《政府生态责任的正义性考量》，《人民论坛》2010 年第 12 期。

［5］曹孟勤：《环境正义：在人与自然之间展开》，《烟台大学学报》（哲学社会科学版）2010 年第 3 期。

［6］曹孟勤：《论人向自然的生成》，《山西大学学报》（社会科学版）2007 年第 5 期。

［7］曹孟勤：《人与自然互为存在——人与自然关系新解》，《道德与文明》2005 年第 2 期。

［8］曹孟勤：《马克思物质变换思想与生态伦理重构》，《道德与文明》2009 年第 6 期。

［9］曹孟勤：《人与自然和谐的内在机制》，《南京林业大学学报》（人文社会科学版）2005 年第 3 期。

［10］陈爱华：《全球化背景下科技—经济与伦理悖论的认同与超越》，《马克思主义与现实》2011 年第 1 期。

［11］董晋骞：《"共同利益"的现实性奠基及其"异化"的历史进程——从马克思哲学看》，《社会科学辑刊》2011 年第 2 期。

［12］杜鹏：《环境正义：环境伦理的回归》，《自然辩证法研究》2007 年第 6 期。

［13］丰子义：《生态文明的人学思考》，《山东社会科学》2010 年第 7 期。

［14］龚群：《网络信息伦理的哲学思考》，《哲学动态》2011 年第 9 期。

［15］龚群：《罗尔斯与社群主义：普遍正义与特殊正义》，《哲学研究》2011 年第 3 期。

［16］高兆明：《关于"普世价值"的几个理论问题》，《浙江社会科学》2009 年第 5 期。

［17］高兆明：《生态保护伦理责任：一种实践视域的考察》，《哲学研究》2009 年第 3 期。

［18］高兆明：《人道主义视域中的生态经济——基于中国语境的生态政治哲学研究》，《社会科学》2011 年第 6 期。

［19］龚向前：《解开气候制度之结——"共同但有区别的责任"探微》，《江西社会科学》2009 年第 11 期。

［20］甘钧先、虞潇枫：《全球气候外交论析》，《当代亚太》2010 年第 5 期。

［21］何怀宏：《哪些差异？何种共识？》，《武汉科技大学学报》（社会科学版）2010 年第 5 期。

［22］贺来：《"道德共识"与现代社会的命运》，《哲学研究》2001 年第 5 期。

［23］黄卫华、曹荣湘：《气候变化：发展与减排的困局——国外气候变化研究述评》，《经济社会体制比较》2010 年第 1 期。

［24］黄之栋、黄瑞祺：《全球暖化与气候正义：一项科技与社会的分析——环境正义面面观之二》，《鄱阳湖学刊》2010 年第 5 期。

［25］洪大用：《中国低碳社会建设初论》，《中国人民大学学报》2010 年第 2 期。

［26］刘湘溶：《人类共同利益：生态伦理学必须高扬的旗帜》，《道德与文明》2000 年第 6 期。

［27］刘建华：《生态环境问题的认识论根源》，《内蒙古大学学报》（人文社会科学版）1999 年第 6 期。

［28］刘慧、陈欣荃：《美欧气候变化政策的比较分析》，《国际论坛》2009 年第 6 期。

［29］刘旭东：《论国际政治中普世伦理的复兴》，《学术界》2010 年第 11 期。

［30］刘激扬、周谨平：《气候治理正义与发展中国家策略》，《湖南社会科学》2010 年第 5 期。

［31］刘福森：《中国人应该有自己的生态伦理学》，《吉林大学社会科学学报》2011 年第 6 期。

[32] 李培超：《中国环境伦理学的十大热点问题》，《伦理学研究》2011年第6期。

[33] 李培超：《中国环境伦理学本土化建构的应有视域》，《湖南师范大学社会科学学报》2011年第4期。

[34] 李伦：《网络传播伦理的建构路径》，《道德与文明》2011年第2期。

[35] 李德顺：《怎样看"普世价值"？》，《哲学研究》2011年第1期。

[36] 李滨：《建设道德制高点——中国对外关系必须面对的新挑战》，《江苏社会科学》2009年第6期。

[37] 李欣：《"气候变化与中国的国家战略"学术研讨会综述》，《国际政治研究》2009年第4期。

[38] 李春林：《气候变化与气候正义》，《福州大学学报》（哲学社会科学版）2010年第6期。

[39] 李凤华：《我们能否共同求生——对哈丁救生艇理论的逻辑批判》，《哲学动态》2011年第3期。

[40] 李晓元：《"共同体人伦"：马克思人的本质理论的新视域》，《社会科学辑刊》2006年第4期。

[41] 李东燕：《对气候变化问题的若干政治分析》，《世界政治与国际关系》2000年第8期。

[42] 陆丕昭：《关于气候变化问题的全球政治博弈论析》，《华中师范大学学报》（人文社会科学版）2011年第11期。

[43] 马建英：《美国气候变化研究述评》，《美国研究》2010年第1期。

[44] 马建英：《国际气候制度在中国的内化》，《世界经济与政治》2011年第6期。

[45] 梅萍：《再议"普世伦理与民族文化话语权"》，《中州学刊》2010年第11期。

[46] 牛庆燕：《生态视域中的"伦理—道德悖论"与生态难题》，《甘肃社会科学》2010年第3期。

[47] 钱皓：《正义、权利和责任——关于气候变化问题的伦理思考》，《世界经济与政治》2010年第10期。

[48] 饶异：《互惠利他理论的社会蕴意研究》，《广东社会科学》2010 年第 2 期。

[49] 沈湘平：《反思价值共识的前提》，《学术研究》2011 年第 3 期。

[50] 孙法柏、丁丽：《后京都时代气候变化协议缔约国义务配置研究》，《山东科技大学学报》（社会科学版）2009 年第 5 期。

[51] 孙友详、戴茂堂：《论西方正义思想的内在张力》，《伦理学研究》2009 年第 4 期。

[52] 史军：《气候变化背景下的全球正义探析》，《阅江学刊》2011 年第 6 期。

[53] 田海平：《从"本体思维"到"伦理思维"——对哲学思维路向之当代性的审查》，《学习与探索》2003 年第 5 期。

[54] 田海平：《"环境进入伦理"的两种道德哲学方案》，《学习与探索》2008 年第 6 期。

[55] 陶正付：《气候外交背后的利益博弈》，《中国社会科学院研究生院学报》2009 年第 1 期。

[56] 万俊人：《政治如何进入哲学》，《中国社会科学》2008 年第 2 期。

[57] 万俊人：《普世伦理及其方法问题》，《哲学研究》1998 年第 10 期。

[58] 王小锡：《经济道德观视域中的"囚徒困境"博弈论批判》，《江苏社会科学》2009 年第 1 期。

[59] 王正平：《发展中国家环境权利和义务的伦理辩护》，《哲学研究》1995 年第 6 期。

[60] 王伟男：《国际气候话语权之争初探》，《国际问题研究》2010 年第 4 期。

[61] 王雨辰：《生态政治哲学何以可能？——论西方生态学马克思主义的生态政治哲学》，《哲学研究》2007 年第 11 期。

[62] 王建明：《"红"与"绿"：展现新全球化时代生态政治哲学新思维》，《自然辩证法研究》2008 年第 12 期。

[63] 王建廷：《气候正义的僵局与出路——基于法哲学与经济学的跨学

科考察》，《当代亚太》2011 年第 3 期。

[64] 王苏春、徐峰：《气候正义：何以可能、何种原则》，《江海学刊》
2011 年第 3 期。

[65] 王小钢：《"共同但有区别的责任"原则的适用及其限制——〈哥
本哈根协议〉和中国气候变化法律与政策》，《社会科学》2010 年
第 7 期。

[66] 向玉乔：《论道德宽容》，《道德与文明》2010 年第 6 期。

[67] 肖兰兰：《对欧盟后哥本哈根国际气候政策的战略认知》，《社会科
学》2010 年第 10 期。

[68] 杨通进：《全球正义：分配温室气体排放权的伦理原则》，《中国人
民大学学报》2010 年第 2 期。

[69] 杨通进：《全球环境正义及其可能性》，《天津社会科学》2008 年第
5 期。

[70] 杨春瑰：《应对气候变化的国际合作创新制度研究——从方法论的
角度》，《自然辩证法研究》2011 年第 4 期。

[71] 杨理堃：《哥本哈根联合国气候变化大会》，《国际资料信息》2011
年第 2 期。

[72] 余潇枫：《伦理视域中的国际关系》，《世界经济与政治》2005 年第
1 期。

[73] 于宏源：《气候变化与全球安全治理：基于问卷的思考》，《世界经
济与政治》2010 年第 6 期。

[74] 于宏源：《国际环境合作中的集体行动逻辑》，《世界经济与政治》
2007 年第 5 期。

[75] 杨理堃、李昭耀：《坎昆气候大会》，《国际资料信息》2011 年第
2 期。

[76] 叶三梅：《从哥本哈根会议看西方大国的"气候霸权主义"》，《当
代世界与社会主义》2010 年第 3 期。

[77] 严双伍、高小升：《后哥本哈根气候谈判中的基础四国》，《社会科
学》2011 年第 2 期。

[78] 赵汀阳：《论道德金规则的最佳可能方案》，《中国社会科学》2005

年第 3 期。

[79] 赵景来：《关于"普世伦理"若干问题研究综述》，《中国社会科学》2003 年第 3 期。

[80] 张之沧：《新全球伦理观》，《吉林大学社会科学学报》2002 年第 4 期。

[81] 张志洲：《中国国际话语权的困局与出路》，《绿叶》2009 年第 5 期。

[82] 张海滨：《气候变化与中国的国家战略——王辑思教授访谈》，《国际政治研究》2009 年第 4 期。

[83] 张胜军：《全球气候政治的变革与中国面临的三角难题》，《世界经济与政治》2010 年第 10 期。

[84] 张纯厚：《环境正义与生态帝国主义：基于美国利益集团政治和全球南北对立的分析》，《当代亚太》2011 年第 3 期。

[85] 张康之、张乾友：《从自我到他人：政治哲学主题的转变》，《马克思主义与现实》2011 年第 3 期。

[86] 张康之、张乾友：《在风险社会中重塑自我与他人的关系》，《东南学术》2011 年第 1 期。

[87] 张丽君：《气候变化与中国国家形象：西方媒体与公众的视角》，《欧洲研究》2010 年第 6 期。

[88] 詹世友、钟贞山：《"正义是社会制度的首要美德"之学理根据》，《道德与文明》2010 年第 3 期。

[89] 曾建平：《环境公正：和谐社会的基本前提》，《伦理学研究》2007 年第 3 期。

[90] 曾建平：《气候伦理是否可能》，《中国人民大学学报》2011 年第 3 期。

[91] 曾黎：《全球伦理的建构、价值及其局限》，《江西社会科学》2005 年第 3 期。

[92] 曾贤刚、朱留财、吴雅玲：《气候谈判国际阵营变化的经济学分析》，《环境经济》2011 年第 1 期。

[93] 章一平：《维护人类共同利益的认知与视角》，《深圳大学学报》

（人文社会科学版）2008 年第 4 期。

［94］郑艳、梁帆：《气候公平原则与国际气候制度构建》，《世界经济与政治》2011 年第 6 期。

［95］周谨平：《论代际道德责任的可能性基础》，《江海学刊》2008 年第 3 期。

后　记

本书是在我的博士学位论文、国家社科基金青年项目"碳减排政治博弈中的道义共识及中国气候伦理战略选择"（已经以优秀等级结项）的基础上修改、充实而成的，这是我多年来学术研究的结晶。

在本书即将付印之际，回首三年的博士生活和进行国家社科基金课题研究的经历，有苦闷、有寂寞，更有艰辛付出后收获的喜悦和欣慰。衷心地感谢恩师曹孟勤教授和师母韩秀景教授。恩师的鼓励和教诲历历在目，我的每一个进步，都凝聚着恩师的心血。在恩师身上，我既求得了真知，也得到了比知识更重要的精神财富，那就是作为一位学者所需要的素养和品质，恩师与人为善、严谨治学、诲人不倦的精神，是我人生宝贵的财富。求学期间，师母韩秀景教授对我学业和生活无微不至的关怀让我倍感温暖，这份恩情将永远铭记在心。

感谢南京师范大学公共管理学院王小锡教授、孙迎光教授、高兆明教授、刘云林教授、张之沧教授、陈真教授、王露璐教授、徐强教授、杨守明教授，他们都给予我知识和智慧，他们的学术涵养和治学态度让我敬佩。感谢公共管理学院的卢明琴、顾谦凯、张振、张志丹老师，也正是在他们的关心和帮助下，我才顺利而愉快地完成了三年的学业。

感谢清华大学万俊人教授，我的博士论文选题得益于万俊人教授2009年12月在南京师范大学所作的学术报告。当时，对气候变化问题的研究在我国是一项全新的、跨学科的研究课题。2009年12月，正值哥本哈根会议刚刚结束，有幸聆听了万俊人教授在南京师范大学所作的

"关于如何从哲学伦理学的角度去研究气候变化问题"的学术讲座，从而增加了我研究该课题的信心。在万老师的鼓励下，我最终确定把这一研究作为自己的博士学位论文选题。在写作过程中，也得到了万老师的指导和鼓励，在此深表谢意！感谢清华大学卢风教授、北京大学郇庆治教授、中国社会科学院哲学研究所杨通进研究员、中央编译局曹荣湘研究员、井冈山大学副校长曾建平教授，感谢他们提供的学术信息和热情的帮助。感谢我的硕士生导师、华东师范大学余玉花教授，感谢她的关心和帮助，同时也感谢南昌航空大学饶国宾教授，感谢他引领我走向学术之路。

感谢东华理工大学党委书记徐跃进教授、副校长孙占学教授、副校长花明教授、副校长李德平教授，感谢科技处乐长高处长、朱青副处长的大力支持和帮助，感谢马克思主义学院汪晓莺院长、江光亮书记及学院各位同仁对本书提出的宝贵意见。

同时，特别要感谢江西省社科联设立"江西省哲学社会科学成果出版资助项目"，感谢项目评审委员会专家，使得本书有幸列入"江西省哲学社会科学成果文库"资助范围；感谢江西省社科联科普处熊建处长和其他工作人员的支持与帮助；感谢社会科学文献出版社曹义恒责任编辑为本书出版付出的辛勤劳动，他认真负责的态度体现在本书的每一页，令我敬佩和感动！

本书参考、引用、借鉴了国内外学界同仁们的一些研究成果，在此深表感谢！感谢专家、学者们在我博士学位论文盲审过程中所提出的宝贵意见，感谢参与评审我国家社科基金课题结项的专家，感谢他们付出的辛勤劳动！由于本人学识有限、水平不足，文中不尽如人意的地方，恳请各位专家、学者批判指正！

华启和

2014 年初夏于东华理工大学南区

图书在版编目（CIP）数据

气候博弈的伦理共识与中国选择/华启和著. —北京：社会科学
文献出版社，2014.9
（江西省哲学社会科学成果文库）
ISBN 978 - 7 - 5097 - 6341 - 4

Ⅰ.①气… Ⅱ.①华… Ⅲ.①气候变化 - 对策 - 伦理学 - 研究
②气候变化 - 对策 - 研究 - 中国 Ⅳ.①P467 ②B82 - 058

中国版本图书馆 CIP 数据核字（2014）第 178667 号

·江西省哲学社会科学成果文库·
气候博弈的伦理共识与中国选择

著　　者／华启和

出 版 人／谢寿光
出 版 者／社会科学文献出版社
地　　址／北京市西城区北三环中路甲 29 号院 3 号楼华龙大厦
邮政编码／100029

责任部门／社会政法分社（010）59367156　　　　责任编辑／曹义恒
电子信箱／shekebu@ ssap.cn　　　　　　　　　　责任校对／刘玉清
项目统筹／王　绯　周　琼　　　　　　　　　　　责任印制／岳　阳
经　　销／社会科学文献出版社市场营销中心（010）59367081　59367089
读者服务／读者服务中心（010）59367028

印　　装／三河市尚艺印装有限公司
开　　本／787mm×1092mm　1/16　　　　　　　印　张／21.75
版　　次／2014 年 9 月第 1 版　　　　　　　　　字　数／343 千字
印　　次／2014 年 9 月第 1 次印刷
书　　号／ISBN 978 - 7 - 5097 - 6341 - 4
定　　价／85.00 元